地下利用学

豊かな生活環境を実現する地下ルネッサンス

小泉 淳 編

技報堂出版

はじめに

　本書の執筆依頼を受けたときに、とても一人で書ききれるような内容ではないことから、はじめはお断りしようと考えた。しかし、地下空間の有効利用は今後の社会資本の整備や都市の再生などに欠かせないものであり、その体系を本としてまとめておくにはよいタイミングであること、また、十数年ほど前に、早稲田大学理工学総合研究センターのプロジェクト研究として、建設会社6社と共同で「大深度地下の有効利用に関する調査研究」を実施した経緯があることなどから、そのプロジェクト研究に参加いただいた会社などに声をかけて、共同で本書の執筆を引き受けることにした。それから約5年、委員会形式で定期的に集まり、多くの議論を重ねた結果、やっと本書の発刊をみることになった。

　地下空間の有効利用に関する関心はバブルの時期には大いに高まり、多くの書物が出版されて、夢がふくらむ計画が次々に話題にあがった。しかし、バブルがはじけ飛んだ後は、2000年3月に「大深度地下の公共的使用に関する特別措置法」が制定されたにもかかわらず、具体的な内容に発展するような動きはみえず、日本経済の低迷や、さらには公共投資不要論などとともに、地下利用の論議はいつの間にか表舞台から消えてしまったようにみえた。ごく最近になって「外郭環状道路」の計画で、そのはじめての適用が話題にあがってきたところである。

　21世紀を迎えて、社会資本をストックとしてとらえ、それらの維持や管理、補修や補強、そして、更新が強く要請される時代に入り、都市の再生へのニーズは着実に高まってきている。一方でそれはまた、都市部における景観や環境に十分配慮したものでなければならない。景観や環境を確保しつつ都市の再生を図るためには、地下空間を有効に利用せざるを得ない。さらに一歩進めて、地下空間を有効に利用することによって、都市部の社会環境や生活環境を改善し、自然環境を取り戻すことも積極的に視野に入れる必要がある。

　本書の執筆にあたっては、まず、「少子高齢化社会」や「再生可能な社

会」における社会資本整備のあり方、都市のあるべき理想的な姿、そのために考えられる地下利用の形態や方法などについて徹底的に議論を行った。そして、それらに対する認識を共有した後に分担を決めて執筆に取りかかった。

本書は序章を含めて5章で構成されている。序章では地下利用の目的と本書の特徴を述べ、第1章では地下利用の歴史や背景について記述している。第2章では地下の特性とそれに関連した地下利用の形態を論じている。第3章は地下空間を開発するためにどのような技術が必要になるかを、計画と調査、設計と解析、施工技術に分けて詳述した章である。第4章は地下利用のビジョンを述べた章で、まず、地下利用を社会資本の整備、財政、政治、コンセプトの共有などの観点からそれぞれの課題や動向を述べ、つぎに、地下空間のデザインや地下空間利用のプロジェクトのあるべき姿、それを具体的に進める手順、技術的なビジョン、社会的なコンセンサスなどについて記述している。

本書は、地下空間を有効に利用するために必要なハード技術とソフト技術とを教科書的に展開しただけでなく、地下空間のデザインに新しい概念や手法を導入するとともに、実際に地下空間の利用を進める場合の具体的な手順やその際に生じる課題などにも言及している。魅力ある地下空間の利用を実現するために大いに参考となる本であり、従来の地下空間の利用を扱った同種の本とは一味違うものができたと自負している。

本書がこれからの地下空間の有効利用に際して、その計画から実現まで、さらには実現後の維持や管理に至るまで、各段階におけるそれらの実務に広く役立つことを期待している。最後に、日常の業務に多忙な執筆者の方々が、それぞれの時間を割いて、本書のために協力していただいたことに深く感謝する次第である。

2009年10月

早稲田大学理工学術院

教授　小泉　淳

目　次

はじめに

序　章　魅力あるくらしづくりのために ……………………… 1

第 1 章　地下利用の歴史と背景 ……………………………………… 9

1.1　地下利用の歴史 ………………………………………………… 9
1.2　地下利用の歴史的経緯 ………………………………………… 12

第 2 章　地下の特性と利用形態 ……………………………………… 23

2.1　地下の特性 …………………………………………………… 23
　2.1.1　地下空間の特性 …………………………………………… 23
　2.1.2　地下施設の物理的特徴 …………………………………… 24
　　(1)　設置場所 …………………………………………………… 24
　　(2)　空間隔離 …………………………………………………… 24
　　(3)　保　存 ……………………………………………………… 28
　2.1.3　地下空間利用の現況からみた特性 ……………………… 29
　　(1)　国内の利用現況 …………………………………………… 29
　　(2)　海外の利用現況 …………………………………………… 30
　　(3)　国内利用と海外利用の違い ……………………………… 31
2.2　地下空間の分類 ……………………………………………… 33
　　(1)　位置・場所による分類 …………………………………… 33
　　(2)　利用目的による分類 ……………………………………… 33
　　(3)　施工方法による分類 ……………………………………… 33
　　(4)　空間形状による分類 ……………………………………… 34

目 次

  (5) 利用深度 ……………………………………………………………… 35
 2.3 地下施設の利用事例と地下の特性 ……………………………… 36
  2.3.1 地下施設の用途と計画上の配慮事項 ……………………… 36
  (1) 施設の用途 ………………………………………………………… 36
  (2) 計画時に配慮する事項 …………………………………………… 37
  2.3.2 地下施設の紹介 ……………………………………………… 40
  (1) 大規模な地下空間利用プロジェクト …………………………… 40
  (2) 市民が直接的に利用する施設 …………………………………… 44
  (3) 生活の基盤を支える地下施設 …………………………………… 49
  (4) 地下空間の特性を活かした特殊な施設 ………………………… 52
  (5) 施設の共同化の事例 ……………………………………………… 54

第3章　地下空間開発の技術 ……………………………………… 57

 3.1 計画と調査 ……………………………………………………… 57
  3.1.1 地下利用の基本計画の策定 ………………………………… 57
  (1) 基本構想 …………………………………………………………… 57
  (2) 地下空間の開発計画 ……………………………………………… 61
  3.1.2 地下利用における調査 ……………………………………… 64
  (1) 調査の概要 ………………………………………………………… 64
  (2) 立地条件調査 ……………………………………………………… 65
  (3) 支障物件調査 ……………………………………………………… 67
  (4) 地質調査 …………………………………………………………… 68
  (5) 施工管理調査・環境保全調査 …………………………………… 72
  3.1.3 概略設計と施工計画 ………………………………………… 73
  (1) 地下利用の概略設計 ……………………………………………… 73
  (2) 地下構造物の施工計画 …………………………………………… 76
 3.2 設計・解析技術 ………………………………………………… 80
  3.2.1 地下利用と設計 ……………………………………………… 80
  (1) 設計の考え方 ……………………………………………………… 80
  (2) 地下構造物の種類とその設計手法の概要 ……………………… 81

目　次

3.2.2　地下構造物とその設計手法 ………………………………………… 83
(1) 設計における「不確実さ」とその評価 ………………………………… 83
(2) 許容応力度設計法 ………………………………………………………… 83
(3) 限界状態設計法 …………………………………………………………… 84
(4) 山岳トンネルの設計法 …………………………………………………… 85
3.2.3　地下構造部とその解析手法 …………………………………………… 90
(1) 地下構造物の設計の流れ ………………………………………………… 90
(2) 荷重と構造との関係 ……………………………………………………… 92
(3) 構造形式に応じた解析モデル …………………………………………… 93
3.3　地下空間構築技術 …………………………………………………………… 96
3.3.1　線状構造物 ……………………………………………………………… 96
(1) シールド工法 ……………………………………………………………… 96
(2) 山岳工法 …………………………………………………………………… 112
(3) 開削工法 …………………………………………………………………… 116
(4) 推進工法 …………………………………………………………………… 120
3.3.2　面状構造物 ……………………………………………………………… 121
3.3.3　縦穴状構造物 …………………………………………………………… 122
(1) ケーソン工法 ……………………………………………………………… 122
(2) 小型立坑工法 ……………………………………………………………… 123
3.3.4　その他の構造物（球状およびドーム状構造物） …………………… 124
3.3.5　周辺関連技術 …………………………………………………………… 124
(1) 地盤改良技術 ……………………………………………………………… 124
(2) 掘削土砂運搬技術 ………………………………………………………… 126
3.4　メンテナンス技術 …………………………………………………………… 127
3.4.1　地下構造物の現状 ……………………………………………………… 128
(1) 地下構造物の建設推移 …………………………………………………… 128
(2) 地下構造物の健全性 ……………………………………………………… 130
3.4.2　調査技術 ………………………………………………………………… 131
(1) 構造物および周辺環境の変状 …………………………………………… 131
(2) 調査方法 …………………………………………………………………… 134
(3) モニタリングシステムの事例 …………………………………………… 136

3.4.3　診断技術 ……………………………………………… 138
　3.4.4　リニューアル技術 …………………………………… 138
　　(1)　補　修 ………………………………………………… 138
　　(2)　補　強 ………………………………………………… 139
　　(3)　撤去・再構築 ………………………………………… 142
　3.4.5　管理技術 ……………………………………………… 143
　　(1)　メンテナンスに関する情報管理 …………………… 143
　　(2)　構造物内部の設備および安全管理 ………………… 144
　3.4.6　今後のメンテナンスのあり方 ……………………… 145

第4章　地下利用の将来ビジョン …………………… 149

4.1　社会資本整備をとりまく環境変化 ………………………… 150
　4.1.1　人口減少と少子高齢化の進展 ………………………… 150
　4.1.2　地域格差の拡大 ………………………………………… 152
　4.1.3　地球環境制約の顕在化 ………………………………… 154
　4.1.4　厳しい公共財政事情 …………………………………… 155
　4.1.5　東アジア経済の台頭 …………………………………… 159
4.2　地下利用の将来コンセプト ………………………………… 161
　4.2.1　地下利用の基本コンセプト …………………………… 161
　4.2.2　地下利用が克服すべき課題 …………………………… 162
　　(1)　心理面・行動特性面に関する課題 ………………… 163
　　(2)　安全性に関する課題 ………………………………… 163
　　(3)　経済性・事業性に関する課題 ……………………… 165
　　(4)　環境影響に関する課題 ……………………………… 166
4.3　地下利用に関連する政府の動向 …………………………… 168
　4.3.1　社会資本整備全般に関する動向 ……………………… 168
　　(1)　社会資本整備重点計画 ……………………………… 168
　　(2)　『二層の広域圏』を支える総合交通体系（国土形成計画） …… 170
　4.3.2　都市・地域再生に関する動向 ………………………… 172
　　(1)　都市再生特別措置法 ………………………………… 172

目　次

　　(2) 地域再生法 ……………………………………………… 173
　4.3.3 大深度地下利用に関する動向 ……………………… 173
　　(1) 大深度地下の公共的使用に関する特別措置法 ………… 173
　　(2) 大深度地下使用技術指針・同解説 ……………………… 174
　　(3) 大深度地下利用に関する技術開発ビジョン …………… 175
　　(4) その他の大深度地下関連のマニュアル・指針類 ……… 177
4.4 地下利用の将来プロジェクト ………………………………… 179
　4.4.1 地下を利用した都市拠点の形成 …………………… 179
　　(1) 都市のコンパクト化の基本理念 ………………………… 179
　　(2) 地下を活用した都市拠点整備 …………………………… 181
　4.4.2 高速交通体系の構築 ………………………………… 183
　　(1) 地下を利用した道路ネットワーク ……………………… 183
　　(2) 地下を利用した鉄道ネットワーク ……………………… 194
　4.4.3 環境関連施設の整備 ………………………………… 203
　　(1) 廃棄物輸送を含むインフラネットワーク ……………… 203
　　(2) 地下を利用した清掃工場 ………………………………… 205
　　(3) 放射性廃棄物処分における地下利用 …………………… 206
　　(4) 放置自転車問題を解消する機械式地下駐輪場 ………… 209
　　(5) 親水のための地下河川・地下道路 ……………………… 211
4.5 地下空間デザインと技術ビジョン …………………………… 213
　4.5.1 地下空間デザインの考え方 ………………………… 213
　　(1) グランドデザインとアンダーグランドデザイン ……… 214
　　(2) ライフサイクルデザイン（Life Cycle Design）……… 216
　4.5.2 より効率的かつ安全につかうための技術 ………… 222
　　(1) 内部空間設計技術 ………………………………………… 222
　　(2) 内部環境技術 ……………………………………………… 226
　　(3) 換気技術 …………………………………………………… 226
　　(4) 防災システム ……………………………………………… 231
　　(5) 移動・物資搬送技術 ……………………………………… 232
　4.5.3 環境にやさしく合理的につくるための技術 ……… 232
　　(1) シールドトンネル設計技術のさらなる発展 …………… 232

vii

(2) 構造物の大深度化への対応 ……………………………………… 232
　　(3) 構造物の調査・計測技術 ………………………………………… 239
　　(4) 地下環境アセスメント …………………………………………… 241
　　(5) 共同化による合理的な施設計画 ………………………………… 245
　　(6) ITS の地下道路への活用 ………………………………………… 247
　4.5.4 プロジェクトを適切に評価し推進するための技術 ……………… 249
　　(1) プロジェクトの経済性評価 ……………………………………… 250
　　(2) ライフサイクルコストの評価 …………………………………… 252
　　(3) プロジェクトの事業性評価 ……………………………………… 254
4.6 魅力ある地下利用の実現のために ……………………………………… 259
　4.6.1 事業の公平かつ適正な評価 ………………………………………… 260
　4.6.2 関係者間の協働体制の構築・強化 ………………………………… 261
　4.6.3 資金調達・運用の新たなスキーム ………………………………… 263
　4.6.4 社会的コンセンサスの形成 ………………………………………… 266
　4.6.5 おわりに — 魅力ある地下利用の実現のために ………………… 267

Coffee Break

　その 1　フリント石 ……………………………………………………………… 21
　その 2　地上に出られない駅 …………………………………………………… 42
　その 3　地下空間の特性 ………………………………………………………… 49
　その 4　都市計画審議会とは …………………………………………………… 60
　その 5　国家予算（一般会計）が成立する流れ ……………………………… 63
　その 6　設計の深度 ……………………………………………………………… 82
　その 7　機能と性能 ……………………………………………………………… 89
　その 8　地上の土地利用との整合 ……………………………………………… 95
　その 9　カッターフェース ……………………………………………………… 111
　その 10　それでも公共事業は不要と言うのか？ …………………………… 158
　その 11　こんなに早いのです！ ……………………………………………… 187
　その 12　高速道路は現在計画されているもので十分か？ ………………… 193
　その 13　高架か地下か？ ……………………………………………………… 199
　その 14　鉄道関係者の永年の夢は実現なるか！？ ………………………… 202

目　次

その15　らせん状のトンネルが空洞を支える！？ ················· 208
その16　高速道路地下化の実現性はいかに？ ····················· 212
その17　どこまで現実に近づけるか？ ··························· 225
その18　ドジョウが大気をジョウカする？？ ····················· 230
その19　官民協働型のまちづくりの推進 ························· 262
その20　民間NPOをコアとした事業費負担の形態 ················· 265

序章　魅力あるくらしづくりのために

魅力あるくらしづくり
　―豊かで、安全、快適な生活環境づくりをめざして―

　1990年前後のバブル期の大波が去り、21世紀を迎えて、「人口の減少」、「高齢化社会の到来」、「地球規模の環境問題」、「公共事業に対する厳しい財政事情」が一気に顕在化して、わが国の経済は長期的な低成長の時代に突入した。ここ数年、わが国の社会資本整備はおおよそのところ完了し、もはや公共事業への投資は不要であるとの議論が主流を占めつつある。社会福祉の必要性が叫ばれることはあっても、公共事業には多額の費用をかける必要はないという風潮である。

　果たしてわが国の社会基盤の整備は欧米に追いつき、欧米を追い越したといえるであろうか。わが国の都市を取り巻く環境は、欧米並みになったのだろうか。彼らのようにゆったりとして落ち着いた生活環境を、われわれも手に入れたと実感できるであろうか。

　兵庫県南部地震や新潟県中越地震では、多くの尊い人命が失われ、長年にわたって整備されてきた社会基盤が一瞬にして崩壊した。また、ここ数年は10個を超える台風が列島に上陸して、各地に大きな被害をもたらし、わが国の経済活動にも多大な影響を与えている。都市部では、これらに加えてゲリラ的な降雨が局地的な洪水被害をもたらしている。わが国は火山国であり、火山の噴火も営々と築いてきた社会基盤に大きな打撃を与え、そこに住む人々の生活に多大な影響を与える。

　われわれは、いつ起こるかわからない自然災害につねに対処できるような心構えが必要であり、国づくり、すなわち社会基盤の整備にもこのような観

点からの配慮が強く要求されている。21世紀における社会基盤の整備には「量」から「質」への転換が求められ、豊かで安心して暮らすことができる快適な生活環境の実現が希求されている。

　戦後の高度成長期から1980年代までは、人口の増加、物価の上昇、経済の成長、地価の高騰などが続き、これらは永遠に変わらないものと誰もが錯覚していた。都市部ではオフィスや工場などの生産が集積する場である「職」と、労働に就業する者の居住が集積する場である「住」とが分離され、都市圏は順次拡大し成長していった。1980年代には「総合土地対策要綱」(1988年)にみられるように、土地の有効利用や高度利用に対するニーズが高まり、都市部においては、地価の高騰もあって、地上空間の開発が一気に進んだ。海洋に、宇宙に、そして地下に、というようなフロンティア開発の機運も生じた。とくに地下に関しては、国をはじめとする各種の機関から、大深度地下利用の将来構想が相次いで提案され、発表されたのもこの時期であった。

　それが1990年代に入ると、高度成長を支えた日本経済にはかげりがみえ、「土地神話」が崩壊する、いわゆるバブルの崩壊が発生して、一挙に長い停滞期を迎えることになった。土地は値上がりを前提に所有する資産から有効利用を目指す資産へと変ぼうしつつある。また、製造業を中心にして、人件費が安い国外への製造拠点の移転やITの急速な普及に伴う産業のソフト化が一気に進み、最近では経済の回復と期を一にして、都市部には高層のオフィスビルが立ち並び、再開発が盛んに行われるようになってきた。人口構成の高齢化や晩婚化に伴い、経済的に余裕がある人々が都心に回帰し、「職住接近」現象を招いている。

　景気の大幅な上昇が期待できない現在、社会基盤整備への考え方が大きく変化してきている。すなわち、社会基盤整備のための投資が大幅に減少し、新たに「つくる」時代からすでにある社会基盤を「守る」時代に移行しつつある。維持管理、補修・補強、更新の時代である。このような時代背景のなかで、人々がより豊かに安全に、そして快適に安心して暮らせる生活環境を創造するために、効率的かつ効果的で、「質」を重視した社会基盤の整備が強く期待されている。

多くの人々が生活する都市部では、すでに構築された都市機能が一部で陳腐化し、時代に合わなくなってきている。また、人々が都市に求める機能も多様化している。このまま放っておけばそう遠くない将来、都市はその「寿命」を迎えることになる。都市のスクラップ&ビルドは急務であり、将来にわたって持続可能な都市機能を創造するためには、バブル期とは異なり、そこに暮らす人々の立場に立った「都市再生」が要求される。地上にある必要がない施設や地下空間の特性を有効に活かせる施設を地下に移し、地上は、人工的ではあるが、豊かな自然環境に囲まれ、安全で快適な生活環境を創り出すために使われるべきである。

　「都市再生」を効率的かつ効果的に実行するためには、地下空間のグランドデザインが重要であり、それはまた、地上空間のデザインと密接に関連するものでなくてはならない。さらに、近い将来発生が懸念される東海地震、東南海地震、南海地震などの大地震や台風、集中豪雨などの自然災害に強い都市、維持管理、補修・補強、再構築が容易で持続可能な都市を念頭に置いて、地上空間と地下空間とが適切にデザインされることが不可欠である。

生活と密着した地下利用
―過去から現在、そして未来のまちづくりへ―

　前述したように、わが国の21世紀は少子高齢化、地球規模の環境問題、厳しい財政事情などの大きな課題を抱えた世紀である。そのなかにあって、国民がより豊かで安全に、そして快適に暮らせる生活環境を創り出すためには、効率的かつ効果的な社会基盤の整備が求められる。暮らしよい社会を次の世代に残すためには、今世紀の初頭における社会基盤の整備がとくに重要であり、それはとりもなおさず、次の世代への社会活力を産み出し、20世紀までに営々と築いてきたわが国の国際競争力の維持や強化にもつながるものである。とくに都市部におけるこれからのまちづくりを進めるにあたっては、地上空間を人々がもっと生活しやすい環境につくりかえていくべきであり、この目的のために地下空間を有効に活用するという基本理念を重視すべきである。

　原始時代から現在に至るまでの地下空間利用の歴史を振り返ると、地下利

用の意義や目的は時代時代の社会の状況や経済の状況に応じて変遷を遂げてきた。

　先史時代や有史時代の初期においては、人々は自然の洞窟を厳しい自然環境の脅威や外敵からの攻撃から逃れる手段として、また、食糧などの貯蔵庫として利用してきた。古代国家が成立すると、国家権力の象徴として、大規模な墳墓の建設、あるいは人々の生活に密接した水道や下水溝などの社会インフラの建設が始まる。道路や橋、軍事用のトンネル、運河、宗教的な地下施設などの社会基盤の整備が進み、鉱山の開発も盛んに行われた。中世の時代はとくに目新しい地下利用はみられないが、戦争などに起因する都市の破壊と再生が繰り返され、また、迫害などによる地下への逃避施設もつくられた。

　ルネッサンス期から近代にかけては、景観などの芸術性を加味した都市の計画的な建設が進み、それに合わせて地下空間の利用がまちづくりに一役買うようになってきた。近代的な水道や下水道の建設、水路トンネルや地下鉄道などがそれである。たとえば、パリでは下水道や墓など都市景観上望ましくない施設を計画的に地下に収納し、生活の利便性が大きく向上した。わが国でも江戸時代には、城下町やその近傍の都市部において、水道施設や水路トンネル、治水や排水のためのトンネルなどの整備が行われている。

　19世紀以降になると、地下掘削技術は革新され、社会基盤整備の一環としての地下利用が大きく進展した。これはノーベルの発明したダイナマイトや蒸気機関、ガソリン機関、さらには電気機関を用いた建設の機械化や効率化に負うところが多い。山岳部における鉄道や道路のトンネル、発電や変電のための施設、エネルギー関連施設、都市部における地下鉄道、防災施設や環境保全のための施設、各種貯蔵のための施設やスポーツ、娯楽などためのの施設、軍事基地や避難用のシェルターなど、地下を利用する施設が続々と誕生した。

　わが国においても、明治、大正、昭和の時代を通して、欧米の近代技術の導入によって、鉄道、道路、水道、下水道、農業用水路、発電施設などの建設が国力増強政策のもとに強力に押し進められた。戦後になって、国土総合開発計画にもとづいて、社会インフラの大規模な整備が行われ、交通関連施

設、発電エネルギー関連施設、上下水道関連施設、用水関連施設などの諸施設の建設によって生活の大幅な利便性の向上が図られた。

最近では、駅周辺の地下街や地下駐車場などの都市機能を高度化する施設、地下河川や雨水貯留施設などの都市防災施設、地下変電所、ごみ焼却場、下水処理場など、地上空間の景観や環境を保全し、人々の安全を確保する施設なども建設され、都市部における地下空間を有効に利用し、また、地下のもつ特性を積極的に活用する気運が高まってきている。

2001年には、政策的な土地の有効利用を目的に、「大深度地下の公共的使用に関する特別措置法」、いわゆる大深度法が制定され、大都市部における地下利用の基本的な施策が示された。これを機に民間における地下利用技術や地下開発技術に対する意識も大きく前進した。世界的なすう勢として、今後は地球規模の環境保全に真剣に取り組む必要があり、地下空間はこの解決にも有効な空間として活用されねばならない。

このように地下利用の様態を歴史的にみると、必要に迫られて必然的に地下を利用した時代、軍事的な要求や都市国家の経営上の必要から意図的に地下を利用した時代、また、都市の景観や国家の権威の象徴として、目にしたくないものを地下に移した時代を経て、地下空間を地上空間と関連させて、計画的にかつ効率的に活用する時代を迎えている。

本書の構成と特徴的な内容

本書は都市計画に携わる技術者、構造物の設計に携わる技術者、実際の建設に携わる技術者が、それぞれの実務を遂行する立場に立って、地下開発や地下利用のプロジェクトを進めていく際に習得しておかなければならない手続き、手法、技術などについて、「地下利用学」として体系的に整理したものである。また、地下を利用する人々の立場からの課題も明確にし、その解決すべき方向性も提言している。

第1章では、地下利用の歴史とその背景が述べられる。人類は有史以前から地下空間を生活に利用してきた。農耕が行われるようになると人々は集団を形成し始める。そして、より安定した生活を維持するためにそれらの集団

は互いに争うようになり、地下空間は民生用に使われたほか、軍事的な用途でも使われるようになってきた。有力な集団が国を形成し、有力な国が周辺の国々を併合して大きな国家が生まれてくると、国の実力を誇示するために計画的なまちづくりが行われ、また、鉱山経営などの目的でも地下の開発が進められた。宗教的な目的で地下空間が利用されることも多くあった。第1章では、それぞれ時代のニーズに合わせて利用する地下の特性や形態が移り変わってきていることを時系列的に詳述している。

　第2章では、地下空間の特性とその利用形態を現況の施設とともに紹介し、レビューしている。まず、地下空間の環境特性から地下施設のもつ各種の特徴を列挙し、また、利用現況からみた特性を整理した。つぎに、地下空間をその位置や場所、利用目的、施工法などの各種の切り口から分類している。さらに、地下施設の用途と地下利用の計画上で配慮した特性をマトリックス的に整理し、代表的な地下施設として、青函トンネル、アクアライン、神田川地下調整池などの大規模プロジェクト、地下鉄、地下駐車場、地下街、地下広場、地下の文化施設などの生活空間に関連した施設、共同溝や防災施設などの生活基盤施設、ワインセラーや食品貯蔵施設というような地下の特性を活かした施設、そして、地下の複合的な利用を図った施設などを例にあげ、その利用現況からみた特性や機能、特徴を概説して紹介している。また、地下空間の消極的利用と積極的利用、地下空間の利用頻度、利用する深さや利用する場所などのアイテムから、各種の地下施設を分類し整理している。

　第3章は、地下空間を開発する技術について、地下利用の基本構想の立案から、計画、調査、設計、施工、運用および管理、メンテナンスに至るまでの各段階を詳細に解説した章である。この章で特筆すべきことは、従来の技術から最新の技術、さらには開発中の技術に至るまで多くの技術について情報を提供している点である。まず、基本計画の策定については、地上空間利用の事業計画の立案、都市計画決定のための手続きを例に引いて、地下利用構想の立案、計画、評価の手法について詳述している。つぎに、調査では、現状の調査技術と課題、将来有望と思われる調査技術について広範囲に述べている。設計および解析では、構造物の種類に応じた設計手法、設計の不確実性に関する許容応力設計法と限界状態設計法の考え方の違い、構造形式に

応じた解析手法や解析モデルなどを概説している。さらに、地下空間の構築技術として、構造物の種別ごとに各種の構築技術を列挙し解説している。ここでは、最新のシールド技術、補助工法、地盤改良技術なども紹介している。最後に、地下構造物の運用や管理、そのメンテナンス技術を取り上げている。地下構造物は構築後の解体、撤去、再構築には莫大な費用と期間を必要とすることから、その運用や管理の技術、メンテナンスに関わる調査、診断、リニューアルする場合の施工法など、一連の技術の流れについて記述しており、これも本書の特徴的な点である。

　第4章では、今後の地下利用の構想につながる将来ビジョンを提言している。まず、21世紀初頭における社会資本整備を取り巻く環境変化について概説している。ここでは人口減少と少子高齢化の現状、都市と地方の格差の拡大傾向、地球環境に対する制約、厳しい公共財政事情、そして東アジア経済圏におけるわが国の国際競争力の低下傾向などからみて、今こそ国民が豊かで安心して暮らしていける社会基盤整備を、効率的、効果的に進めなければならないという現状を述べている。

　つぎに、社会資本整備における地下空間利用の基本コンセプトと地下空間を利用するうえで克服すべき課題を例示している。また、とくに大深度地下利用に関する動向として、法律の整備状況や2003年にまとめられた技術開発ビジョンについて解説を加え、将来のプロジェクトの大きな方向性として、地下を活用した都市拠点の整備、高速交通体系や地下を利用した鉄道ネットワークの構築、環境関連施設の整備などを取り上げ、プロジェクトのあるべき方向を模索している。さらに、地下空間デザインと将来的な技術ビジョンについて述べている。地上空間の使い方を含めた総合的なグランドデザインとそのなかにおける地下空間利用のアンダーグラウンドデザインの概念、地下空間に造られる構造物の維持、管理、再構築に関するライフサイクルデザインの考え方などを解説している。また、地下空間デザインを実現させていく際に解決すべき技術的要素として、効率性、安全性、環境負荷、合理性、事業性などの評価を適正に行うためのハード技術やソフト技術を紹介している。最後に、魅力ある地下空間利用を実現していくための道のりとして、技術的側面を超えた事業の適正な評価、関係者間の協力態勢の確立、建設のた

めの資金や運用のための資金の調達、社会的コンセンサスの必要性などを提言している。

　これからの魅力あるくらしづくりのために、社会資本の効率的かつ効果的な整備は今後も不可欠である。利用可能な空間が狭いわが国にとって、地下空間は残された価値ある空間であり、将来にわたって魅力ある地下利用を実現していくためには技術的な課題はもちろんのこと、社会的課題や経済的課題など広範囲にわたる課題を解決していかねばならない。本書は、以上に述べたような内容で「地下利用学」の創成を目指すものである。

第1章　地下利用の歴史と背景

1.1　地下利用の歴史

　人類の地下利用の原点は自然にできた洞窟（洞穴）であり、中国の周口店上洞穴、フランスのラスコー洞穴など遺跡としてその生活をかいま見ることができる。先史時代の人類の生活においては、洞窟は外敵の侵入を阻止し、自然の猛威（気候変動、風雨・降雪、火山、地震など）から生命を守るための安住の場であったと考えられる。人類が大地を耕作し文明社会を築くようになったのはおよそ1万年前といわれている。

　この文明社会の発展に伴い、人類の地下利用も大きく様変わりすることとなる。フランスを中心とする欧州地域には、地下から火打ち石（フリント石）を掘り出した坑道遺跡がある。古代エジプト人は、ピラミッドに石室とトンネルをつくった。人類の地下利用の歴史を概括すると、次のようである。

① 　先史時代、有史時代初期、人々は自然の洞窟内に生活を営み、厳しい自然環境（気候、天候）の脅威や部族以外の敵からの攻撃に対する防衛あるいは食糧などの貯蔵の手段として地下空間を利用していた。それ以降、洞穴から地上に住居を構えるようになり、エジプト（王家の谷）や中国（殷虚）、日本（横穴式古墳）においては、古代国家における王はその権力を象徴し、黄泉の国からの復活をも信じた、宗教的色彩を持った大規模な墳墓を地下に納めるようになる。

　　一方で、文明国家においては、人々の生活に密接した社会インフラの建設も始まり、遠く離れた地点から、かんがい用水のため地下トンネルを建設するようになる。

第1章　地下利用の歴史と背景

② ローマ時代から中世に至っては、洞道構築技術の進歩もあって、鉱山開発、都市（城下町）形成における交通あるいは水道整備（ローマ）が始まる。また、欧州では十字軍以降、異教徒の侵入から防御するために宗教施設を地下に収納するようにもなる（カッパドキア洞窟修道院）。カタコンベの名前で知られるローマ時代の地下共同墓地は、古代ヨーロッパにおけるキリスト教に代表される宗教感の表れでもある。

③ ルネッサンス以降の近代においては、まちづくり（都市計画）への地下空間の利用が盛んになる。例えば、パリにおいては、下水道や墓など都市景観に好ましくない施設を地下に設置、収納するなど地上空間とは異なった社会資本整備としての地下利用が計画的に進められ、生活の利便性が大きく向上する。

　一方、日本においては、江戸時代以降、都市（城下町）建設に伴う水道（玉川上水など）、道路、水運、治水が大きく進歩し、藩体制のもとまちの整備が行われる。

④ 19世紀～20世紀になると、地下掘削の技術革新（ノーベルの発明したダイナマイトを利用）によって、社会基盤整備の一環として地下利用が進められ、人々の生活に定着してくる。蒸気機関の発達によって、イギリスをはじめとしたヨーロッパでは鉄道建設が盛んに行われたのもこのころである。

　さらに、民生利用としては、地下鉄、道路、発電・エネルギー、防災、環境保全、各種貯蔵、スポーツ・娯楽などの施設が、軍事利用としては、軍事基地、避難用シェルターなどが建設されてきた。北欧諸国では、強固な岩盤が地表面に露出しているという特徴を活かして、米ソ冷戦の時代背景のもと、有事の核シェルターを兼用した各種民生施設が数多く建設されている。

　日本においては、近代欧米技術の導入によって、明治・大正時代から、鉄道、地下鉄、農業用水路、発電など国力増強政策のもと地下利用が進められた。戦後になって、国土総合開発計画に基づいて社会インフラの大規模な整備が行われ、鉄道、道路などの交通インフラ、発電エネルギーインフラ、下水道整備、治水のみならず、駅周辺の地下街、地下駐車

1.1 地下利用の歴史

場などの都市機能の高度化、石油類の地下備蓄施設、地下河川など、都市における地下空間を有効に活用し、地下の持つ特性を積極的に活用した施設あるいは最近では地上空間の景観、環境を保全するため地下を利用する施設も建設されるようになってきた（変電所、ごみ焼却、下水処理場など）。

以上のように、人類の地下利用は、歴史的な社会政情、政治制度、文化・文明の成熟度、宗教性などの時代背景に大きく左右され、その利用形態や動機がさまざまに進化してきていることがわかる。すなわち、古代においては「住居性、宗教性」などがその主な利用動機であったものの、人口が急増した現代においては、地下利用の動機は著しく多様化している。

一方、現代の地下利用の多様化を促した歴史的契機は、19世紀に起こった産業革命とダイナマイトの発明であるといえる。産業革命は、削岩機などの地下掘削に関わる周辺技術の急激な発展を促し、ダイナマイトは掘削効率を飛躍的に向上させると同時に、地下深部の硬質な岩盤が分布する領域まで人類が到達することを可能とした。また、地下利用を促したもう一つの契機は、古代から現在まで止むことのない戦争における軍事的な利用であったと考えることもできる。

1.2 地下利用の歴史的経緯

　人類の地下利用の歴史的経緯を振り返れば、その利用の背景から、①自然環境条件を克服するための利用と、②自然環境条件を積極的に活用しようとする利用に大まかに区分できる（表 1-2-1、表 1-2-2）。原始から古代においては、①の代表的な利用例として洞穴を利用した住居があり、②の利用例としては、墳墓、地下資源（石材、鉱物など）、宗教施設・空間（石窟、洞窟など）、貯蔵・備蓄などがある。洞窟を利用した住居は、地下空間利用の原点ともいえるが、人類の活動範囲の拡大と文明の発達によって、古代以降は地下より快適な地表での生活が主となった。墳墓については、信仰と宗教の発達に伴う権威・権力の象徴としての役割を古代に終える。地下資源、宗教施設、貯蔵・備蓄としての利用は、利用形態が時代によって変遷し現代においても継続的な利用がなされている。

　一方、古代から自然災害の克服を目的とした治水・利水、防災施設や地形条件の克服を目的としたさまざまなトンネルは、現代においても重要な社会資本と位置づけられている。戦争や紛争における軍事面での地下空間の利用も古く、現代まで利用され続けている。中世から近代においては、農業と産業革命に代表される工業の発達が両輪となって人口が急増し、文化も成熟したことから地下空間利用の多様化が進んだ。そして、近代において第三の利用背景ともいえる③代替地（地表に対する代替地）としての利用が、主に人口が集中する都市域における地表条件制約の克服を目的として、地下街、地下鉄、地下道などとして盛んに利用されはじめる。この地下への回帰ともいえる地下利用の経緯は、人類が原始に洞窟から出発し、いったんは主な生活の場を地表に求めたが、近代・現代になって地表がふくそう化したことからさらなる利便性や快適性を地下に求めようとしている行為とも考えられる。

　一方、近代からの特徴的な地下利用としては、ゴミや廃棄物の処理施設、通信や電気などのエネルギー関連施設（電気、ガス）に関わる利用がある。

　現代において、人類が到達した地下の深さと地上の高さはほぼ共に 10 km 程度に達している（図 1-2-1）。地表から地上にかけては、さまざまな科学

1.2　地下利用の歴史的経緯

表 1-2-1　地下空間利用の歴史的経緯（年表）[1],[2],[3]

	年代	諸　外　国	日　本	一般事項（時代，文明・文化）
先史	原始	（約50万年前）周口店鍾乳洞，北京原人		
	旧石器	（5～1万5000年前）穴居生活		
	新石器	竪穴居址 フリント（火打ち石）鉱山		
古代	B.C. 2500年頃	古代エジプト，ギゼーのクフ大ピラミッド建設（測量術，石工技術，石材の運搬方法，本体の築造技術）		B.C. 3000年頃：メソポタミア文明，エジプト文明
	2000年頃	バビロニア，ユーフラテス川横断のトンネル建設，延長900 m		B.C. 2500～2000年頃：インダス文明，黄河文明
	1300年頃	バビロニアに失頭アーチの下水渠		
	525年	古代ギリシャ，サモス島に水路トンネル建設		B.C. 800年頃：ギリシャ文明
中世	A.D. 589年		聖徳太子，妙見山法輪寺に三井を掘る。深さ14尺，上口径3尺	〈飛鳥時代〉
	1632年		辰巳用水トンネル（現石川県）着工，わが国初の本格的なトンネル	
	1645年		赤穂水道，城内および城下町に石造暗渠や土管を埋設（根木山トンネル）	
	1654年		玉川水道（洞村～大木戸間43 km）完成	
	1670年		箱根用水（灌漑），竣工，着工1666年	〈1603～1868年：江戸時代〉
	1681年	トンネル掘削に初めて火薬を使用		
	1750年		僧禅海，耶馬渓青の洞門（手掘り人道トンネル，全長180 m）を貫通，1720年着工，通行料を徴収	
近代	1825年	世界最初のシールド工法によるテムズ河の河底トンネル工事施工		
	1852年	ニューヨーク，ブルックリン地区に暗渠式下水道完成		
	1863年	ロンドンに世界最初の地下鉄が貫通（蒸気機関車，1890年に電気機関車となる）	北海道遊廓鈴山で岩石爆破に火薬を使用	
	1867年	スウェーデンのノーベル，ダイナマイトを発明		

13

第1章 地下利用の歴史と背景

年代		諸 外 国	日 本	一般事項（時代、文明・文化）
近代	1871年	フランスとイタリアを結ぶモンスニー・トンネル (13 km) 完成。初のアルプス山脈貫通トンネル	工部省鉄道掛、大阪～神戸間鉄道工事の石屋川トンネル完成（着工1870年）、長さ61 m、高さ4.6 mの河底トンネル、初の近代的鉄道トンネル	〈1868～1912年〉明治時代
	1875年	アメリカ、トンネル掘削にダイナマイト使用		
	1880年	ニューヨークで地下鉄開通	工部省鉄道局、逢坂山トンネル（京都～大津間鉄道）を完成。長さ664.8 m、日本人技術者のみで施工した初めてのトンネル	
	1884年		工部省鉄道局、柳ヶ瀬トンネル（長浜～敦賀間鉄道）を完成。長さ1,352 m、ダイナマイト・削岩機を試用、発電機による換気設備を設備	
	1889年		琵琶湖疏水第1トンネル（長等山トンネル、長さ2,436 m）貫通	
	1891年		山陽鉄道（現山陽本線）、三石～岡山間の舟阪トンネル（長さ1,134 m）完成、兵庫～岡山間全通	
	1892年	ボストンに地下鉄開通		
	1893年		中山道鉄道、碓氷峠トンネル完成し直江津線横川～軽井沢間を開業	
	1895年	イギリス、ロンドンの下水道計画はほぼ完了。近代下水道の先駆。1931年生物処理開始	要塞地帯法を公布。要塞地帯の区域を規定し測量・撮影などを禁止	
	1899年		三菱鉱業、新入炭坑（筑豊）で初めて210 mの竪孔を掘削	
	1900年	パリに地下鉄第1号線開通	逓信省、中央東線・笹子トンネル (4,656 m) を完成し、大月～初狩野間で鉄道機関車・空気圧搾機など電力を大幅に使用	
	1903年		陸軍東京砲兵工厰岩鼻火薬製造所、ダイナマイトの製造開始、1906年より鉱山その他民間の需要に応じて製造	
	1905年			
	1906年	シンプロン第1鉄道トンネル (19,808 m)、先進導坑工法により完成しアルプスを貫通、1922年第2トンネル完成		
	1910年	アメリカ、沈埋工法によるミシガン・セントラル鉄道トンネル完成		
	1913年		大阪電気軌道（株）生駒山トンネル（奈良県）工事現場で崩落事故発生、死者20人	〈1912～1926年〉大正時代
	1914年		大阪電気軌道（株）生駒山トンネル（延長2,388 m）完成、最初の複線広軌道式鉄道トンネル	

14

1.2　地下利用の歴史的経緯

1916年		鉄道院、トンネル建築定規を制定	
1917年		鉄道院、房総西線・鋸山トンネル完成（延長1,252m）、わが国初めてのコンクリートブロックを使用	
1919年	スペイン、マドリードに地下鉄開通	東海道線・新逢坂山トンネル工事に採用、日本火薬、ダイナマイトの国内製造を開始	
1920年		東海道線・新逢坂山トンネル完成（延長2,325m）、初めて底設導坑式掘削方式を採用、上越線・棚下トンネル工事に初めて重機械を使用し、切り崩し・積み込み等を機械化、輪入したショベルローダを使用	
1921年		鉄道院、羽越線折渡トンネルで初めてシールド工法による掘削を実施したが途中で断念した。シールド外径7.37m、長さ3.66m、重量88tの円筒型、1924.4完成	
1922年		鉄道省工事中の丹那トンネル東口302mで崩壊事故、33人埋没、死者16人、17人救出　東海道線、東山トンネル完成（延長1,865m）	
1924年	スイス・イタリア国境にシンプロン第2鉄道トンネル完成（延長19,823m）	鉄道省工事中の丹那トンネル西口1,509mで崩壊事故、16人溺死	⟨1926〜1989年：昭和時代⟩
1931年		鉄道省、清水トンネル完成（延長9,704m）、上越線土合〜土樽間、輸入機械を使用し鉄道省直営工事	
1933年		内務省、関門国道トンネル調査委員会設置	
1934年		鉄道省、東海道本線・丹那トンネル完成（延長7,804m）、湧水多量のため難工事、着工以来16年半　東京地下鉄道（株）、銀座〜新橋間636mを開通し、浅草〜新橋間8km全通	
1935年	モスクワの鉄道開通	鉄道省、関門トンネル技術委員会設置	
1937年		鉄道省、仙山トンネル完成（延長5,361m）、導坑掘削で1ヵ月最大209.5mを記録	
1938年		伊東線・宇佐見トンネル完成、初めて覆エコンクリートに鉄筋を使用　鉄道省・朝鮮海峡トンネル委員会、本土〜朝鮮間海底トンネル建設を決定	
1939年		東京高速度鉄道（株）、新橋〜渋谷間地下鉄を全通	
1942年		鉄道省、関門トンネル開通式を挙行	
1944年		阿治川河底トンネル完成、初めて沈埋工法採用、道路トンネルで初めて換気装置設置	

第1章 地下利用の歴史と背景

年代		諸外国	日本	一般事項 (時代、文明・文化)
近代	1945年	アメリカ、デラウェア水路トンネル完成、延長136.6kmは世界最長の連続トンネル	運輸通信省に建設本部、地方に第1(熱海市)、第2(岐阜市)、第3(下関市)の地下建設隊を設置	
	1947年		運輸省、津軽海峡海底トンネルの地質調査開始	
	1955年		中部電力(株)、東上海峡面掘削工法を採用、長さ3,644m、初めて全断面掘削工法を採用 飯田線、大原トンネル完成。長さ5,063m、鉄道工事に初めて全断面掘削工法を採用	
	1958年		日本道路公団、関門国道トンネル開通式を挙行、長さ3,461.4m、うち海底部780m。ルーフシールドを日本で初めて使用	
	1960年		日本道路公団、名神高速道路；天王山トンネル工事に初めてH型鋼アーチ支保工を使用	
	1962年		国鉄、北陸本線・敦賀～福井間に北陸トンネル開通、長さ13.87km、鋼支保工、大型掘削機を使用、以降トンネル掘削の標準工法に発展 名古屋市営地下鉄、寛王山トンネル完成、上り288m、下り357m、都市トンネル工事に初めてシールド工法採用	
	1964年	アメリカ、チェサピーク湾に高速道路海底トンネル完成	国鉄、東海道新幹線・新丹那トンネル完成、7,958.6m 首都高速道路公団、羽田海底トンネル完成、延長300m、中央50mは長さ56m、幅20.1～20.6m、高さ7.4mの鋼製沈埋函工	
	1965年	フランスとイタリアの国境に世界最長のモンブラン道路トンネル(11,600m)完成		
	1966年		建設省、国道13号線・栗子トンネル開通、米沢～福島間、東側2,376m、西側2,675mの2本 国鉄、上越線、新清水トンネルを貫通、延長13,490m	
	1969年	北京に地下鉄開通(24km)	武蔵野線、浦和トンネル完成、延長184m、初めて鉄道工事にエンゼ工法を採用	
	1970年		大阪市北区の大阪市営地下鉄谷町線、建設工事現場でガス爆発事故、死者78人、地下埋設管のガス漏れによる引火爆発	
	1971年	韓国ソウルの地下鉄1号線、日本の技術協力で着工	国鉄、山陽新幹線六甲トンネル完成、延長16,250m	
	1972年		国鉄、北海道渡島支庁吉岡で青函トンネル起工式を挙行	
	1973年		国鉄、北陸線北陸トンネル(延長13.8km)、列車火災事故、トンネル内に充満した煙・ガスのため30名死亡、714名が負傷 水資源開発公団、香川用水・阿讃導水トンネル貫通、延長8,000m、水路トンネルとして最長	

1.2　地下利用の歴史的経緯

1974年	日本道路公団、中央自動車道・恵那山トンネル本坑貫通、延長8,489m、日本最長の道路トンネル完成、延長18,610m 国鉄、山陽新幹線・新関門トンネルの供用開始、長さ1,035m、日本最大の沈埋海底トンネル
1976年	首都高速道路公団、湾岸線・東京湾海底トンネル完成
1979年	建設省 会津線 向山トンネル貫通、全工程NATM施工、延長1,045m、日本鉄道建設公団、上越新幹線大清水トンネル全貫通、延長22.5km、世界有数の山岳トンネル 静岡県、東名高速道路下り線日本坂トンネル（延長2,045m）で、大型トラック、乗用車など7台が玉突衝突、後続車173台に延焼
1980年	国鉄、会津線、大戸トンネル貫通、延長2,888m、NATM工法を全面採用 静岡駅ゴールデン街地下街でガス災害発生、死亡14名
1981年	日本鉄道建設公団、上越新幹線・中山トンネル貫通、延長14.83km、山岳トンネルでは、大清水・六甲・榛名トンネルに次ぎ4番目の長さ、鉄道トンネルで最初にNATM導入
1982年	石油公団、愛媛県菊間町にわが国初の石油備蓄実証プラント完成、貯蔵量2万5,000キロリットル 上越新幹線、中山トンネル完成、延長14.857km、NATM工法を本格的に採用 北海道開発局、稚別市に国道273号・浮鳥トンネル貫通、延長3,285m、わが国最長の国道トンネル
1983年	ドーバー海峡トンネル工事着工、英国ドーバー付近の海底カレー付近を約50kmの海底トンネルで工事着手、工費約1兆2,000億円の大規模プロジェクト
1984年	青函トンネル・先進坑が貫通し本州と北海道が陸続きとなる、長さ53.8km、海底部22.3km、1964年の調査着工以来18年目
1987年	神戸山麓バイパス布引トンネル（2.7km）開通、新幹線神戸トンネルの地下15mを掘削 岐阜県神岡鉱山のカミオカンデ（地下1,000m、直径15.6m、高さ16mの純水槽）にてニュートリノ観測開始 日本石油備蓄（株）、岩手県久慈市でわが国初の石油備蓄基地の建設開始、地下150mに175万キロリットルを貯蔵予定
1988年	スイス、ゴッタルドトンネル貫通。長さ16.3kmの最長自動車トンネル JR北海道、本州と北海道を結ぶ津軽海峡線を開業、青森県津軽線中小国～北海道江差線木古内間87km（うち、53.850kmの海底トンネル、青函トンネルは世界最長の海底鉄道トンネル、青森県は青函トンネル 東京電力（株）今市発電所（栃木県今市市）完成、出力105万kW、発電所は世界最大級の地下式

第1章　地下利用の歴史と背景

年代		諸 外 国	日 本	一般事項 (時代、文明・文化) 〈1989年〜：平成時代〉
近代	1989年		首都高速道路公団、世界最大規模の沈埋函の曳航開始、沈埋函は長さ130m、幅40m、高さ10m、多摩川トンネル、川崎航路トンネルの建設工事に使用	
	1990年	英仏海峡海底鉄道トンネル工事のサービストンネル貫通		
	1991年		日本鉄道建設公団、世界最大の掘削覆工併進機を完成、高さ9.9m、幅10.7mの断面を有し掘削能力は150m³/h、北陸新幹線、秋間トンネル工事に使用したが途中で断念	
	1992年		日本鉄道公団、北越北線(ほくほく線)鍋立山トンネル貫通　総延長9,116.5m、莫大な膨圧のため中工区(延長3,326m)で難工事、着工1973年	
	1995年		兵庫県南部地震で地下鉄大開駅(開削工法)、六甲トンネル等が被災	
	1996年	英仏海峡、Channel Tunnelで列車火災事故、8名負傷	北海道、一般国道229号豊浜トンネル、古平側坑口部付近で岩盤崩落事故、通行中の路線バスと乗用車が被災して20名死亡1名負傷	
	1997年		高山祭りミュージアム(㈱飛驒庭園)完成、わが国初の半球状ドーム式地下美術館、ドーム直径40m	
	1999年	フランス〜イタリア間、モンブラントンネルで火災事故、死者41名(車両内34名)　オーストラリア、タウエルントンネルで火災事故、死者12名、負傷者59名	トンネル内の覆工コンクリートはく落事故の多発(山陽新幹線福岡トンネル、山陽新幹線北九州トンネル)　福岡市内の地下街で豪雨により河川が氾濫、ビルの地下階で1名死亡	
	2000年	オーストリア、ケーブルカートンネル火災事故、死者155名、トンネル延長3.3km、平均斜度43%	日本鉄道公団、東北新幹線、岩手一戸トンネル貫通　世界最長の陸上トンネル、延長25.81km、東海地方の集中豪雨で名古屋市営地下鉄の駅舎および軌道が水没し最大2日間運行停止	
	2002年		日本道路公団、首都圏中央連絡自動車道(圏央道)青梅トンネル貫通、延長2,095m、高さ19m、幅15mの卵型2階建てトンネル、断面積約230m²	
	2003年	韓国、大邱地下鉄で放火による火災事故、死者192名、負傷者148名		

18

1.2 地下利用の歴史的経緯

技術に発展に伴ってその構成（大気、陸地、海域など）が明らかになり、人工衛星から高精度に大気や地表を観察することも可能となってきた。しかしながら、それに引き替え地下の構造に関しては残念ながら未知の部分が多く、解明されていない事象も多いのが事実である。

人類が現代までにさまざまな形態で地下空間の利便性を享受できた背景には、ダイナマイトに代表される地下の掘削技術と地下開発の周辺技術が飛躍的に向上したこと、およびこれら技術を積極的に必要とした社会的・時代的な背景と的確な政策に支えられてきたと考えられ、地下空間利用は、さまざまな技術の集大成と波及効果・相乗効果によって今日に至っていると考えることができる。

表 1-2-2 地下空間利用の歴史的背景のまとめ

背景	自然環境条件を克服するために利用			自然環境条件を積極的に利用							代替地としての利用	
目的	自然災害の克服	自然環境の克服	地形条件の克服	汚いものは隠す		必然的利用		有効性の活用			都市地域における地表条件制約の克服	
形態	治水・利水、防災	洞穴	トンネル	墳墓	廃棄	地下資源（鉱山）	軍事	宗教施設空間利用	通信、電気、エネルギー施設	貯蔵、備蓄	地下街	トンネル
具体事例	潅漑用水上・下水道地下河川	住居	道路鉄道	墳墓	ごみ・廃棄物高・低レベル放射性廃棄物	石材各種地下資源（金属、石油・ガス等）	地下要塞火気・銃器貯蔵シェルター	石窟、洞窟絵ホール、劇場ほか	電気ガス通信機器地下発電所	石油地下タンクLNG地下タンク	地下街地下駐車場	地下鉄道道路通路
原始	―	○	―	○		△	△	△				
古代	○	―	△	△		△	△	△				
中世	○		○	○		○	○	△				
近代	○		○	○		○	○	○	○	○		
21世紀における継続性	○	×	○	×		○	○	△	○	△	○	○
歴史的エポック（発展・衰退の契機）	自然災害（洪水、氾濫）農業発達人口急増	自然物の利用人類の活動範囲の拡大	産業革命交通機関（電車、自動車）の発達	信仰と宗教の発達権威・権力の象徴	人口急増	自然材料の利用産業革命	民族間紛争戦争	信仰と宗教の発達地下空間の利点の活用	人口急増都市化による地表の輻輳化、生活の多様化	人口急増	人口急増都市化による地表の輻輳化、生活の多様化	電車の発達都市化による地表の輻輳化、生活の多様化

第1章　地下利用の歴史と背景

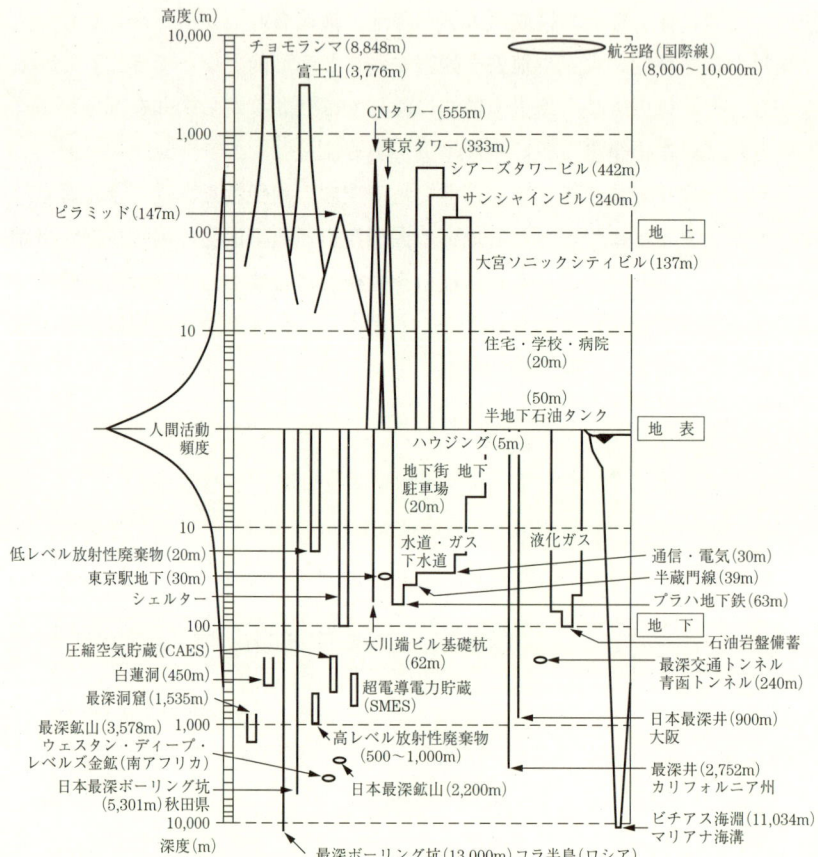

図 1-2-1　人類が到達した深さと人口空間の鉛直的利用階層
（ギネスブック（1988）などより作成）

（出典：地下空間利用技術に関する研究小委員会「21世紀の新しい地下空間に向けて」
土木学会論文集、No. 403、1988.3、pp. 25-35）

参考文献

1) 土木学会：日本土木史　大正元年～昭和15年、1965、日本土木史　昭和41年～平成2年（1966～1990）、1994
2) 地下空間利用技術に関する研究小委員会：21世紀の新しい地下空間に向けて、土木学会論文集、No. 403、1988.3、pp. 25-35　※リボン型年表
3) 土木学会：トンネルの変状メカニズム、2003.9

Coffee Break　その1

フリント石

　フリント石（火打ち石ともいう）とは、岩石分類上は「石英（SiO_2）の一種で緻密で堅く、貝殻状断口を示す」となっている。貝殻状断口とは、石が割れた断面に発生する二枚貝の内側のような形をした円形あるいは扇状の模様のことである。

　フリント石は、約3〜2.5万年前（ウルム氷河期中間における暖期）の石器時代においてもっとも鋭利な道具として珍重された。西ヨーロッパでは河川敷の砂利にフリント石が混じっていて、最初はそれを拾い集めるだけで十分だったがやがて枯渇した。そこで彼らは、河岸段丘上からたて穴を掘ってフリント石が豊富な砂利層を探しだし、これが人類最初の鉱山開発となった。英国南部のフリント鉱山では、変形した楕円状（4m×3m）のたて穴が地表から約12mの深さまで到達しており、その底から1人がやっと通れるほどの曲がりくねった坑道（横穴）が迷路のように掘られていた。この坑道各所では、ツルハシとして使った鹿の角やシャベルとした牛の肩甲骨などがみつかっている。

　フリント石は、現在でもライターの着火石として利用されている。TV時代劇の「銭形平次」で平次が捕り物に向かう時に女将さんが玄関口でカチカチとする火打ち石もフリント石だろうか？

参考資料：地学団体研究会・地学事典編集委員会『地学事典』平凡社、1983

第2章　地下の特性と利用形態

2.1 地下の特性

2.1.1 地下空間の特性

　地下空間の特性、とくに地下空間の環境特性は、地下空間に設けられる施設の内部環境に影響するものと施設の外部環境に影響するものとがある。
　「内部環境に影響するもの」には、まず地下環境から施設に与える影響があげられる。地質条件や地下水流の存在など、自然条件が構造物（とりわけ建設段階）に与える影響である。また、外部環境から受けるダメージ防止に関するものがあげられる。外部環境の温度変化、湿度変化などの気候変動が与えるダメージを防いだり、地震、津波、水害、地すべりなどの自然現象およびテロや戦争などの人的破壊から保護したりする。さらに、利用者に供されるサービス水準に関するものがある。施設の立地条件によってアクセサビリティに影響を与える。また、構造物内の利用環境（衛生、快適性、魅力、安全性）などを変化させる。
　「外部環境に影響するもの」には、まず迷惑的なものの回避がある。騒音、振動、視覚遮断、地上交通の分断回避などである。また、地下構造物建設時に地盤の緩みや変形により、周辺の施設の安定性や性能の低下や、それらに伴う施設の運営管理上のリスクへの波及、さらに、自然環境への影響が考えられる。建設中や供用中の、大気汚染、地下水質汚染、有毒物質汚染拡大、あるいは周辺景観への影響（改善や緩和もある）があげられる。
　これらの特性は地下を環境という観点からみたものであり、通常、施設を建設して地下空間を利用するので、地下施設の特徴としてとらえられる。

2.1.2 地下施設の物理的特徴

　地下施設は、まずその利用目的を定め、立地条件とコスト、建造物に要求される機能、遵守すべき法律あるいは制度的な問題、建設までのスケジュール、施設のデザインと景観など、さまざまな検討がなされたうえで建設され供用される。

　地下施設にはさまざまなものがあり、その利用方法や規模は多岐にわたる。ここでは、各種の施設を地下に建設するときに考慮される潜在的な要素について説明する。

(1) 設置場所

　地下施設の長所として、地上では隣接地に空間的余裕がない場合でも、既存の施設に隣接して設置できる利点がある。電気・ガス・上下水道などは、建物に直結しなければ役に立たず、市街地では土地不足や地上の制約が多いことから地下の利点が活かせる。また、施設の種類によっては、地上では都心から離れた場所にしか建設できない施設でも、地下なら許容される場合もあり、その場合は建設コストが割高でも地下の利点が活かされ都心の地下に建設される。

　一方、地上施設に比べると地下施設は、より地質環境の制約を受ける。地質環境が地下施設の建設に必ずしも適合するとは限らず、地質調査を行い、必要な地盤改良を行わなければならないことも多い。とりわけ、大都市が沖積平野に位置することが多いわが国では、地質環境が厳しい条件となることが多い。

(2) 空間隔離

　空間隔離とは、地下空間が地上空間と隔離されることである。地下空間の環境は、空間隔離によって、物理的特性に利点が生じる。以降では、この物理的特性について考えてみる。

a) 自然環境（気候等）の緩和

　ⅰ) 温　度

　地上の温度変化（日変化、年変化）に比べて地中の安定した温度環境がさまざまな利点を生む。寒冷地では、構造物の表面での熱伝導ロスを軽減する。酷暑地では、ビルの外壁から放射や伝導による熱の流入を防ぐことができる。

したがって、空気の施設内への流入がコントロールしやすく温度調節のエネルギーが少なくてすむ。

一方、温度の維持に不利な場合もある。エアコンや高水準の強制通気システムがないと、地下施設から過剰な熱を放出することはむずかしい。特に蒸し暑い気候のもとでは、エアコンがなければ相対湿度が高くなり、結露が生じやすくなる。

　ⅱ）過酷な気象条件

地下空間は台風、低気圧、前線などによる強風、大雨、雷、雹、霜などの過酷な気象条件から保護されている。地下施設で外気の驚異にさらされる部分は、入口、外光の取入口、換気口などの地表へのアクセスポイントに限られている。また、浸水対策が十分に施されていれば洪水被害からも守られる。浸水対策が十分でない場合、地上の洪水の流入が生じ、水没のおそれもある。そのため、地上からの水漏れ対策は絶対に欠かせない。

　ⅲ）火　災

火災に対しても地下施設は強い構造である。施設の周囲の地盤は不燃性であり、地下の施設に対して高温や炎、煙といったものから隔離する機能がある。一方、入口や外光の取入口、換気口などは火災の驚異に一番さらされる部分である。

　ⅳ）地　震

地下構造物は、地盤に拘束されており、地盤の動きと一体となって動く限り、地上構造物のように振動が増幅されない。また、地表面に近いほど、表面波の影響を受けやすく揺れが大きくなることから、地震に対して強い構造である。

ただし、断層が近傍で確認されている場所では地下構造物の配置に十分注意する必要がある。

　b）人工環境からの保護

　ⅰ）騒　音

空中を伝わってくる音に対して、地盤は遮断する効果が大である。高速道路に面していたり、空港の近くなどとくに騒音の激しいところでは、この遮音性は重要である。一方、地上との接触点、開口部などでは騒音が入りやす

いことがあるので注意が必要である。

　ⅱ）振　動

　道路交通、電車、地下鉄、工場などの産業用機械など振動の発生源は多々ある。その一方で、精密機械など静寂な環境が要求されるものもある。振動源が地表部にある場合、振動レベルは地下に潜るにしたがって、また、振動源から離れるにしたがって小さくなる。とくに、高周波の振動は減衰が大きい。

　ⅲ）爆　発

　地盤は、爆発のショックや振動エネルギーを吸収する能力がある。地中浅部のアーチ状の被覆土でも施設の耐圧性能を飛躍的に高めることができる。

　ⅳ）放射性降下物

　原爆投下や原子力発電所のメルトダウンなどにより、放射性物質が空中に放出された後、地表面などに降ってくる放射性降下物の大半は、1ｍ程度の厚さのコンクリート、地盤などで吸収することができると考えられている。地下施設はこの点で多いに有利である。また、開口部を少なくすることで閉鎖を要する部分も少なくできる。

　ⅴ）産業事故

　有毒物質を保有する施設、爆発の危険性のある施設は、軍事産業施設のみではなく、産業用施設でもその危険性がある。また、これらの危険性のある施設はテロリストの標的となり得る。地下施設は外部の汚染空気を除去することで、有効な緊急避難施設ともなり得る。

　ⅵ）通　信

　隔離された地下施設内では、地上施設と異なり、無線のネットワーク利用が困難である。地上との通信も途絶する可能性がある。有線ケーブルシステムがないと、テレビ、ラジオその他の通信手段を利用することができないという弱点もある。

　c）保　安

　ⅰ）限定的なアクセス

　保安面からみると、地下施設は地上からのアクセス経路が限定されることから、防護も容易であり、侵入や盗難を防ぎやすい。

2.1 地下の特性

ⅱ）困難なアクセス

地表から離れた施設では、直接の侵入を容易に防げる。トンネルを掘ってアクセスするのは極めて困難だからである。

d）危険物質の収納

危険物質を地下に貯蔵すれば、施設の保護、隔離、保安の面で極めて効果的である。高・低レベル放射性廃棄物や化学危険物質などがこれらに相当する。

e）居住性

地下施設の最大の欠点は、その大多数が窓のない環境の中で長時間滞在することに対する嫌悪感であろう。この種の心理的抵抗感のほかにも、長時間滞在したときに健康面への影響も懸念される。

f）人間の心理と生理

地下での生活や労働についてたずねられると、そのイメージは大半の人が否定的である。地下の暗い雰囲気と湿った空気のイメージが強いといわれている。地下から連想される嫌なイメージとして、死、埋葬、閉じ込めがよくあげられる。また、方向感覚の欠如もある。これは、地上なら目印となる、太陽、空、屋外の景観などがないからである。さらに、自然との一体感も失われてしまう。現代技術は、これらの多くの課題を克服しているが歴史的に刻まれた地下に対する負のイメージが払拭されずに残っているようである。

g）安　　全

地下施設内部で火災や爆発事故が起こったとき、特に深い地下施設では地上への避難が困難となりやすい。地下鉄サリン事件で地下鉄が狙われたように、有毒ガス、特に空気より重いガスは地下に流入し、滞留しやすくなる。また、地下施設では見通しが地上に比べて劣るため、死角ができやすく、待ち伏せ、襲撃といった犯罪が生じやすい。人工空間として、デザインを工夫すれば欠点の克服は可能であろう。しかし、地下施設に対する心理的な抵抗感を払拭するのは容易ではない。

(3) 保　　存
a) 美　　観
ⅰ) 視覚的印象

施設の一部または全部を地下に建設することにより、それらすべてを地上に建設した場合に比べて、視覚的なインパクトを小さくすることができる。住宅地に隣接した場所に産業施設を建設する場合、高速道路を市街地に建設する場合、美観地区に大規模施設を建設する場合など、視覚的な印象を重視する必要がある場合には地下利用が有効である。

ⅱ) 室内特性

地下施設は、地上とまったく異なった室内環境を提供する。静かで隔離された空間は、宗教的な演出や幻想的な演出に効果を発揮する。

b) 環境上の利点
ⅰ) 自然景観

まち並み、背景の山並みなどを考慮した景観の保全には、高層建築物の一部またはすべての地下化が効果的である。

ⅱ) 生態系の保護

植生を保護することで、地域の生態系、地球環境の生態系に対する影響を最小限に抑えることができる。とりわけ、植物の蒸発散や呼吸作用の維持に効果的である。

ⅲ) 保水効果

地表面を保護することで、雨水の浸透流出を促し、地下水の涵養に寄与する。大雨時の出水、洪水軽減、下水、貯留施設の負荷軽減などに効果がある。

c) 収容物の保存

地下の恒温、恒湿の特性は、地下に収容された資材など保存に寄与する。古代エジプトのミイラはその典型である。現代では食物の貯蔵に寄与している。

d) 環境上の短所

地下施設は周囲の地質環境を侵害し、地表環境や地上環境に影響を与えることがある。たとえば、施設建設による地下水の遮断およびそれに付随した地質環境の変化、あるいは、露天掘りによる景観の阻害、さらに、空洞の崩

落にいたっては、安全上の問題も絡んで、地下だけでなく地上空間での利用も制限せざるを得なくなる場合もある。

2.1.3 地下空間利用の現況からみた特性
(1) 国内の利用現況
a) 都 市 部
　わが国の大都市の多くは臨海部の沖積平野に発達しており、地盤は一般的に軟弱である。都市部においては大都市圏はもちろん、地方の主要都市でも地下鉄や地下街の建設が進み、道路、公園などの公共用地やビルの地下を利用した駐車場の建設も進んでいる。とくに、地下街は雪や風雨などの荒天や自動車などに対する危険もなく、ショッピングや通行が安心して快適にできるため市民から歓迎され、北海道、東北、北陸などの積雪地帯や寒冷地の主要都市でも建設されている。

　人口の増加にともなって高層ビルが立ち並ぶ都市部では、都市機能が集中化、肥大化、過密化し、地下には上下水道、ガス、電気、通信、地下鉄、道路などの生活基盤施設が網の目のように張り巡らされ、大規模な地下街や地下駐車場も次々に建設されて、地上も浅深度地下も飽和状態となっている。

　近年、新しく地下に建設される鉄道、道路、河川など施設はしだいに深部に追いやられている。軟弱な地盤では深度が増すにしたがって、土圧や水圧が増大し、技術面や建設費などの問題が大きくなることから、地下構造物の建設は地下50m程度が限度とされてきた。このため、軟弱地盤の多い都市部においては、これまで地下空間利用は地下30m程度までに集中しており、数十mを超える大深度地下は東京都の神田川地下調節池、都営地下鉄大江戸線、大阪市の平野川地下調節池など数例をみるだけである。

　また、変電所や下水のポンプ場などの地下化も進められており、これらの施設の上部はオフィスビルなどに利用されているものもある。

b) 都市部以外
　低地の少ない地域では、都市部と同様に施設の導入空間として地下空間を利用している事例も増えている。特に、山間部、海岸部などでは上水道や下水道などの生活施設は、風雪害、塩害から施設を守るためにも地下空間が有

利である。

　また、地下空間の恒温性、恒湿性といった特性を利用した食品の醸成・貯蔵施設や、自然環境に配慮した観光施設、鉱山などの廃鉱を再利用している実験施設などのように地下空間の特性を積極的に利用している事例もある。

(2) 海外の利用現況

a) 北　　欧

　北欧における特徴的な地下空間利用の形態としては、堅固で安定した岩盤を活かした利用、地下シェルターの建設にみられる防衛のための利用、自然環境の保全を目的とした利用などがあげられる。

　北欧の岩盤は堅固で安定しているため掘削時に補助工法を採用する必要が少なく、今日では機械化が進んでいることから、インフラ施設を地上に整備するよりも地下に建設した方がトータルコストが安くすむ場合が多い。

　北欧においては、第2次世界大戦後続いた冷戦状況の中で、核シェルターが数多く建設されている。地下シェルターは、**表 2-1-1** の国内外の地下利用比較に示すように、平時は駐車場やスポーツ・レクリエーション施設、倉庫などとして利用されていることが多い。

　このような北欧諸国におけるシェルターの設備は、国策として進められている。たとえば、フィンランドの民間防衛法では、防衛地域内の石造または同等の素材による 3,000 m² 以上の建築物すべてに、民間防衛シェルターがなくてはならないと定めている。また、ヨーロッパのスイスでは、2週間の避難が可能なシェルターの整備が義務づけられている。

　また、地上空間がないから地下を利用するのではなく、自然環境を保護するといった観点から地下の利用を進めており、地下鉄や地下街といった都市施設のほかにも上水道施設、下水処理施設、石油貯蔵施設などさまざまな施設が岩盤内に建設されている。最近では、リレハンメルオリンピックのアイスホッケー場が自然環境保全を目的として岩盤内に建設された。

b) ヨーロッパ

　イギリス、フランス、ドイツといったヨーロッパ諸国における特徴的な地下空間利用の形態としては、都市環境や都市景観の保全を目的とした利用などがあげられる。

2.1 地下の特性

産業革命以降、各国の都市の姿が大きく変わっていく中で、都市景観を重視する認識が古くから定着しているヨーロッパでは、歴史的構造物や都市景観の保全を配慮して都市開発が進められた。1863年に世界で初めて開業したロンドン地下鉄や近代下水道の始まりといわれるロンドン下水道、1832年から整備が始まり現在普及率が100%であるパリ下水道などをはじめとするヨーロッパ諸国のインフラ施設は、都市環境・都市景観の保全のために、醜いものや汚いものは地下へ設置するといった思想のもとで整備が進められた。パリ、ロンドン、ベルリンなどの主要都市では、電線の地中化率はすでに100%近くになっている。また、地下街、地下鉄、娯楽施設、地下道路、地下駐車場などが複合的に開発されたパリのフォーラム・デ・アールは、歴史的環境および構造物の景観保全を目的として建設された代表的な地下空間利用施設である。

c) 北　米

北米における特徴的な地下空間利用の形態としては、厳しい気候条件から身を守り快適な空間の創出を目的とした利用や石灰岩採掘跡の空洞を利用した地下施設などがあげられる。

日本では法的な制約があるため半地下式住宅の例はほとんどないが、アメリカのミネソタ州などの寒冷地やオハイオ州などの温暖地では、厳しい自然環境からの退避、省エネルギー化、地上環境の保全といった目的で半地下式住宅が建設されている。また、モントリオールやトロントでは、厳しい気候条件から身を守り快適に過ごせる空間をつくる観点から、地下街、地下鉄駅、建物の地下を結ぶ歩行者ネットワークが形成されている。

モントリオールにおいては、地下歩行者ネットワークの建設を推進するために、道路下を地下通路として利用する場合、官側は道路下の占用料を低額で民側に許可する代わりに、地下通路の建設、施設管理、安全管理などの費用を民側に負担させたり、また地下ネットワーク計画に沿った民地開発を行う場合、民側はビルの地下に公共道路を設け一般に開放することを条件に、建物の容積率の割増が許可されるといった法的措置をとっている。

(3) 国内利用と海外利用の違い

地下利用の地下の形態と、その地下の背景となる気候、風土や地質といっ

た自然環境、法制度や社会的情勢といった社会的環境を**表 2-1-1** に整理した。

諸外国の地下利用の動機は、「地上環境の保全・省エネルギー」、「快適空間の創出」といった前向きなものである。また、北欧の「冷戦」を動機としたシェルターも通常はレクリエーション施設、駐車場などに利用され、寒冷気候を避けることも兼ねており、堅固な岩盤という特性を積極的に利用したものである。

一方、日本の地下利用は「空間不足」が主要な動機であり、都市の膨張に耐えられず都市施設を地下に取り込んだものが主流である。利用形態も公共用地の浅い部分が大部分で、利用しやすいところからやむを得ず使っているという消極的利用の感が強い。

表 2-1-1 国内外の地下利用比較

	日本	北欧	ヨーロッパ	北米
地下施設	・道路下の生活基盤施設 ・公共用地下の駐車場 ・地下鉄、地下街	・シェルター（駐車場、レクリエーション施設） ・地下鉄、地下街 ・上下水道設備	・都市インフラ（下水道、地下鉄） ・複合施設	・半地下式住居 ・地下街、地下鉄 ・地下歩行者ネットワーク（官民地下）
気候	・北海道を除くと比較的温暖な地域	・寒冷地	・温暖	・寒冷地と温暖地
地盤	・軟弱（沖積平野）	・堅固な岩盤	—	—
社会的背景・意識	・都市規模の拡大	・冷戦（シェルターの義務づけ）	・歴史的構造物・景観・環境保全の意識	・快適空間への欲求
直接的動機・必要性	・空間需要の逼迫	・社会的背景（冷戦） ・環境保護目的	・都市環境、景観保全	・快適空間の創出 ・省エネルギー ・地上環境保全

2.2 地下空間の分類

　地下空間は、位置・場所、利用目的、施工方法など、多様な観点から分類できる。

(1) 位置・場所による分類

　地理上の分類として使われているもので、地下空間（主としてトンネル）の場所がどこにあるかがわかる。

　　①山岳トンネル　（山岳部でのトンネル）
　　②都市トンネル　（都市部でのトンネル）
　　③水底トンネル　（海・湖・河の下にあるトンネル）

(2) 利用目的による分類

　地下空間施設の計画や利用のための分類である。

　　①交通運輸用トンネル
　　　道路、鉄道、地下鉄、地下駐車場、地下河川、運河など
　　②用水（路）用トンネル
　　　上水道、水力発電用、工業用水用、灌漑用など
　　③公益事業用トンネル
　　　電力用、ガス用、通信用、下水道など（共同溝も含む）
　　④地下空間（空洞）
　　　地下街、地下発電所、地下貯蔵施設など
　　⑤その他
　　　防護施設、埋葬施設など

(3) 施工方法による分類

　地下空間の構築方法に着眼した分類である。なお、構築技術については第3章で詳述する。

　　①山岳工法
　　　NATMが代表的であり、良質な岩盤を対象とした発破や削岩機を用いた工法
　　②開削工法

地表から地面を掘削して、トンネル構造物を構築後、埋め戻す工法
③シールド工法
シールドマシンという機械を地盤中で掘進させて、トンネル構造物を構築する工法
④沈埋工法
あらかじめ地上で分割したトンネル構造体を構築し、所定の場所に移動させてから、海底や湖底などに沈めてトンネル構造物とする工法

(4) 空間形状による分類
空間構造のイメージを**表 2-2-1** に示す。

表 2-2-1　空間形状による地下空間の分類

空間の基本形式	主な利用目的	配置形態	
縦穴状構造	資源採掘坑 工事用立坑 （アクセス路）	垂直、傾斜	
面状構造	地下街 半地下施設	地表付近での広がり（開削）	
線状構造 横穴状構造	鉄道・道路トンネル 電力・上下水道などのトンネル	水平、傾斜、らせん	
ドーム状・球状構造	地下発電所 地下鉄駅	広がり（3次元）	

2.2 地下空間の分類

a) 縦穴状構造
調査用のボーリング坑、石油などの資源採掘坑、工事用および地下空洞へのアクセス路としての立坑などに利用される。

b) 面状構造
地下街など、平面的な広がりを必要とする用途に使われる。ほとんどが地表付近にあり、開削による空間構築が主体である。

c) 線状構造・横穴状構造
道路、鉄道などの人の移動や、上下水道、電気・ガス・通信などの物の輸送のためには、主に線状のトンネルが利用される。

d) ドーム状構造・球状構造
近年の掘削技術の向上により可能となった構造である。地表部に与える影響を最小限にして、地下に大規模空間を構築する。3次元的な広がりをもった空間利用が可能である。地下発電所、各種レクリエーション施設などに利用される。

(5) 利用深度

用途別に使われる利用深度の分類を**表 2-2-2**に示す。

用途によって、その利用深度の区分の持つ意味が変わってくる。これは、各設計分野の実務担当者の見解の違いによるものである。例えば、大深度地下の公共的使用に関する特別措置法の規定によると、大深度とは概ね地下40m以深になるが、鉱山の分野では、40mはごく浅い部類になる。地区内道路下などに埋設される電気・ガスなどの公益設備の管路では、40m以深は一般に想定されていない。

表 2-2-2 地下空間を利用している施設と深度

		一般的な建築物	小規模な公共施設	大規模な公共施設	鉱山・地熱施設等
利用深度 (m)	浅深度	0〜5	0〜2	0〜15	0〜100
	中深度	5〜30	2〜5	15〜40	100〜1000
	大深度	30〜	5〜	40〜	1000〜

2.3 地下施設の利用事例と地下の特性

2.3.1 地下施設の用途と計画上の配慮事項

地下を利用する施設の用途はさまざまであり、地下空間を利用する意図も多様である。ここでは、地下空間を利用している主要な施設やその計画時に配慮している事項について整理する。

(1) 施設の用途

a) 交通・物流施設

道路トンネル、鉄道トンネル、地下鉄（都市部でネットワークを形成している）は、ルート確保の容易さ、気象条件などの外部環境との隔離などの理由から地下空間を利用する施設である。交通・物流施設は公共性が高く、工期や事業費などを含めた事業の合理性が求められる。また、地上の環境への影響を抑えることが可能な地下空間を利用することで住民の合意形成を得ることが多い。

b) エネルギー施設

安全上、地上に設置することができない超高圧線、構造上、地下空間に設置が必要な揚水式発電所などがある。また、山間部などの自然環境や景観の保全、施設のセキュリティを確保するうえでも地下は有利である。

c) 上下水道・治水施設

水理の施設は自然流下を原則としている。このため、縦断計画の制約が少なく、耐震性が高い地下を利用する。供給管などの規模の小さい施設は地表付近に、大規模な幹線、調整池などの施設は深いところに設置される。浄水場や処理場などは、上部を公園などに利用して住民への施設のイメージアップ効果も図っている。

d) 工場・実験施設

地上の気候や環境に影響を受けず、恒温性、恒湿性が求められる工場や実験施設を地下に設置する場合がある。また、廃鉱となった坑道などを再利用する事例もある。

e）生活・文化施設

図書館や体育館などは、静寂性があり、用地の確保が容易なことや周辺環境への影響も少ないことから地下を利用する場合がある。

(2) 計画時に配慮する事項

地下施設を計画する際に配慮する地下空間の主な特性を考えてみる。

a）恒 常 性

地下空間は、地表や地上の外部環境とは異なる恒温や恒湿といった恒常性を有している。

b）隔 離 性

外部環境との空間を遮断し独立することで、独特の神秘性、静寂性を発揮する。

c）環境保全性

地表面の景観保全、騒音、振動、日照阻害などの環境対策として施設を地下に設置している事例も多い。

d）構造安定性

地表や地上に比べ、地盤は強度を有している。とくに、地震の多いわが国では耐震性の向上を期待して地下空間を利用する施設も多い。

e）土地の高度利用

都市部ではさまざまな施設を設ける空間が不足しており、限られた土地を多層化することで、新たな空間を創出できる。

f）経 済 性

一般に地下構造物は、地上構造物より高価であると考えられている。しかしながら、地価の高い都市部では用地費、補償費、環境対策費などを勘案すると地下が有利な場合も少なくない。また、用途によっては、地下の恒温性や恒湿性が施設のランニングコストを低減できる場合もある。

g）セキュリティ

地下空間は、閉鎖された空間を比較的容易につくり出すことができ、施設のセキュリティの確保が容易である。

h）保守管理

気象、塩害、災害などから施設を保護し、構造物の保守管理上、地下空間

i）合意形成

施設の建設にあたっては、地権者や地域住民など、多くの関係者の合意を得られなければならない。地下空間を利用することによる環境保全や施設の構造安定性の利点が高く評価され、合意形成がなされるようになってきている。

j）共 同 化

経済性や諸手続きの合理化などを図るため、複数の事業を共同して実施する事例が増えている。

以上、地下施設の利用事例をもとに、地下空間の特性を考えた。**表** 2-3-1 には、地下空間を利用している主要な施設と地下の特性をまとめて示す。なお、これら以外にも多くの施設が種々の特性を組み合わせて計画し運用されている（**図** 2-3-1）。

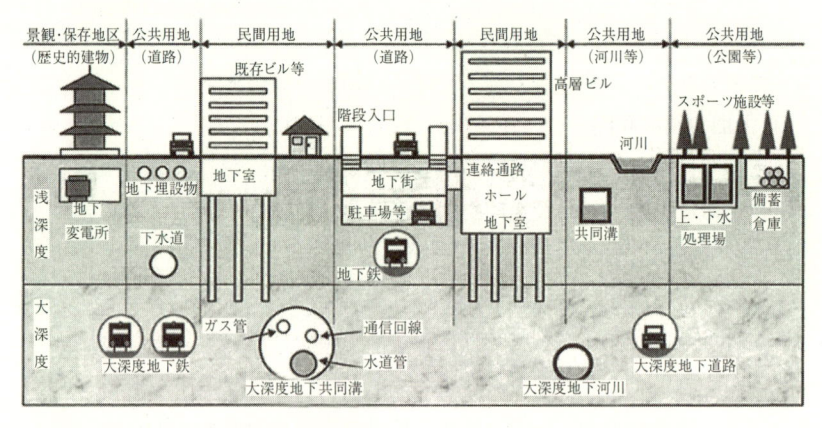

図 2-3-1　地下空間の利用施設、地下空間を活用した都市のイメージ
（出典：「JREA」Vol. 46、No. 11、2003）

2.3 地下施設の利用事例と地下の特性

表 2-3-1 地下空間利用している主要な施設の事例

用途	交通・物流			エネルギー施設				上下水道・治水施設			工場・実験施設			生活・文化施設			
	道路施設	鉄道施設	駐車場	輸送	通信	発電所	変電所	送電設備	備蓄	供給施設	上水道	下水道	治水	研究施設	工場	倉庫	観光	文化施設	生活施設	スポーツ施設
恒常性 恒温性		○				○	○		○	○	○			○	○	○	○	○	○	
恒湿性									○					○	○	○		○		
遮断性	○	○	○			○								○				○	○	
隔離性 神秘性	○																○		○	
静粛性	○																	○	○	
環境保全性	○	○	○			○	○				○	○	○						○	○
構造安定性	○	○				○			○			○		○						○
土地高度利用	○	○	○		○		○	○		○	○	○	○			○		○		
経済性[注1]	○																			
セキュリティ																				
保守管理	○	○																		
合意形成	○	○																		
再利用[注2]																				

利用深度 (m): 100, 50, 15, 0, -15, -50, -100

注1) 経済性：立地条件による影響が大きい事例
注2) 再利用：当初と異なる用途で使用されている事例

39

2.3.2 地下施設の紹介
(1) 大規模な地下空間利用プロジェクト
a) 青函トンネル

本州と北海道を分断している津軽海峡は、海流が速く気象条件も厳しいことから安定した海上輸送の確保が困難であった。また、当時は高度経済成長を目指し鉄道の大量輸送力を必要としていた。青函トンネルは1964年から24年間をかけて開通した。このトンネルは将来の高度輸送を想定して在来線に加え、新幹線の運行が可能な施設となっている。災害時には列車が定点（海底駅）に緊急停車し、乗客の安全を確保する特徴も備えている（図2-3-2）。

b) アクアライン

アクアラインは、東京湾をまたぐ川崎と木更津とを直結する海底道路トンネルである（図2-3-3）。橋梁は船舶運航の阻害、沈埋トンネルは漁業への影響などがあることから、超軟弱な地盤でも対応できるシールド工法でトンネルは建設された。車両の運行制御が可能な鉄道では、青函トンネルのように防災施設を集中的に配置して安全を確保するという考え方を採用できるが、道路トンネルでは災害発生位置の特定や車両の誘導が困難であり、種々の防災施設を分散配置して安全性を確保している。

円形シールドトンネルの断面は車両が走行する空間のほかに、道路施設以外の電力や通信などに利用され共同溝としての役割も果たしている。

c) 神田川地下調整池

都市部の水害に対する安全性の向上を目指し、環状七号線の地下40mに、神田川の洪水を一時的に貯留するための調節池が建設されている。地下調整池は大口径の地下トンネルと貯留した雨水をくみ上げる立坑から構成される。都市部では公共用地も限られており、調整池を地表に設けることは現実的でない。都市部を縦横に走る道路の地下は、すでに地下鉄やライフラインなどに占有されており、利用可能な空間は年々深くなっている（図2-3-4）。

2.3 地下施設の利用事例と地下の特性

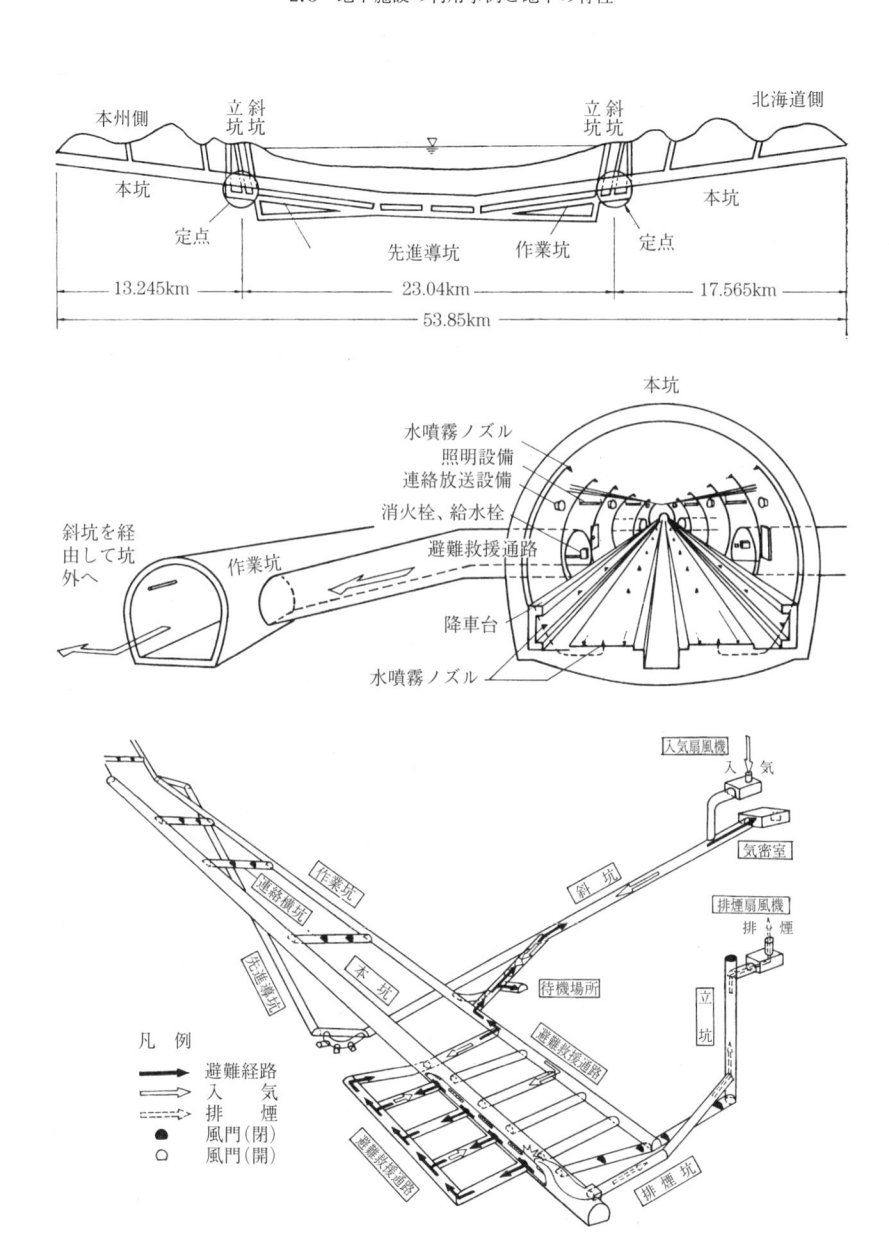

図 2-3-2 鉄道トンネルの事例（出典：「トンネルと地下」Vol. 16、No. 4、1985）

第2章　地下の特性と利用形態

Coffee Break　その2

地上に出られない駅

　普通、鉄道には駅が必ずある。駅の利用者は、鉄道を使って他の駅に行き、さらにそこから目的とする施設に行く。つまり、職場、学校、買い物などの目的のための移動手段として鉄道を利用する。そのときの乗り換え場所が駅である。

　ところが、地上に出られない駅が存在している。しかも、一般の人が利用できる施設として存在しているのである。つまり、「ある目的地に移動するための手段として駅を利用する」という、ごく普通の駅の利用を想定していない駅がある。

　それは、どこか。

　ヒントは、本州と北海道に1つずつある。海峡を隔てて隣り合った駅でもある。世界一の長大トンネル（53.9 km）に隣接している。答えは、「竜飛海底駅」と「吉岡海底駅」である。

　実は、駅自体が博物館になっていて、現在は特定の列車に乗って、駅兼博物館で下車、見学後、また特定の列車で移動することになっている。乗車券を買わないと行けない博物館である。青函トンネルの調査、施工時には基地として使われ、現在も排水基地として稼働している。つまりトンネルの管理施設でもある。

　ちなみに、筆者は、鉄道を使わずに、「吉岡海底駅」へ潜入した。とはいっても、海底トンネルを歩いて行ったわけではない。管理用のトンネルを使って「管理施設の見学会」で行ったのである。つまり、潜りの駅利用者である。

左上・右上：青函トンネルパンフレットより引用

42

2.3 地下施設の利用事例と地下の特性

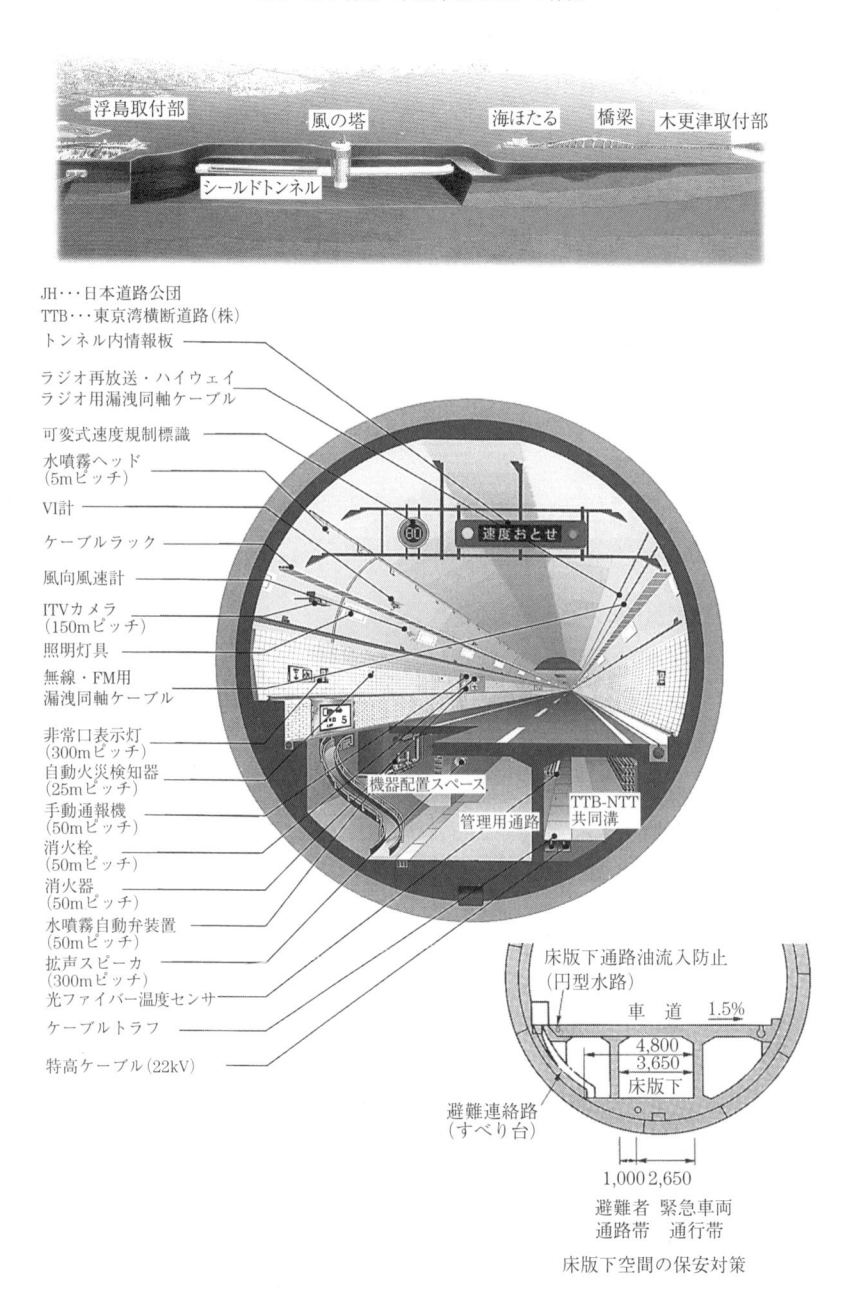

浮島取付部　風の塔　海ほたる　橋梁　木更津取付部
シールドトンネル

JH···日本道路公団
TTB···東京湾横断道路(株)
トンネル内情報板
ラジオ再放送・ハイウェイ
ラジオ用漏洩同軸ケーブル
可変式速度規制標識
水噴霧ヘッド
(5mピッチ)
VI計
ケーブルラック
風向風速計
ITVカメラ
(150mピッチ)
照明灯具
無線・FM用
漏洩同軸ケーブル
非常口表示灯
(300mピッチ)
自動火災検知器
(25mピッチ)
手動通報機
(50mピッチ)
消火栓
(50mピッチ)
消火器
(50mピッチ)
水噴霧自動弁装置
(50mピッチ)
拡声スピーカ
(300mピッチ)
光ファイバー温度センサ
ケーブルトラフ
特高ケーブル(22kV)

機器配置スペース
TTB-NTT共同溝
管理用通路

床版下通路油流入防止
(円型水路)
車道　1.5%
4,800
3,650
床版下
避難連絡路
(すべり台)
1,000　2,650
避難者　緊急車両
通路帯　通行帯
床版下空間の保安対策

図 2-3-3　道路トンネルの事例 (出典：東京湾横断道路㈱「東京湾アクアライン」パンフレット)

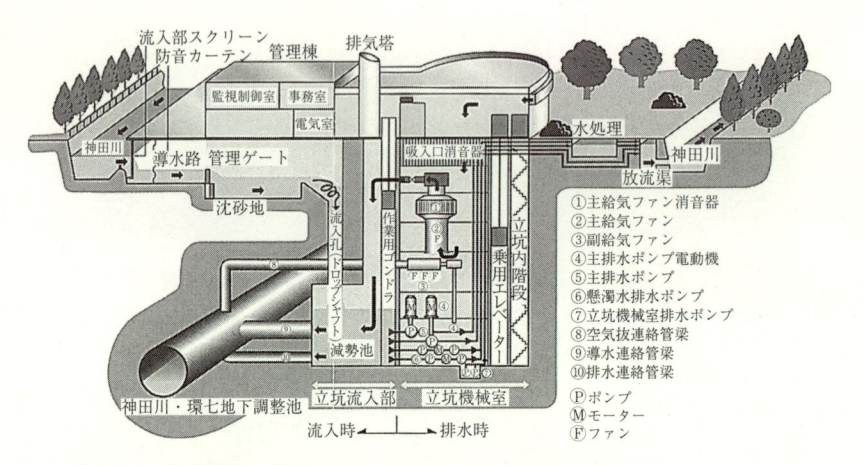

図 2-3-4　水理施設の事例（出典：東京都建設局「神田川・環状七号線地下調節池」パンフレット）

(2) 市民が直接的に利用する施設

a) 地 下 鉄

　大都市の地下鉄道のネットワークは、まさに地下空間の特性を活用している施設である。わが国では、土地の権利上の問題があり、道路などの公有地の限られた地下空間を多層に利用している。現在、地下に構築されている道路や地下鉄を、地表部を対称面として地上部に構築することを考えると、個々の構造物は上部工とそれらを支える下部工が必要となる。また、下部工は地盤が悪ければ、杭などの基礎を設ける必要があり、結果として地下空間を占有することになる。地上の構造物は、耐震上の制約、日照、騒音、振動などの環境問題など、さまざまな課題を生じさせる。

　一方、地下空間では、施工時や供用時の相互の影響などに関して対策が必要な場合もあるが、必要な空間を構築できれば、地上の構造物に比べて構造系は単純である。さらに、段階的に空間を多層化し高度化する場合でも、地上の場合はあらかじめ将来計画を考慮した構造計画でなければ合理的な構造物とはならないが、地下の場合は比較的容易に導入する空間の計画が可能で、柔軟な対応が可能となる。

　とくに、わが国の都市部の地下利用は、限られた都市空間をやむを得ず多

2.3　地下施設の利用事例と地下の特性

図 2-3-5　都市部の地下施設のふくそう（出典：東京都地下鉄建設㈱「地下鉄12号線環状部飯田橋駅（仮称）工区建設工事」パンフレット）

層化して空間を確保しているようにみえるが、実は高い地盤強度がある地下の特性を最大限に活用している（**図** 2-3-5）。

　海外では特色のある地下鉄もある。ベルギーのアントワープ中央駅は、歴史的な建築物で有名であり、新駅は既存の施設を活かし、地下に自然光を取り入れる構造で計画されている（**図** 2-3-6）。

b) **地下駐車場**

　道路地下の駐車場は丸の内で昭和35年に、駅前広場地下の駐車場は新宿や池袋で昭和39年に建設され、その後大都市圏で次々に建設された。大都市圏では交通量も多く、それに比べて公共用地が少ないことから、道路、公園、庁舎の地下を利用した公営施設が多い。地下の駐車空間と地上空間とをアクセスする利用者出入口と車路を確保する構造となっている（**図** 2-3-7）。

　最近では、他の事業と共同化することも多く、深い地下鉄の掘削空間を埋め戻す代わりに、駐輪場や駐車場を設ける例もみられる。

　一方、海外の地下駐車場は、歴史的な景観の保存、地表の公園など緑地空

第 2 章　地下の特性と利用形態

自然光を取り入れる構造
[現在]
[完成後]

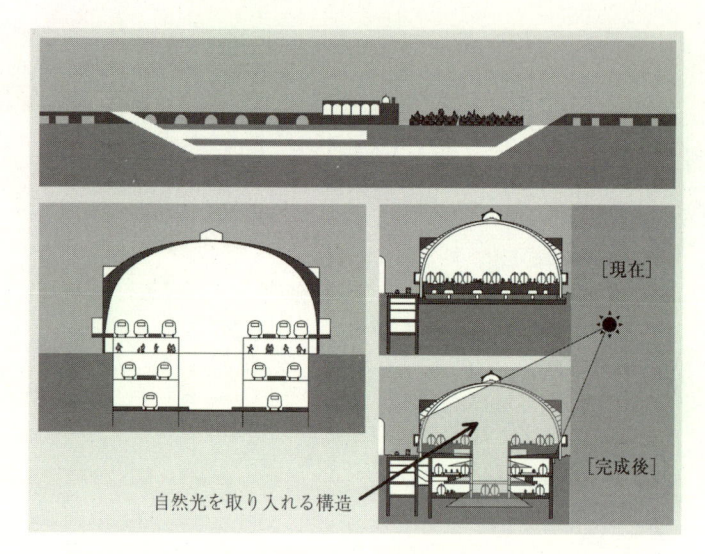

図 2-3-6　歴史的な建築物の保存、アントワープ中央駅開発計画

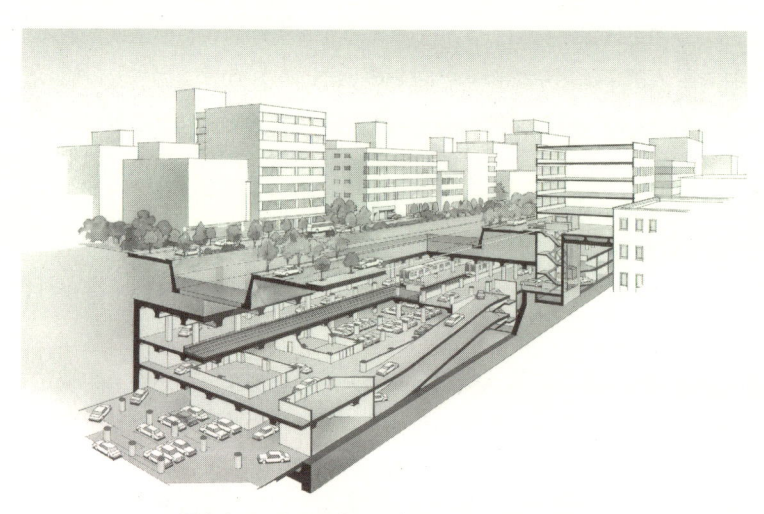

図 2-3-7　地下駐車場の事例（鹿島建設㈱提供）

2.3 地下施設の利用事例と地下の特性

間の確保、騒音などの環境対策として建設される事例が多い。

c）地下街・地下広場

歴史、文化、法制度などの社会的な背景や地盤や地形などの違いによって、欧米では開放的な空間として、わが国では閉鎖的な空間として地下街や地下広場が扱われてきた。

最近ではソフト面やハード面での課題が解決され、解放的な空間デザインへと変革しつつある（**写真 2-3-1**、**写真 2-3-2**）。

地下広場 　　　　　　　　　　　地表より地下広場をみる

写真 2-3-1 地下広場の事例（新宿アイランド）

ビルの2階から地下25mの地下鉄を　　地下鉄のホームに自然光を取り込む
みることができる　　　　　　　　　吹き抜け空間

写真 2-3-2 地下駅と地下街の連続性（みなとみらいの吹き抜け空間）

d) ミュージアム・美術館

高山祭りミュージアムは、岩盤中に半円球ドーム状の大空間（直径40m高さ20m）の神秘的な空間をつくり、紫外線などの有害環境から隔離し、恒温・恒湿に保たれた環境でガラスケースなどを用いずに屋台などの展示物を間近で鑑賞できる施設である（**写真2-3-3**）。

写真2-3-3 地下ミュージアムの事例（飛島建設㈱提供）

東京の六本木ミッドタウンにある21_21 DESIGN SIGHTは、地上1階地下1階の建築物である。エントランスと受付のみが地上部にあり、地下部に大きな2つのギャラリーとサンクンコートが埋め込まれている。地上の自然光や開放感を取り込むことで、独特な雰囲気の地下空間を創出している（**写真2-3-4**）。

全景　　　　　　　　　　地上よりサンクンコートを見る

写真2-3-4 リサーチセンターの事例（21_21 DESIGN SIGHT）

2.3 地下施設の利用事例と地下の特性

> ☕ *Coffee Break* その3
>
> ## 地下空間の特性
>
> 　地下空間の特性というと、普通、空間を利用する場合のメリットおよびデメリットをいうが、そのほかに地下であるがゆえに生じる特性（ここでは「媒質特性」と呼ぶ）があると考えられる。それに対して、利用時の特性は、「空間環境特性」として定義することができる。
> 　「媒質特性」は以下のものがあると考えられている。
> 　　「空間性」……地下は「空間」を提供する。
> 　　「恒常性」……地下は「空間」を保護状態におき、外界の変化を緩和する。具体的には、気温変化の緩和（恒温性）、湿度変化の緩和（恒湿性）、音伝達の緩和（遮音性）などがある。
> 　　「隔離性」……地下は閉鎖領域を形成し、外界への影響を遮断する。内部で発生する音、光、臭い、情報などの漏洩を防ぐ。
>
> 　地下空間を利用する場合は、地上より有利なこのような「媒質特性」を活かした利用が望まれる。

(3) 生活の基盤を支える地下施設

a) 新しいまちづくりを支える施設

　近年、新たな「まちづくり」計画には、これまでに急激な勢いで形成された都市の問題点を反省し、都市生活の快適性、安全性を効率的に確保するための施設が地下空間に組み込まれている。

ⅰ) 共同溝

　電気、ガス、通信の施設だけではなく、地域冷暖房システムや都市廃棄物処理システムも共同溝の中に組み込まれている（**図 2-3-8**）。

ⅱ) 防災施設

　飲料水を貯留する施設を地下に設け、水道管と接続することで地震などの災害時の飲料水を確保している（**写真 2-3-5**）。

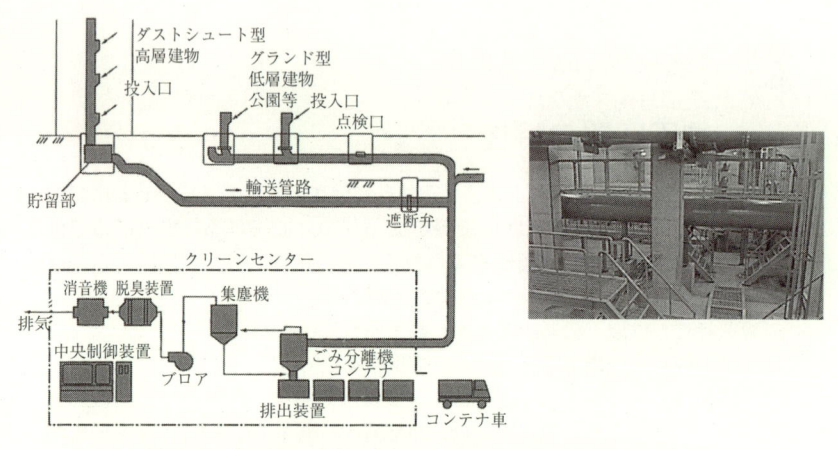

図 2-3-8　共同溝の事例（出典：「みなとみらい21」パンフレット）

写真 2-3-5　地下防災施設の事例（出典：「みなとみらい21」パンフレット）

b）生活空間から隔離している施設

ⅰ）揚水発電所

　揚水式発電所は、上部と下部の調整池を十分な落差で設置する必要があり、河川の上流部の急峻な山間部に建設される。施設の物理的な立地条件や導入する空間の確保のほか、自然環境の保全、施設のセキュリティの確保といった面からも地下空間が優位な施設であるといえる（**図 2-3-9**）。

2.3 地下施設の利用事例と地下の特性

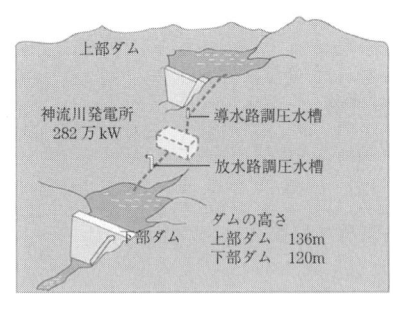

図 2-3-9 発電所の事例（東京電力㈱提供）

ⅱ）備蓄施設

硬質の岩盤はもとより低地の軟弱地盤であっても、地下空間は地上空間とは異なり、構造的に安定している（**写真 2-3-6**）。また、構造的な強度のみ

菊間岩盤地下タンク
（(独)石油天然ガス・金属鉱物資源機構提供）

扇島のLPG地下タンク
（東京ガス㈱提供）

写真 2-3-6 地下タンクの事例

でなく、恒温性や恒湿性、外部環境からの隔離といった面でも安定している空間である。

(4) 地下空間の特性を活かした特殊な施設

　地下空間の恒温性や恒湿性を活用した施設は、その環境特性から食品の生産、貯蔵、醸成さらには実験施設などに利用され、そのため、地下空間を新設することもあるが、近年では同様の環境である廃線になった鉄道のトンネル跡や炭坑跡などを有効に活用しているケースも多くみられる。

　また、特殊な例としては、舞鶴市には旧海軍の地下式の火薬庫が残っている。この火薬庫はトンネルのように配置されたものであるが、湿度対策のために入口部分は湿除室を設けて扉を二重にし、また本体部分は外層＋空気層＋内層といった魔法瓶式二重構造で、年間を通して12℃前後の環境を保っ

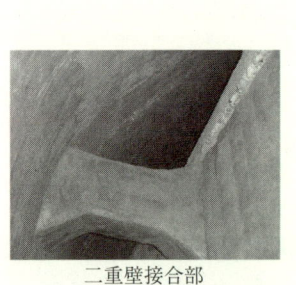

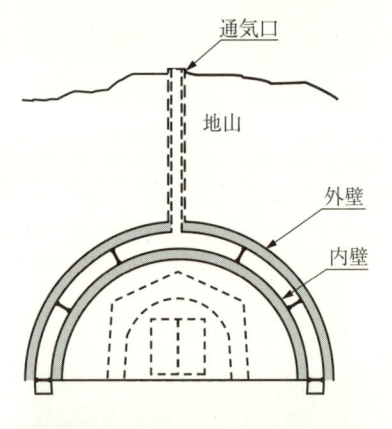

図 2-3-10　軍事施設の再利用事例　旧海軍の火薬庫の再利用（舞鶴市）
　　　　　（天谷氏提供）

2.3 地下施設の利用事例と地下の特性

ている（図 2-3-10）。

空気層部分には外層部分から浸入した地下水を受けるための側溝が設けられ、またダクトが設けられて換気に配慮されている。内層の内側壁は板張り仕上げで、湿度の対策が十分施されるなど、火薬を扱っていただけに完全な湿度管理がなされていたことがわかる。

このような施設であったので戦後から今日まで長らく米の貯蔵庫として使用されている。

鉱山は今日のエネルギー資源の変遷によって多くが閉山となっている。こ

写真 2-3-7　ワインセラーの事例（立花町提供）

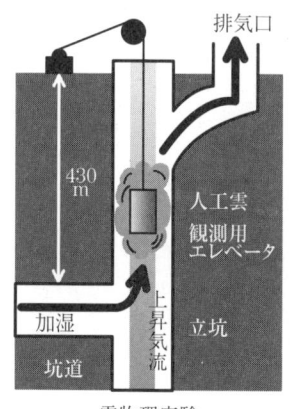

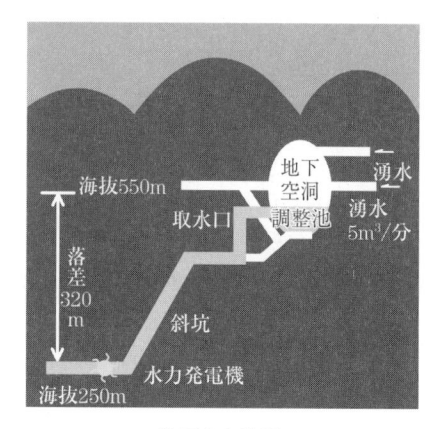

図 2-3-11　地下実験施設の事例

の場合の坑道は安全性から閉坑されたものがほとんどであるが、まだ残されているものの多くは、実験、貯蔵、栽培などに活用されようとしている。とくに、雲物理実験や音響実験など、こうした地下空間の環境特性を最大限活用した再活用の可能性は高い。

地下水の採水が容易なためミネラルウォーターの製造や、ワインセラーのような貯蔵、また水力発電など、鉱山の特性を活かした活用方法の事例は多くある（**写真** 2-3-7、**図** 2-3-11）。

(5) 施設の共同化の事例

複数の事業者が地下空間を共同利用することは、事業全体の経済性や合理性から判断すると優位な場合が多い。一方で、災害や維持管理などさまざまな状況を想定して、構造物の管理や財産区分などを事業者間で協議して取り決めておく必要がある。

a) 地下鉄と導水管（埼玉高速鉄道）

シールドトンネルのインバート部は、排水施設の設置以外に鉄道施設として利用することはほとんどない。しかし、治水施設などの比較的制約条件の少ない施設は、他の施設との共同化の可能性を持っている（**図** 2-3-12）。

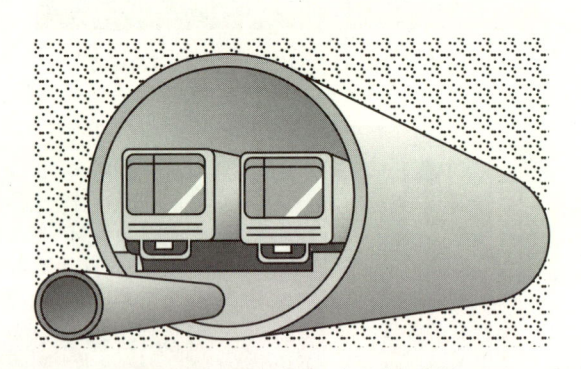

図 2-3-12　地下施設の共同化の事例

b) 地下鉄と高速道路の高架構造物の一体化

地上構造物の設置に伴い基礎構造物が構築され、さらに軟弱な地盤の場合には地中に杭を設置することになる。したがって、地上構造物の基礎部が地下空間を占有することになり、地下空間の利用は著しく制約を受けることに

2.3 地下施設の利用事例と地下の特性

なる。そこであらかじめ、地上と地下の構造物の計画を調整できれば、効率的な空間利用が可能となる。このような多層の空間利用を行うことで、高度な土地利用の可能性が生まれる（図2-3-13）。

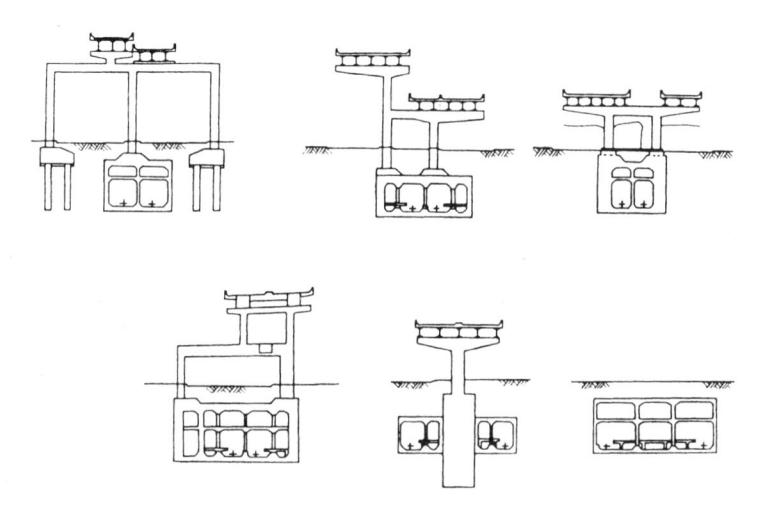

図2-3-13　道路施設と地下施設の一体化の事例（東京急行電鉄㈱提供）

c）道路施設と他の交通施設

鉄道やモノレールなどの軌道系交通システムの線形と道路の平面線形や縦断線形などの幾何基準は異なるため、曲線部などでは共同化が困難な場合が多い。しかし、相互施設の線形、付帯施設、構造、工程、管理や財産についての調整が可能であれば、工期や工費など事業の総合的な利点が得られる（図2-3-14）。

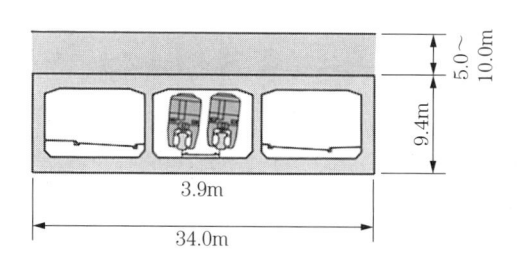

図2-3-14　道路とモノレールのトンネルの共同化の事例
　　　　　（出典：「多摩都市モノレール」パンフレット）

第3章　地下空間開発の技術

3.1　計画と調査

　前章では、地下空間の特性とその利用形態について述べた。ここでは、多層的な地下空間利用が数多く計画・実施されている大都市部を主に、その計画から実施までの手続きを解説する。

3.1.1　地下利用の基本計画の策定
(1) 基本構想
　地下空間を利用した都市計画における基本構想の策定は、地上の計画と同じ手続きによって行われる。地下という特殊性から自治体によってはガイドラインを設けているケースもある。ここでは、基本構想の策定の概要と都市計画決定までの手続きの流れについて述べる。
a) 基本構想の策定
　ⅰ) 実態の把握と課題の絞込み
　基本構想とは、事業を実施しようとする者が、その公益性と必要性を検討したうえで、その事業により整備する位置や配置、および規模などの基本的な諸元をまとめたものである。
　基本構想の作成は、まず実態を把握し、交通の状況や既存のインフラ施設の状況、土地利用の状況および人口や経済指標などの観点から、諸課題を抽出することから始まる。
　これらの調査資料は、事業を進めるうえで将来の課題を予測する際にも重要な資料となる。したがって、種々の調査が全体的にバランスよく行われる

ことが重要である。

　ⅱ）基本構想の策定

　基本構想は進めるべき計画の基本方針を決定する重要な指針であり、事業計画の目標、対象とする区域、計画を実施する目標の年次などを決める。市民の希望や意見を十分に取り入れることと市民の合意を得て作成することが重要となる。また、将来の人口や土地利用、経済活動およびサービスレベルなどが設定される。このとき、国および地方自治体における既定の上位計画との整合性を図ることが要求される。

　ⅲ）構想作成段階における住民参加手続きガイドライン

　社会資本整備を進めるにあたり、その透明性と公平性を確保して住民などの理解と協力を得ることが重要である。このため、事業を実施する者は、積極的に情報を公開することに努め、住民やNPOなどの参画を促進して、基本構想を作成する過程に住民などが主体的に参画できるシステムの構築が求められている。そこで、国土交通省は同省の直轄公共事業において、構想段階における住民参加手続きガイドラインを作成している。

　住民に公開すべき情報としては、その事業の内容のほかに、国民生活や環境、社会経済に与える影響を評価した例などがある。

b）都市計画決定

　最初に行われる都市計画の手続きは、計画の対象となる区域を定めることである。その区域を都市計画区域という。都市計画区域は、必ずしも市町村の行政区域にとらわれず、実質的に一つの区域として整備・開発・保全をする必要がある。ただし、2つ以上の行政区域が含まれる都市計画区域の場合は、あらかじめ関係する市区町村や都道府県都市計画審議会の意見を聴き、国土交通大臣の同意を得ることが必要となる。

　地下の鉄道や道路のように広域にわたる事業の計画では、まず事業者が基本構想に基づいた複数の素案を作成し、公聴会などを行って聴取した住民の意見をその素案に反映させる。また、関係する機関および国土交通大臣と協議をし、絞り込んだ都市計画案について国土交通大臣の同意を得る。

　つぎに、都市計画案を縦覧して住民や権利者が意見を提出する機会を設け、さらに都市計画審議会の調査と審議を受ける。それらの手続きを経た後、国

3.1 計画と調査

土交通大臣の認可を得て都市計画が決定される。

　都市の大規模な事業計画は、対象地域の将来像を決定するものであり、土地利用などに関して住民に義務を課し権利を制限するものである。したがって、基本構想の作成の場合と同様に、その決定にあたっては、住民の意向を十分に反映させて、事業者と住民とが合意したうえで計画を進めることが求められる。なお、都市計画の内容は、総括図、計画図および計画書で構成される。

Coffee Break その4

都市計画審議会とは[1]

　都市計画審議会は、都市計画に関する事項を調査審議するため、各都道府県および都市計画区域を有する都道府県や各市町村に設置されている機関である。都市計画は、都市の将来の姿を決定するものであり、住民の生活に大きな影響を及ぼす。このため、都市計画を定めるときは、行政機関だけで判断するのではなく、学識経験者、関係行政機関の職員、市町長の代表者、都道府県議会議員、市町村議会の代表などから構成される審議会の調査審議を経て決定することとなっている。
　また、審議会の会議は原則として公開しており、事前抽選で傍聴可能であり、審議会に提出された議案・資料や審議会の議事録も、個人のプライバシーなどに関するものを除きホームページなどで公開している。
　都市計画審議会の実施される時期は、都道府県と市町村で少し異なるが、図のように、都市計画決定の手きにおいて「案の公告・縦覧」の後に行われる。
　会議の開催は必要に応じて行われ、例えば、平成16年度の東京都と武蔵野市は年6回開催されている。また、都市計画審議会の構成メンバーは、学識経験者と議員が多く、例えば、東京都の場合には表に示したようになっている。

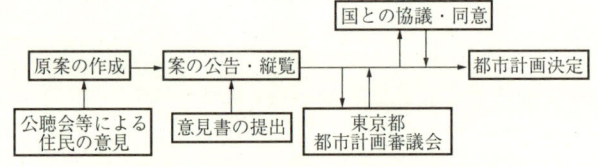

図（その1）　東京都が定める都市計画の手続き

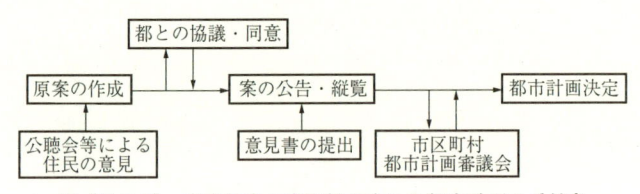

図（その2）　東京都内の市町村が定める都市計画の手続き

表　東京都の都市計画審議会委員の構成

委　員　の　構　成	人　員
学識経験者	10名以内
関係行政機関の職員	9名以内
市区町村の長を代表する者	3名以内
東京都議会の議員	10名以内
市区町村の議会を代表する者	3名以内
合　　計	35名以内

3.1 計画と調査

(2) 地下空間の開発計画

　地下空間の開発計画の一例として、線状構造を主とする首都高速中央環状線について説明する。新宿線では、まず計画路線の基本的な事項について国土交通大臣から基本計画の指示を受け、その後、公団が作成した工事実施計画書の認可と都市計画事業の承認を国土交通大臣から受けて事業に着手している。また、街路の建設を行うため、国土交通大臣から別途、都市計画事業の認可を受けて事業に着手している。

　首都高速道路のような交通施設の計画作成のプロセスは、概ねつぎのとおりである。

　　①実態の把握と問題の抽出
　　②計画フレームの設定
　　③将来交通量の予測
　　④計画案の作成と整合化
　　⑤計画案の評価
　　⑥計画案の決定

　また、事業計画の全体を評価する手順を図 3-1-1 に示す。なお、図 3-1-1 の採択基準としては、B（便益）とC（コスト）との比較などが用いられる。

第3章　地下空間開発の技術

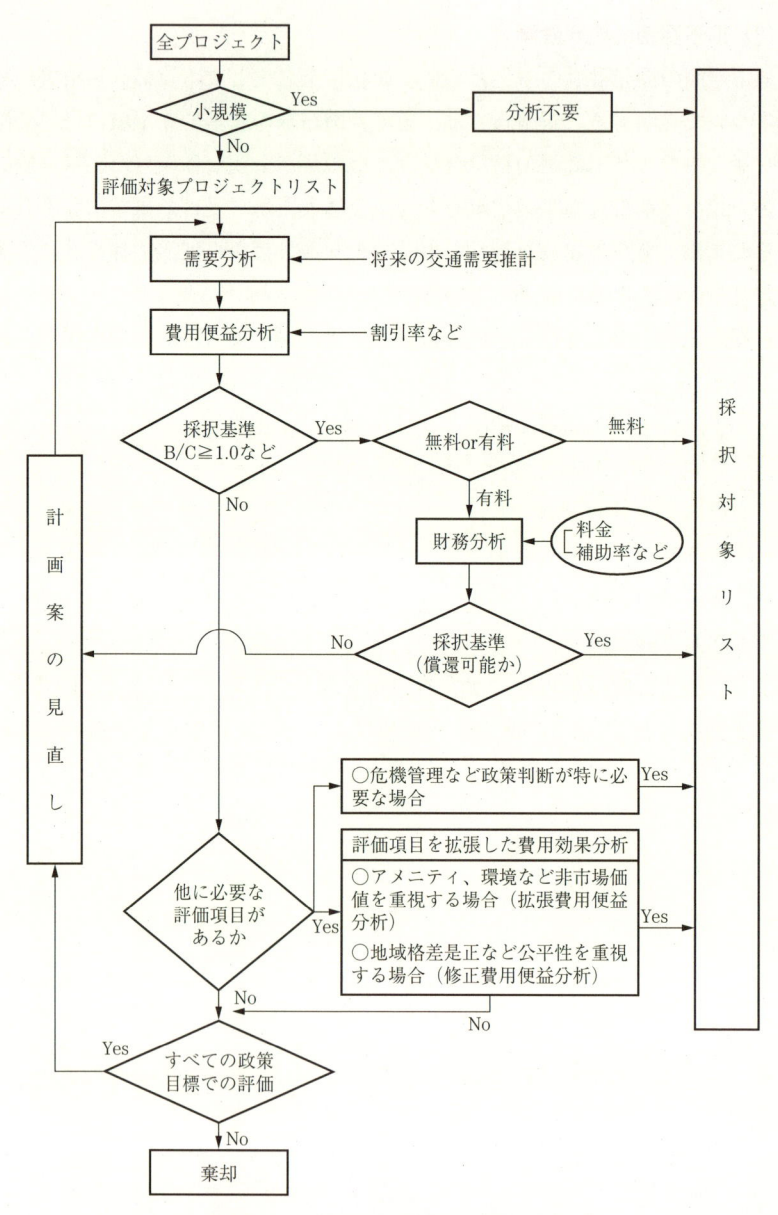

図 3-1-1　交通の基本計画を評価する手順
(出典：道路投資の評価に関する指針検討委員会「道路投資の評価に関する指針（案）」
　　(財)日本総合研究所、第1編　経済評価、p. 13)

Coffee Break その5

国家予算（一般会計）が成立する流れ[2]

　われわれの生活に大きく関係する「税金の使い道」国家予算は、4月になった瞬間から執行が始まる。したがって、前年度中に、予算をどのように編成するかを決めなくてはならない。

　予算の編成は、まず5月末くらいまでに各省庁の各局の各課が、来年度に欲しい予算をまとめて、各局の予算関係を仕切る「総務課」に要求するところから始まる。

　総務課はこれをもとに局の予算要求をまとめ、6月末くらいまでに、各省庁の予算関係を仕切る「官房予算関係課」へ提出する。

　各省庁が、8月末から9月初旬くらいまでに財務省へこの予算を要求する（これを概算要求という）。もっとも、政府・財務省／経済財政諮問会議は、だいたい8月初めごろに、予算要求額の限度額を発表し、各省庁はこの額を要求する予算の目安とする。これが概算要求基準（シーリング）である。

　各省庁の予算要求を集めた財務省の「主計局」は、その要求の査定を行い、だいたい年末に予算の原案をまとめる。これが「財務原案（最初の予算原案）」といわれるものである。これが出ると、「来年の予算はこうなる」という見出しが新聞の一面を飾る。

　このあと、この原案の修正交渉が始まる。これを「復活折衝」という。これは各省の総務課長と主計局の局員（主査）レベルの交渉から始まり、決着がつかない場合は各大臣と主計局長の交渉（大臣折衝）や、さらには与党幹部と財務大臣との交渉（政治折衝）が行われ、最終的な政府の予算案が決定する。

　この予算案が国会に提出されて、はじめて国会の出番となる。

　国会では憲法の決まりによって衆議院から予算の審議を行い、衆議院で承認されしだい、参議院に送られ、ここでも承認されると予算が成立する。もっとも、衆議院の決定が優先することになっているので、衆議院で予算が承認されたら、「予算成立確定」という見出しが新聞の一面を飾ることになる。

　予算は3月31日までに成立させなければならないというタイムリミットがある。そのため、このタイムリミットをめぐって、与党・野党の激しい綱引きが行われることもしばしばである。

5月〜8月	各省庁で予算要求額を検討	
9月〜11月	各省庁が予算要求額を財務省に提出 財務省による予算編成	
12月	財務原案（最初の予算原案）発表 復活折衝	
1月〜2月	予算案の決定 予算案を衆議院に提出 予算案が衆議院で可決	
3月	予算案が参議院で可決	予算案が参議院で否決・修正されるか、30日以内に否決も可決もされない場合 ⇩ 両院協議会
	予算成立	

図　予算成立の流れ
　　（平成7年度の例）

3.1.2 地下利用における調査
(1) 調査の概要
　図3-1-2は、構造物の大きさや構造形式などの諸元が設定される流れを示したものである。基本構想の策定段階では、計画する施設の利用目的はもとより、構造形態（形状）や構造物の平面位置および利用深度の概略を決める。この基本的な構造諸元にもとづいて、立地条件や地盤条件などの調査と構造物の設計および施工計画の検討を行い、地下構造物の平面位置、深度、形状および構造諸元を確定する。

　とくに、大深度となる場合は、空間の不可逆性と限られた鉛直空間を利用するため、効率的な空間利用の計画が望まれる。したがって、基本構想の段階では、経済性や維持管理など、多岐にわたる十分な調査が必要であり、その情報に基づいて事業費の負担方法、財産区分の設定方法、維持管理方法などについて調整がなされる。

　一方、地盤などの調査は地盤条件、利用深度および構造形態などに応じて内容が異なる。また、ネットワークを構成する「線状構造物（トンネル）」

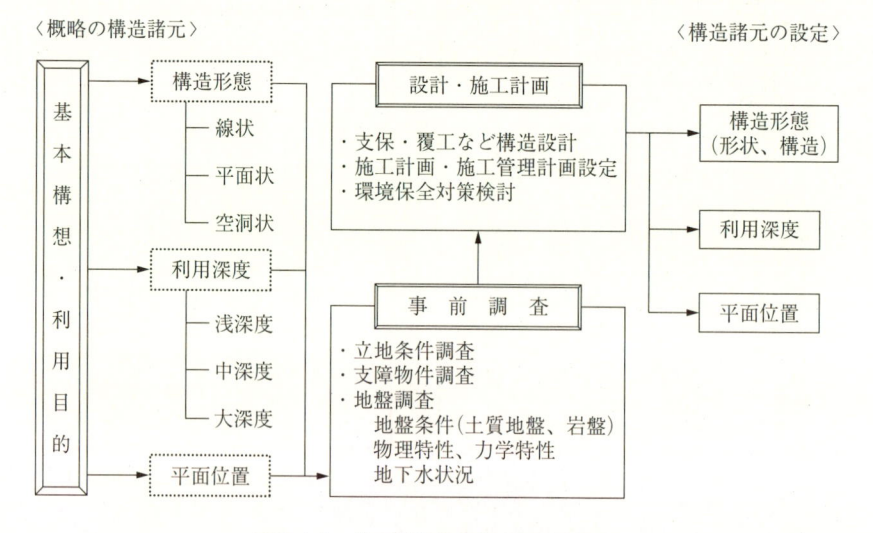

〈概略の構造諸元〉　　　　　　　　　　　　　　　　〈構造諸元の設定〉

図3-1-2　地下構造物の諸元設定の流れ
(出典：(財)エンジニアリング振興会「『地下空間』利用ガイドブック」
清文社、1994.10、p.199)

3.1 計画と調査

と「空洞状構造物」では、主に固結した「岩盤（軟岩、硬岩）」が地盤調査の対象であり、地上と地下のアクセスである立坑と斜坑では、未固結な「土質地盤（土砂地盤）」も調査の対象となる。

なお、計画から地下構造物の完成までの流れと調査技術を図 3-1-3 にまとめて示す。

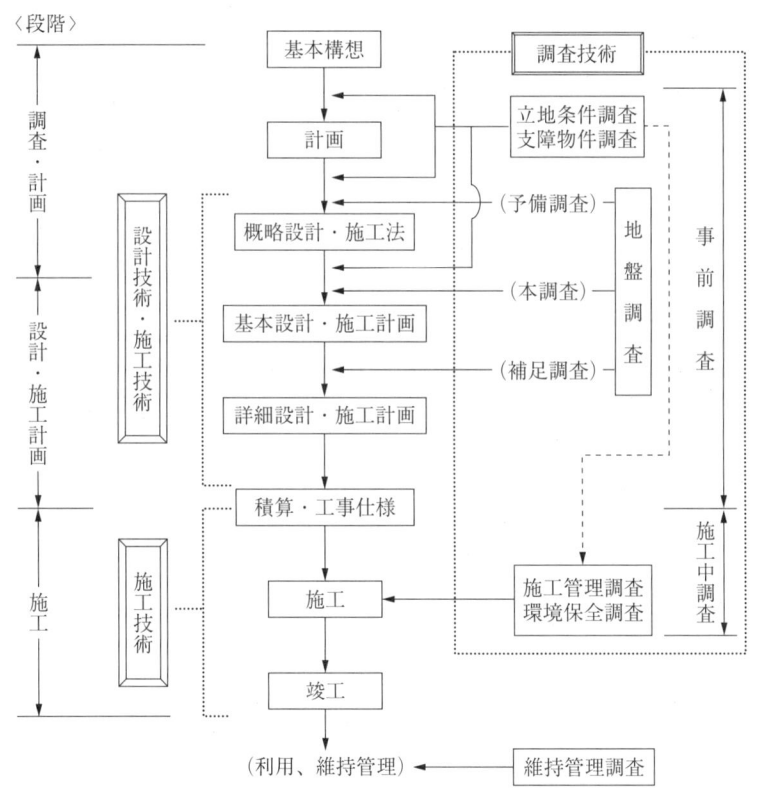

図 3-1-3　基本構想から地下構造物の完成までの検討の流れ
(出典：㈶エンジニアリング振興協会「『地下空間』利用ガイドブック」
清文社、1994.10、p.200)

以下には、立地条件調査、支障物件調査、地盤調査、施工管理調査、環境保全調査について詳述する。

(2) 立地条件調査

立地条件調査は、事前調査と施工中の管理のための調査に分けられる。

事前調査での立地条件調査は、地形や工事用地などの施工環境を把握し、また、施工中の支障物件調査は地表と地下の支障物件を調査するものである。

立地条件調査の項目を以下に示す。

a) 土地利用および権利関係状況

土地利用の調査では、各種の地図と現地の踏査により、市街地、農地、山林、河川などの用途別土地利用の現況、とくに市街地の場合には用途地域（住居、商業、工業など）や市街化の程度などを調べる。土地の権利関係の調査は、公共用地であるか民地であるかを把握し、それに応じてその土地に関係する各種の権利について調べる。市街地では、民地の権利関係が複雑な場合が多く、入念な調査が必要となる。また、必要に応じて文化財の有無などの調査も実施し、施工用地周辺での地上や地下の制約条件についても把握しておかなければならない。

b) 将来計画

施工地域における都市計画および他の施設の計画などの規模、工期、規制事項などを調査し、当該事業の計画・設計・施工計画に反映させる必要がある。

c) 道路種別と路上交通状況

工事用立坑の設置位置は、道路交通にもっとも影響を与えるものであり、その位置選定にあたっては供用時の利用計画とも合わせて調査する。また、路上の利用の可否を含め、掘削土や諸機材の搬出入なども検討する。

d) 河川、湖沼、海の状況

河川に近接して立坑を築造する場合は、河川からの水の流入防止のため河川敷の一時的な使用を必要とすることがあり、河川の水文、舟航、利水状況、掘削底面の安定、干満の差などを調査する。

e) 工事用電力および給排水施設

工事用電力の確保のため、作業基地付近の既設送配電線の系統、容量、電圧および受変電の難易の調査をするほか、必要に応じて予備電源の確保についても検討する。また、給排水施設の計画にあたっては、取水可能な上水道の位置、管径、流量および放流先（下水道、河川、海など）、放流可能量や水質基準などを調査する。

3.1 計画と調査

f) 地形状況

地形状況調査は、文献や地図などの既存資料および踏査などにより、高低差など地表面の地形状況を調査する。この調査によって、土質構成が単純であるか複雑であるか、問題となるような不良土質や地下水が予想されるか否かなどの地盤状況についても概略を知ることができる。

(3) 支障物件調査

通常、工事に直接支障があるか、または影響があると思われる範囲にある諸物件を調査するもので、工事の計画段階において概略調査を行い、その後、設計と施工の段階で必要に応じて詳細調査を行う。

これらの調査は、管理者または所有者の保有している台帳や図書をもとにし、現地と照合して確認する方法が一般的にとられる。最近では、GIS も利用され、埋設物の確認に非破壊調査も行われている。以下に、主な調査項目を示す。

a) 地上および地下の建造物

建物、橋梁、路上施設物などの地上建造物や、地下駐車場、地下街、地下鉄などの地下建造物について、設計計算書と設計図にもとづき、構造形式、基礎の状況、施設の利用状況などを調査する。

b) 埋設物

埋設物調査の概要を表 3-1-1 に示す。埋設物調査では、ガス、上下水道、電力および通信ケーブルなどの地中管路や共同溝などについて、その規模、位置、深さ、材質などを調査する。必要により埋設物の老朽度も調べる。大型の埋設物は工事計画を左右するため、入念に調査する必要がある。また、それ以外の埋設物についても、杭打ち、掘削などの工事に支障をきたすことが多いので、遺漏のないよう調査する必要がある。なお、埋設物の台帳と実際が一致しない場合もあり、構造物の設計や施工計画の段階において踏査や試掘による台帳との照合がとくに重要となる。

c) 建造物跡および仮設工事跡

建物などの撤去跡や地下建造物の仮設工事跡では、現在使用されていない基礎や仮設用の杭が残置されている場合がある。また、河川や湖沼などの埋立地では、かつての護岸や橋脚などの一部が地中に残置されている場合があ

表 3-1-1　埋設物調査の概要

調査の段階	計画段階における調査	設計および施工計画段階における調査	工事実施にあたっての調査
調査の目的	①埋設物の概略状況把握 ②トンネル工事に影響を与える埋設物の予測および予測調査以降において調査すべき箇所の確認	①影響を与える埋設物の状況を確認し、設計および施工計画の資料を得る ②埋設物平面図の作成	①工事の実施に支障しないかどうかの確認
調査の手法	①平面測量図によるマンホール位置の調査 ②埋設物台帳調査（各管理者保管） ③踏査による確認	①洞道、マンホールなどの内部調査 ②試掘 ③磁気探査 ④レーダ法	①必要な箇所についての詳細な試掘 ②洞道、マンホールなどの位置および内部状況の確認
摘　要	台帳調査については各埋設物管理者に資料の提供を求める。	各埋設物管理者の立会いを求める。	各埋設物管理者と密に連絡をとり、立会いを求め不明管、老朽管などの処理方法についても打合せをする。

るので、残置物の有無や埋戻し状態を調査する。

d) 埋蔵文化財

「文化財保護法」に基づき、埋蔵文化財の指定がなされている場所、あるいは出土が想定される場所については、法・条例にのっとり、関係部署と綿密に打合せを行い、埋蔵文化財調査を行わなければならない。

e) そ の 他

工事位置周辺に地上および地下建造物や埋設物の将来計画がある場合には、これらの構造、設置時期などについて調査し、必要により当事者間相互に支障が生じないよう調整する。

(4) 地質調査

図3-1-3に示したように、概略設計段階までの地質調査は、地層構成の概略を把握し、詳細検討で問題となる項目を確認することを目的とした予備調

3.1 計画と調査

査である。概略設計段階の後には本調査を実施し、詳細設計と施工計画立案には不足している項目を補い、調査結果の精度を向上させる。

a) 大深度地下の地質調査の現状と課題[3]

一般に大深度地下利用の場合、立坑および地下空間構築位置では、室内試験や揚水試験などによる地質調査が必要となる。また、トンネル工事では大深度地下の地質調査において有用なトモグラフィ技術やPS検層で十分な情報が得られるようになってきている。しかしながら、大深度地下の地質はいまだ未知の点も多くあり、下記の項目を適切に評価する必要がある。

①礫層や固結シルト層と砂層の互層、帯水層などの地盤構成
②地下水の分布状況、水理地質特性
③土圧および水圧などの荷重、地盤ばね定数や地盤反力係数

大深度地下の場合、浅深度地下に比べてトラブルに伴う被害はかなり大きくなると考えられるため、最新の調査技術により施工前に的確な状況を把握することが重要となる。大深度地盤の間接的評価法である物理探査の用途と課題を**表 3-1-2** にまとめて示す。

b) 将来有望な大深度地盤の調査技術[3]

大深度地下を対象として地盤調査を行う場合、前項でも述べたようにボーリング孔を利用した調査・試験によらざるを得ないのが現状である。点または線としてのボーリングデータからボーリング地点間の地盤状況を2次元または3次元的に推定するためには、ボーリング孔を利用する物理探査、とりわけトモグラフィを応用する手法が有効であると思われる。そこで、近年開発されつつあるトモグラフィ技術を以下に紹介する。

ⅰ) フルウェーブトモグラフィ

フルウェーブトモグラフィは、従来の弾性波トモグラフィがP波速度の分布を求めるものであるのに対して、S波速度、密度、減衰率、および異方性も推定可能な技術である。

ⅱ) 線電流源比抵抗トモグラフィ

従来の比抵抗トモグラフィは、ボーリング孔が裸孔状態でなければ適用が困難であるのに対し、線電流源比抵抗トモグラフィは、ケーシングが存在する状況下でもケーシングやロッドを線電流源として利用できる技術である。

第3章　地下空間開発の技術

表3-1-2　大深度地下における探査手法の用途と課題

物理探査手法		用途（求めたいもの）					課題
		地質分布や構造線などの情報	設計や施工に直接関係する力学的物性などの情報	活断層など建設に直接影響する断層の位置や規模などの情報	地下水や水文状況を検討するための情報	空洞や埋設物の地下の異状や岩石の変質などに関する情報	
地表からの手法	屈折法地震探査	◎	○				・地盤の深部ほど弾性波速度が速いという仮定が成立しない条件では評価が困難 ・下位の速度層が薄い場合には、検出されない可能性あり ・測線に平行または鋭角な高速度層の分布で解析精度低下
	二次元電気探査	◎		○	○		・解析断面の底部と測線の両端部で解析精度低下 ・測線の近くの送電線、鉄道、鋼構造物などがノイズや異常測定の原因
	地中レーダ					○	・粘土質地盤や地表の水溜りで測定精度低下 ・粘土質地盤では探査深度低下 ・ノイズの影響で解析精度低下 ・100MHz以上の高周波数の電磁波を用いる場合、地下水面下の探査はほぼ不可能
ボーリング孔を利用する手法	VSP探査	◎		○			・急傾斜の地層では適用が困難 ・ボーリング孔のケーシングパイプなどで弾性波のエネルギーが著しく減衰する可能性あり
	弾性波トモグラフィ	○	◎	○		○	・最終速度断面において偽像が発生する可能性がある ・起振点や受振点で囲まれた領域が対象 ・分解能は起振点や受振点を配置した近傍が最も高く、それらから離れるに従って分解能が低下する ・速度の小さな部分では、地震波の初動の波線密度が低下し、偽像が発生しやすくなる
	比抵抗トモグラフィ	○		○	○	○	・測定箇所付近に送電線、鉄道、鋼構造物などがあるとノイズの原因となる ・地形・地下構造の3次元的影響を受けるため、探査断面の側方で地形の影響の考慮が必要 ・地質構造が著しく変化する場合は、データの解釈に際しては注意を要する
	レーダトモグラフィ	○		○		○	・探査深度が増すと分解能が低下するため、浅深度地下における詳細調査には適しているが、大深度地下の調査に利用する場合は注意を要する
	速度検層	○	◎				・ボーリング孔に近接して平行または緩く斜交するように高速度帯が存在する場合、ボーリング柱状図と対応しない速度層が現れることがある ・サスペンション法の場合、ケーシングパイプ挿入区間および孔内水がない区間では適用できない（ダウンホール法を併用する必要がある）
	電気検層	○	◎				・孔内に塩ビ管や鉄ケーシングパイプが挿入されているボアホールでは測定できない ・ボーリングに高分子ポリマー系泥剤を使用している場合は測定できない ・変電所、発電所、高圧線、工場などから発生する電気ノイズ（迷走電流）が存在する場合、正常なデータを測定することが難しい
	ボアホールテレビ	◎		◎		◎	・ボーリング孔内の検討対象区間に汚濁水が存在する場合、解析結果の精度が低下する

3.1 計画と調査

図 3-1-4 音響透水トモグラフィ

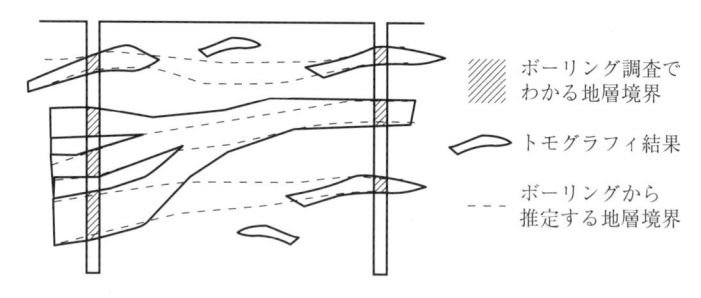

iii) 音響透水トモグラフィ

音響透水トモグラフィは、従来の震源装置では不可能だった周波数と振幅の正確な制御を実現することにより、地層の分岐やレンズ状の地層など複雑な地質構造を把握することが可能な技術である（図 3-1-4 参照）。弾性波速度だけではなく、間隙率、減衰率、および透水係数も評価できる。発展信号に PRBS コード（Psendo Random Binary Sequence Code）を用いることにより、従来の震源に比べると10倍程度長い距離でも高精度計測が可能である。そのため、少ないボーリング孔で多くの地盤情報を得ることができる。

iv) フルフェーズトモグラフィ

フルフェーズトモグラフィは、従来のトモグラフィ探査法では、複数本のボーリング孔（最低2本）が必要となるのに対して、単一のボーリング孔によるトモグラフィを可能とする技術である。これは、単孔式の弾性波探査（VSP）において観測されるP波速度の初動位相のほか、その多重反射波やP-S変換波のすべての位相（フルフェーズ）を利用し、モンテカルロ法による大域的インバージョンを行い、単孔式のトモグラフィを可能とするものである。

これらの新世代の物理探査技術は、現在のところいまだ研究開発の域を越えていないものがほとんどである。そのため、今後さらに技術開発が進められ、コストの面からも有効であることが認められるようになることが望まれる。また、質の高い調査と試験を実施して、さまざまな地盤情報を盛り込んだ都市部大深度地下のデータベースを構築することが必要である。

(5) 施工管理調査・環境保全調査[4),5),6)]

施工管理および環境保全のための調査は、施工の安全性を確保し、地下構造物の設置に伴う周辺環境への影響を把握することを目的とした調査である。工事前と工事中に、さらに必要に応じて工事完了後も調査が行われる。以下には、主要調査項目を示す。

a) 騒音・振動

地下構造物の建設では、騒音・振動の影響は比較的影響が限られる。しかし、地上および浅い深度での施工や長周期の振動については問題となることがある。市街地では工事に対して各種の規制があり、学校、病院などの公共施設の周辺ではとくに厳しく制限されている。したがって、事前に規制の有無および内容を確認する必要がある。さらに、工事の実施段階では、騒音・振動の計測を行い、工事に伴って発生する騒音・振動と周辺への影響を把握する必要がある。また、供用後の騒音・振動が周辺の利用状況などから影響を与えることが予想される場合には、騒音・振動対策を計画・設計に反映する必要がある。

b) 地盤変状

地盤の現況を事前に確認するとともに、地盤調査資料などにより、工事に伴い予想される地盤沈下の範囲とその程度および影響をあらかじめ調査する。また、工事の実施段階では、必要に応じて適切な対策がとれるよう、地表面や周辺建造物の変状測定を行う。

c) 地下水

地下水位の低下は、地盤沈下や井戸の水位低下を発生させ、さらに地下水の流動に影響を与えることがある。また、薬液注入工法などを採用する場合には、地下水の水質に影響を与えることもある。したがって、必要な場合には地下水の流向や流速などを把握するとともに、地盤調査に加えてこれらの影響を評価する。井戸については事前に影響が予想される範囲の井戸の位置、深さ、利用状況、水位、水質などを調査するとともに、工事中は地下水の状況に注意する。

なお、地下構造物の設置位置や規模によっては、その構造物が完成した後の地下水の変動を予測することも必要となる。

d) 酸欠空気およびメタンガスなどの有害ガス

地下水位が低下している砂礫層や砂層が不透水層下に存在する状況下では、土粒子中の鉄分や有機物が間隙中の空気により酸化作用を起こし、これらの層とつながっている井戸や地下室などから酸欠空気が漏気するおそれがある。このため、施工前には影響が予想される範囲の井戸、地下室の有無、井戸の水位を、施工中は酸欠空気の漏気の有無などを調査する。メタンガスなどの有害ガスについては、施工前のボーリングによってガス貯留の有無や濃度を、施工中には坑内のガス濃度を測定する。

e) 薬液注入等

注入した薬液や深層混合処理工法の薬剤の漏洩、連続地中壁工法や泥水式シールド工法の泥水の逸泥など、この影響が予想される範囲の井戸、河川などの水質を事前に調査し、施工中は水質の変化状況を監視する。

f) 建設副産物

建設発生土など、建設副産物の発生の抑制ならびに再資源化の促進に努めるとともに、運搬経路、最終処分地などの調査をする必要がある。地下構造物工事で発生する建設副産物（建設発生土と建設廃棄物）は国土交通省（旧建設省）の「建設副産物適正処理推進要綱（平5）」を参考にするとよい。

g) その他

工事車両の通行により、立坑周辺道路の一般交通への影響を考慮して、工事車両の通行ルートを選定するための交通量を調査する。また、環境影響評価の実施が義務づけられている場合があるので関係法規類を熟知しておく必要がある。

3.1.3 概略設計と施工計画[4],[5],[6]

(1) 地下利用の概略設計

一般的な事業の概略設計は、配置設計、一般設計、構造設計、施工法検討、設備設計、工程計画、概算コストならびに実施設計の際の留意点からなる。地下構造物のような大規模事業の概略設計でもすべての設計項目を行うわけではない。しかし、それぞれの設計項目が複雑に関連しているため、繰り返し検討を行う。

第3章　地下空間開発の技術

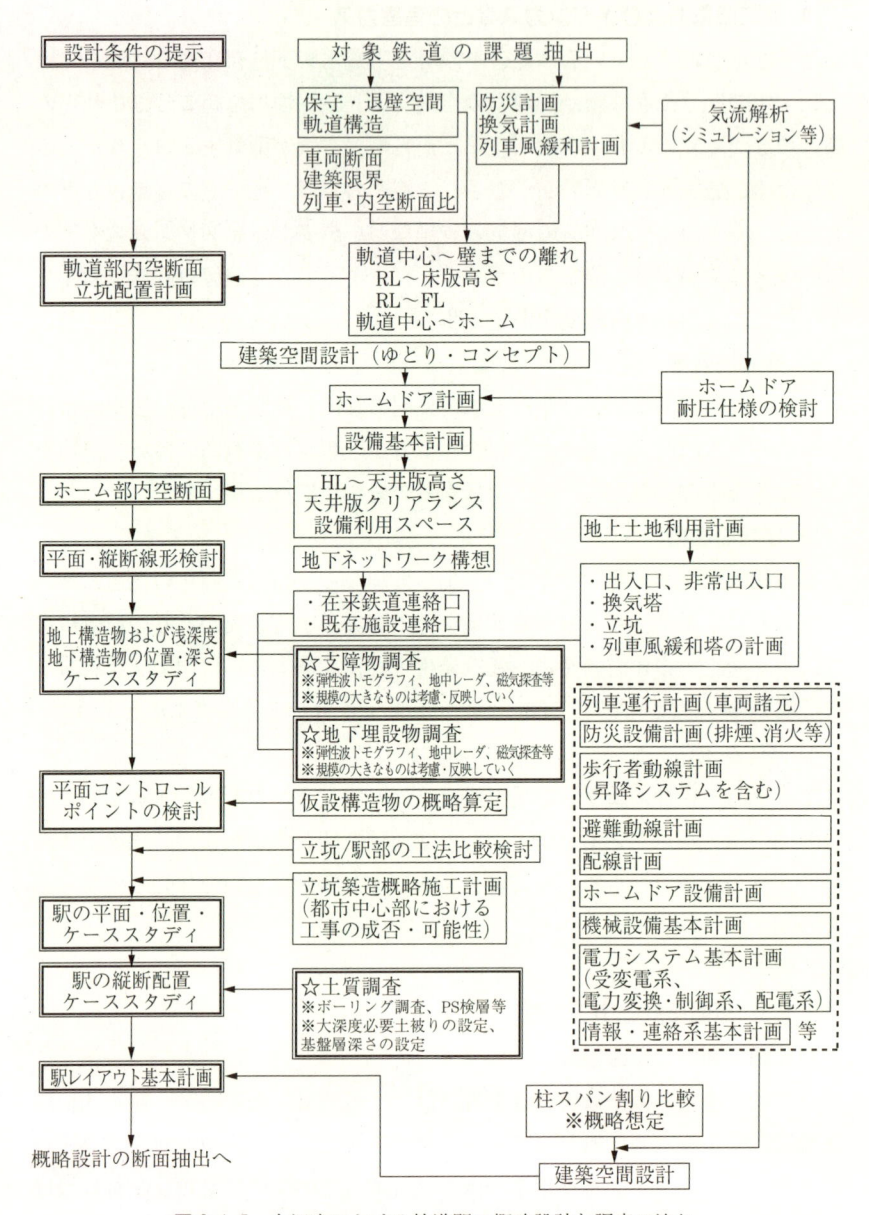

図 3-1-5　大深度における鉄道駅の概略設計と調査の流れ

3.1 計画と調査

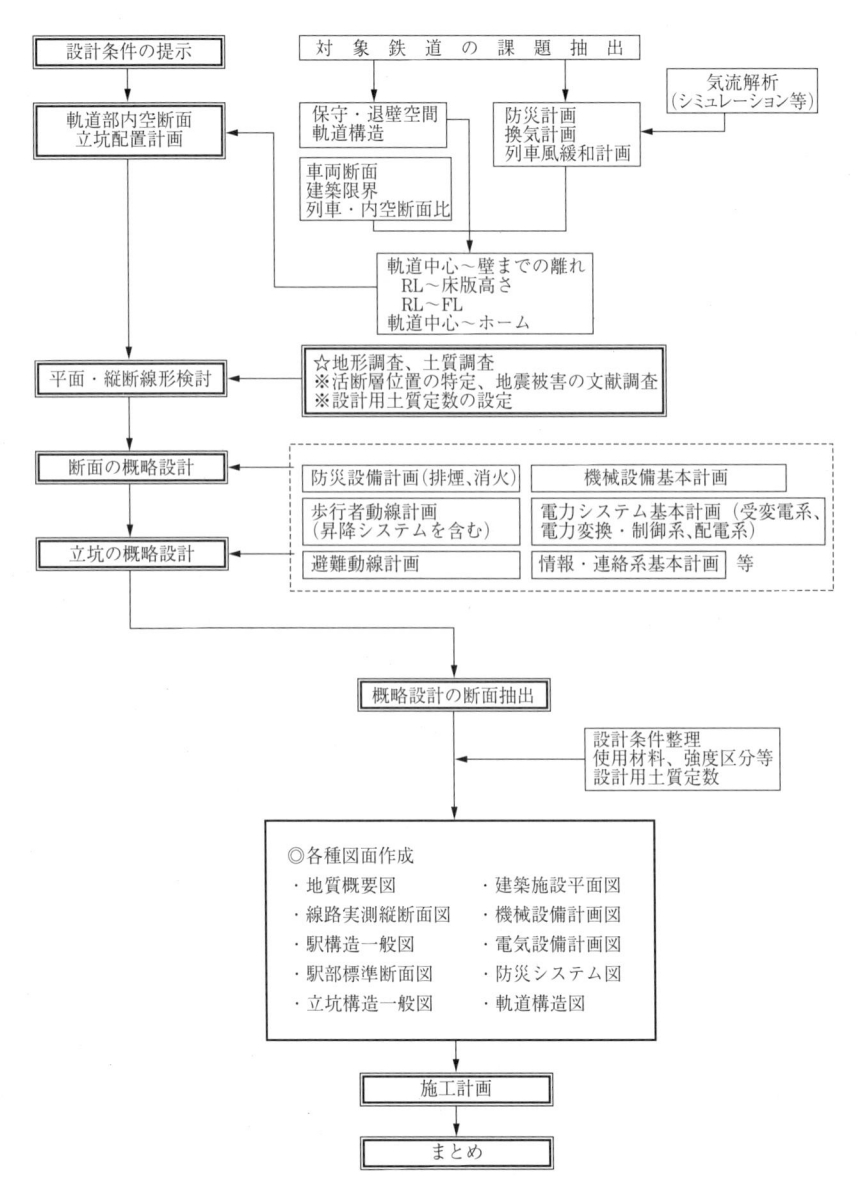

図 3-1-6 大深度における駅間トンネルの概略設計と調査の流れ

ここでは、一例として大規模な鉄道のシールドトンネルについて、概略設計の手順を述べる。概略設計と調査の流れを図 3-1-5 と図 3-1-6 に示す。鉄道のシールドトンネルでは、立地条件、支障物件、地形および土質条件から、単線形トンネル併設か、または複線形トンネルかの選択とともに、あわせて地下駅計画などを総合的に検討する。内空断面は、建築限界のほか、軌道構造、保守待避用通路、電車線信号・通信、照明、換気および排水などの諸設備に要する空間を考慮し、さらに、シールド工事の施工誤差（上下・左右の蛇行、変形および沈下など）を勘案して定められる。

地下構造物の配置設計は、使用目的、地表面の利用状況、支障物件や近接構造物への影響などを考慮して決められる。また、可能な範囲で施工上の安全にも配慮することが望ましい。たとえば、湧水処理や有害ガスなどの可能性がある地層は避けるべきであろう。さらに、鉄道のシールドトンネルの線形と勾配は、駅計画を考慮するほか、完成後における走行性能や維持管理の方法を考慮する必要がある。

(2) 地下構造物の施工計画[4],[5],[6]

施工計画は、工事を施工するにあたって、「良く（品質）、早く（工期）、安く（経済性）、安全に（安全施工）」ということを最重点に、人または労力（Men）、材料（Materials）、方法（Methods）、機械（Machines）、資金（Money）の5つの生産手段（5M）を選定して、もっとも適正と思われる施工の具体的方法を決めるものである。

契約関係書類には、完成される構造物の形状、寸法と品質などが示されている。このほかに、大規模な地下構造物工事の場合、施工方法およびそのプロセスについての概略が指定仮設として取り扱われ、契約関係書類で規定される。

一方、施工段階で行う詳細な調査を受けて仮設工事を変更せざるを得ない場合もある。このような場合は、それらの仮設工事は設計変更の対象となり、発注者側の承認を得て、請負者が責任をもって任されていることが多い。したがって、請負者は自らの経験と技術を活かして、いかなる方法で工事を実施するかを検討し、それらを決定しなければならない。

施工計画のプロセスにしたがって、その内容と立案手順を図 3-1-7 に示す。

3.1 計画と調査

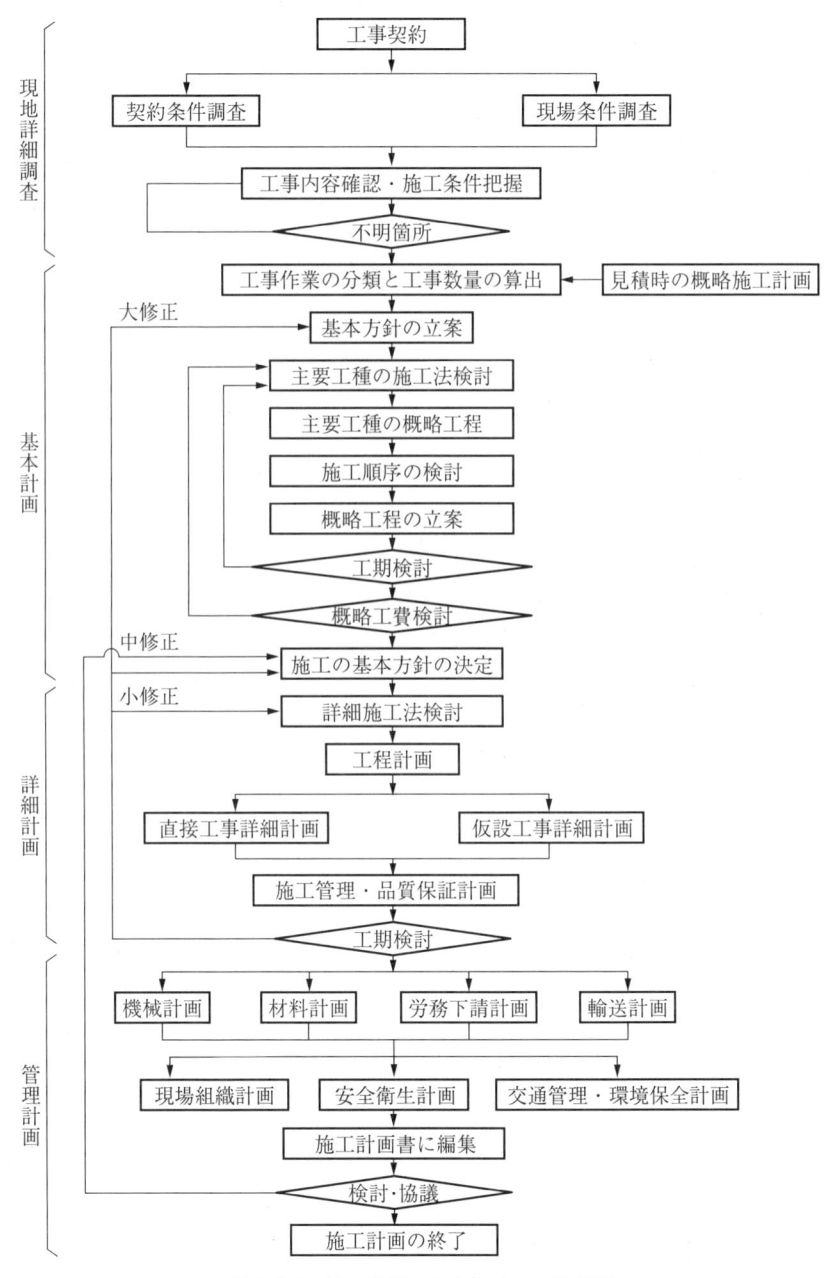

```
                        ┌──────────┐
                        │  工事契約  │
                        └──────────┘
          ┌──────────────┘    └──────────────┐
    ┌──────────┐                      ┌──────────┐
    │ 契約条件調査 │                      │ 現場条件調査 │
    └──────────┘                      └──────────┘
          └──────────────┐    ┌──────────────┘
                  ┌────────────────────┐
                  │ 工事内容確認・施工条件把握 │
                  └────────────────────┘
                          │
                      ◇ 不明箇所 ◇
```

現地詳細調査

- 工事契約
- 契約条件調査 / 現場条件調査
- 工事内容確認・施工条件把握
- 不明箇所

基本計画

- 工事作業の分類と工事数量の算出 ← 見積時の概略施工計画
- 大修正 → 基本方針の立案
- 主要工種の施工法検討
- 主要工種の概略工程
- 施工順序の検討
- 概略工程の立案
- 工期検討
- 概略工費検討

- 中修正 → 施工の基本方針の決定

詳細計画

- 小修正 → 詳細施工法検討
- 工程計画
- 直接工事詳細計画 / 仮設工事詳細計画
- 施工管理・品質保証計画
- 工期検討

管理計画

- 機械計画 / 材料計画 / 労務下請計画 / 輸送計画
- 現場組織計画 / 安全衛生計画 / 交通管理・環境保全計画
- 施工計画書に編集
- 検討・協議
- 施工計画の終了

図 3-1-7 施工計画の内容とその立案手順

施工計画にあたり、とくに検討すべき項目はつぎのとおりである。
　①発注者から指示された契約条件
　②現場の工事条件（近隣の社会的条件を含む）
　③基本工程
　④施工法と施工順序
　⑤施工用機械設備の選定
　⑥仮設備の設計と配置計画

　これらを考慮して、現地の形状の変更や工事数量の増減、用地の取得状況とともに、地元関係者との協議調整で定まった条件に適合した施工計画を作成することが重要となる。

　施工計画では、工程でクリティカルとなる工種を把握することや安全対策、環境保全対策とともに、公害対策に十分配慮した施工方法を検討する。

　坑内にダクタイル管を布設する工事を含むシールド工事を例に施工計画の作成の流れをみる。**図 3-1-8** に示す施工手順のすべての工種について、詳細な施工方法と課題とその方策を検討する。施工計画で検討すべき主な項目は、以下のとおりである。

　①準備工：各種の調査工
　②シールド１次覆工：立坑設備工、シールド機と後方台車設備の搬入方
　　法、初期掘進工、本掘進工、電気設備工
　③防護工：発進や到達の防護のためなどの薬液注入工
　④計測工：近接構造物に対する計測工、仮設と本設構造物の計測工
　⑤シールド２次覆工
　⑥立坑内配管工
　⑦発進・到達立坑埋戻し工
　⑧残土処分工等
　⑨現場組織と安全管理の計画
　⑩主要資材の入荷計画
　⑪主要機械の使用計画
　⑫施工管理の計画：工程や品質、出来形などの施工管理の計画
　⑬緊急時の体制および対応方法

3.1 計画と調査

⑭周辺の交通の管理方法
⑮環境対策
⑯現場作業環境の整備方法
⑰再生資源の利用の促進方法など

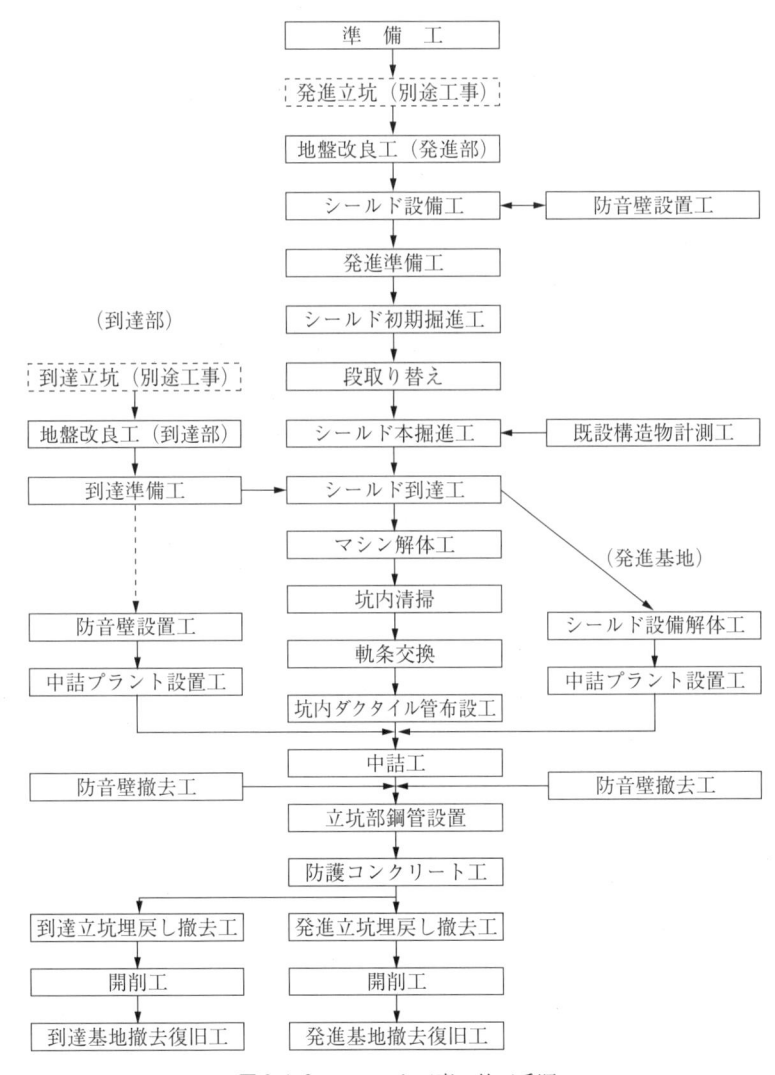

図 3-1-8　シールド工事の施工手順

3.2 設計・解析技術

3.2.1 地下利用と設計
(1) 設計の考え方

本来、「設計」とは、ある目的を具体化するもくろみである。したがって、地下構造物の「企画・立案」から「調査」、「構造計画」、および「構造解析」までの一連の流れをトータルにコーディネイトあるいはマネジメントする行為といえる。これらのうち、「企画・立案」から「構造計画」までがプラン的な側面を、「構造計画」から「構造解析」までがデザイン的な側面を主に有している。

一般に、わが国の土木技術者が「設計」といえば後者の部分を指すことが多いが、本来これを正確に表現すれば「狭義の設計」というのが適当であり、プラン的な側面をも含む「広義の設計」とは区別する必要がある。しかしながら、「狭義の」あるいは「広義の」といちいち表現するのもわずらわしく、また上述のように「狭義の設計」を単に「設計」と表現するのがこれまでの慣例となっているため、本書においてもこのような表現を用いることにする。

地下利用における設計をさらに具体的にいえば、「地下構造物を建設する位置や形状、建設時期、建設工法、および各部材に用いる材料の種類やそれらの寸法などを、構造物の耐荷性や変形性のみならず、耐久性、経済性、環境に与える影響、利用者の利便性などを相互に考慮して決定する行為である」と表すのが適当であろう。

すなわち、地下構造物の形状一つをとってみても、建設工法から決まるケース、設置深度から決まるケース、利便性から決まるケース、経済性から決まるケース、周辺の他の構造物への接続状況から決まるケースなどさまざまであり、単純にこのような条件だからこの形状とはならないケースがほとんどである。他の土木構造物にも共通することであるが、このような多種多様な条件を同時に考慮するといった複雑さが、地下利用における設計をより興味深いものにする一因となる。

3.2 設計・解析技術

(2) 地下構造物の種類とその設計手法の概要

地下構造物にはさまざまな種類がある。地下構造物をその形状から分類すれば、

　①アクセストンネルやランニングトンネルに用いられる線状構造物およびらせん状構造物
　②地下空間を構成する面状構造物、球状構造物、ドーム状構造物
　③立坑などに用いられる縦穴状構造物

などがある。

一方、地下構造物を建設工法から分類すれば、

　①地山を土留め壁で抑え地上から掘削した空間に構造物を現場打ちコンクリートで構築する開削トンネル
　②シールドマシンにより掘削した空間にあらかじめ工場で製作されたセグメントを組み立てて構造物を構築するシールドトンネル
　③削岩機などにより掘削した空間に鋼製支保工やロックボルトを設置して地山の変形を抑制し、現場打ちコンクリートなどで2次巻きを行う山岳トンネル

などがある。

また、地下構造物は、このほかにも「2.2　地下空間の分類」で述べたような「建設場所」や「利用目的」というようなキーワードからも分類することができる。

これらの多様な地下構造物の設計には、その形状や建設工法に応じた手法を用いる必要がある。大別すれば、開削トンネルやシールドトンネルの設計には限界状態設計法や許容応力度設計法が、山岳トンネルの設計には標準支保パターンによる設計法、類似条件による設計法および解析的手法による設計法等[7],[8]のみなし型の設計法が主に用いられている。

3.2.2では、地下構造物で用いられる設計手法についてそれらの概要を述べる。

Coffee Break　その6

設計の深度

　地下利用における設計は、複雑多岐にわたる諸条件を考慮して実施しなければならないことは述べたとおりである。また、地下利用は工事の規模が大きく工事費が安くないこと、周辺に与える影響も大きいことなどの特徴もある。このため、設計は、調査設計、比較設計、概略設計、詳細設計と徐々に進めていき、より精度の高い設計成果を作成するのが一般的である。このような設計の深度を表す用語の意味は一般に以下のとおりである[9]。

調査設計

　工事範囲の全体にわたって多種多様な構造物を検討するものである。たとえば、地下利用がよいか、地上利用がよいか、路線はどこを通すのがよいかなどである。一般に構造計算を伴うことは少なく、過去の設計事例や技術資料などを参考に検討が進められる。

比較設計

　比較設計とは、構造物の全体計画を決定するために実施する作業であり、経済性、施工性、安全性、環境への適応性などを相互に考慮して、異種構造物を複数以上検討するものである。たとえば、地下鉄の駅間は、シールド工法で施工するのがよいか、開削工法により施工するのがよいかなどを検討するものである。

概略設計

　概略設計とは、比較設計によって選定された構造物について、設計条件に合致した構造物の主要寸法を概略計算により決定するものである。すなわち、比較設計で開削トンネルが選定された場合、その横断面の主要形状を決定する作業である。

詳細設計

　工事発注に用いる設計図書の作成をする設計作業である。すなわち、概略設計で決定された主要形状から、構造一般図、各種の配筋図などを作成し、実際に工事が可能な設計図書を作成する作業である。

3.2 設計・解析技術

3.2.2 地下構造物とその設計手法

(1) 設計における「不確実さ」とその評価

　構造物の設計において、「適度な余裕」を確保することは重要な事項である。ここでいう「余裕」とは、構造物のまたはそれを構成する各部材の耐荷性、変形性、および耐久性などに対するものであるが、これを「適度」に評価するのが重要であり、かつむずかしい事項である。

　たとえば、作用する荷重や使用する材料の強度など、設計においてはある程度のばらつきや不明確さというような「不確実性」を有する事項を取り扱わざるを得ない。このため、設計にあたっては、設計する構造物の断面寸法や材料の強度にある程度の余裕を見込む必要がある。この「不確実性」の程度を確率論的に表すことができれば、確保するべき、あるいは設計上見込むべき余裕も確率論的に取り扱うことができるものと思われる。実際にこれを、確率論的に取り扱う設計手法[10]もあるが、このような設計手法が実設計へ適用された事例は少なく、研究途上にある。とくに地下構造物の設計においては、「不確実性」の代表でもある「土圧」や「地盤反力」というようなものを、ほとんどのケースで考慮する必要がある。このため、これらに対する「余裕」をどの程度確保するのかということが、地下構造物の設計をむずかしくしている。

　以下では、開削トンネルやシールドトンネルの設計でよく用いられる代表的な2つの設計手法について、この「不確実性」の取り扱いの違いの観点からそれらの概要を述べる。また、これらの手法とは異なり、みなし型の設計手法を用いる山岳トンネルの考え方についても概説する。

(2) 許容応力度設計法

　許容応力度設計法は、構造物の各部材に生じる応力度が、その部材を構成する材料の許容応力度を超えないように、断面寸法や材料の強度などを決定する方法である。たとえば、開削工法で建設されるあるトンネルの上床版は、「厚さ1,000 mmとして、設計基準強度24 N/mm^{2}のコンクリートと、SD 345の径25 mmの鉄筋を125 mmの間隔で配置をしよう。これで上床版に生じる応力度は許容応力度以内に収まる」といった具合である。許容応力度設計法の場合、作用する荷重の不確実さ、材料強度の不確実さ、製作や施工の誤

差、構造解析上の不確実さなどに対する余裕を主として材料に対する安全率によって担保している。一般に安全率は、コンクリートでは設計基準強度に対して3程度、鋼では降伏点に対して1.7程度が用いられることが多い。

したがって、上記の例でのコンクリートの許容応力度は8 N/mm² 程度、鉄筋の許容応力度は200 N/mm² 程度となり、これより小さい発生応力度となるように部材厚や鉄筋量を決定していくのである（設計者によっては、コンクリートに発生するひび割れの幅を抑制する目的で、鉄筋の許容応力度を140 N/mm² とする場合もある）。このように、許容応力度設計法は、部材に生じる応力度と許容応力度との比較により、設計が進められていく。

許容応力度設計法は、わが国の地下構造物の設計で古くから用いられてきた十分に実績のある設計手法である。この理由として、許容応力度設計法は、構造解析を弾性解析で実施するため簡便かつ明確な設計法であるという利点を有するということが考えられる。すなわち、上記の例で示したように、部材厚を想定しておけば、構造解析を実施した後に鉄筋量などを決定することができるのである。一方で、荷重の変動、材料の強度のばらつき、構造解析上の不確実性など互いに異なる不確実性を一括した安全率で評価している。阪神淡路大震災のような大きな地震動に対する設計を弾性解析で行うのは、非合理的であるなどの欠点も指摘されている。このような事象をかんがみ、現在、わが国の地下構造物の設計手法は、限界状態設計法への移行に向かいつつある[11],[12]。

(3) 限界状態設計法

限界状態設計法では、構造物の施工および使用期間中に、この構造物が遂行すると予期されている機能をまっとうしなくなる状態（限界状態、すなわち設計において照査しなければならない状態）を明確に定義する。そしてその可能性が十分に小さくなるように、信頼性理論の助けを借りて構造物を設計する方法である[13]。

ここで、構造物が機能をまっとうしなくなる状態とは、一般に「終局限界状態」や「使用限界状態」を想定することが多い。すなわち、「終局限界状態」とは、構造物のまたは構造物の一部が破壊したり耐力を失ったりする状態であり、地下構造物そのものが安全性を失う状態を意味している。「使用

限界状態」とは、構造物または構造物の一部に過度なひび割れ、変形、振動などが生じ、正常な使用ができなくなる状態、つまり地下構造物を使用するにあたって何らかの不具合を生じる状態を意味している。限界状態設計法は、これらの限界状態に応じて部材に生じる断面力やひび割れ幅を、各部材の断面耐力や許容ひび割れ幅などとの照査により設計が進められていく。

このようにみると、限界状態設計法は合理的であり、有益な設計手法と思われる場合も多いが、地下構造物の設計へ限界状態設計法を適用するのには困難な一面もある。1つは前述したように、地下構造物の設計では「土圧」や「地盤反力」といった実に不明確なものを取り扱わざるを得ないことがあげられる。いま1つは、地下構造物の終局限界状態、すなわち地下構造物が安全性を失い崩壊する状態もまた不明確であり、あいまいであることがあげられる。

たとえば、**図 3-2-1** に示すような円形のシールドトンネルが地上に建設される場合を考えてみると、構造物は内的3次不静定構造物であり、4つ目のヒンジが形成された段階で内的1次不安定構造物となる。しかし、地中においては4つ目のヒンジが形成された後も、トンネル周辺の地山が構造体を十分に支えてくれさえすれば必ずしも不安定構造物となることはない。すなわち、閉合した円形のシールドトンネルは高次の外的不静定構造物と考えることができる。したがって、地下構造物そのものが安全性を失い崩壊する終局限界状態は、不明確であり、あいまいである。

(4) 山岳トンネルの設計法

山岳トンネルの設計手法は、開削トンネルやシールドトンネルのそれと基本的に異なる。山岳トンネルの人工的な覆工は、ロックボルトや吹付けコンクリートなどからなる支保工と、場所打ちコンクリートなどからなる覆工で構成されるが、山岳トンネルにおける主たる構造物は地山そのものであり、このことが山岳トンネルの設計手法と開削トンネルやシールドトンネルと異なる最大の理由である。山岳トンネルの設計では、空洞を設ける行為が外的作用であり、トンネル周囲の地山そのものの安定性を照査する、すなわち、地山内の応力の再配分によって決定される内力のつり合い問題を解くことが設計となる。

第 3 章　地下空間開発の技術

地上に建設する場合　　　　　地中に建設する場合

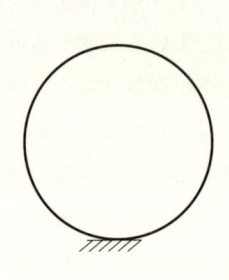

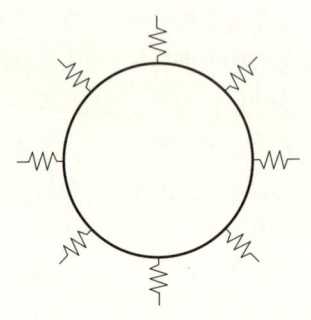

	不静定次数 r	部材間の拘束数 j	部材と地盤 との拘束数 s	構造物の部材数 m
地上構造物	3	3	3	1
地中構造物	∞	3	∞	1

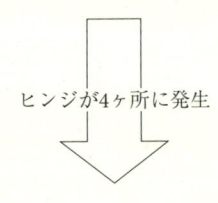

ヒンジが4ヶ所に発生

地上に建設する場合　　　　　地中に建設する場合

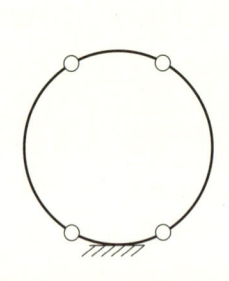

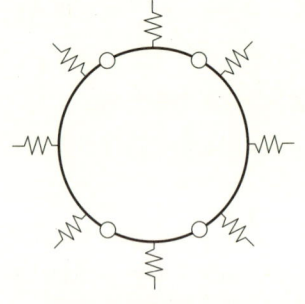

	不静定次数 r	部材間の拘束数 j	部材と地盤 との拘束数 s	構造物の部材数 m
地上構造物	−1	8	3	4
地中構造物	∞	8	∞	4

図 3-2-1　閉合した円形構造物の不静定次数

3.2 設計・解析技術

　ここでもう少し、山岳トンネルの設計について述べる。開削トンネルなどで用いられる許容応力度設計法や限界状態設計法が、ある荷重によって生じる応力度および断面力と、許容応力度および断面耐力との照査により成り立っていることはすでに述べた。一方、山岳トンネルの支保工は、地山と一体となって構造体を形成するため、荷重が支保工にとっての外力というわけではなく、支保工と地山との相互作用によって支保工に内力が生じると考えるのが一般的である。このような感覚が、開削トンネルやシールドトンネルの設計と異なっている点である。

　では、支保工に生じる内力をどのように評価すればよいのか、あるいは先に述べた「不確実さに対する余裕」をどのように評価して支保工を設計するのか、などといった疑問が生じると思う。現在までのところ、これを合理的に、解析的に解決する手段は確立されていない。一般に支保工の設計はつぎのように行われている。

　①標準支保パターンによる設計手法
　②類似条件による設計手法
　③解析的手法による設計手法

　これらの詳細は多くの専門書[9]に譲るが、概説すれば、①は既往のトンネル工事の実績ならびに経験から作成された標準支保パターンを、地山条件や断面形状などを考慮して適用していく手法である。鉄道トンネルでは、たとえば、「地山種類○○、地山等級△△であるため、長さ3mのロックボルト20本をトンネルの縦断方向に1.0mの間隔で設置していく」といった具合である。

　②は特殊な地山条件や断面形状などにより、標準支保パターンが適用できないときに、設計条件が類似した過去の事例を参考とする手法である。

　③は特殊な条件下であって、①や②の手法が適用できない場合、あるいは①、②の設計結果を検証する場合に用いられる手法である。この際の解析手法には、有限要素法（FEM）などを用いることが多い。

　ここで、山岳トンネルの設計における「不確実さに対する余裕」をあえて考えてみる。①や②の手法では、既往の実績や経験に基づいた支保パターン自体に、それがすでに内含されていると考えられるのではなかろうか。また、

山岳トンネルの場合は、施工の進捗とともに地山条件などが想定外に変化した場合にも修正設計を施し、支保パターンを比較的容易に変更できるという特性もある。これも「不確実さに対する余裕」の1つと考えることができるのではなかろうか。これら余裕の程度を定量的に評価するのは困難であるが、山岳トンネルのような経験工学的設計手法にも「不確実さに対する余裕」が考慮されているものと思われる。

　③についても同様であり、実際の土や岩盤は不連続であるなどの「不確実さ」を有している。この「不確実さ」に対する余裕は、地山の変形係数やポアソン比といった地盤定数などの設定において確保されていると考えられる。したがって、①～③の設計手法は、施工段階や供用段階において、もし不具合が生じた場合には、適宜設計対応を図ることを前提とした「みなし型設計」である。

　つぎに覆工の設計であるが、特殊な場合を除き一般の山岳トンネルでは、覆工を地山の変形が収束した後に打設することが多い。このため、覆工を構造部材として取り扱わないことが一般的である。各基準類[14]では、標準巻き厚などの仕様が決められており、これに準じた施工が行われている。

Coffee Break　その7

機能と性能

　一般の専門書だけではなく多くの指針・基準類においても、「トンネルの機能」、「トンネルの性能」といった言葉をよく目にする。しかしながら、「トンネルの機能」や「トンネルの性能」を明確に定義している書物はあまり見られない。ここで、「機能」と「性能」というような言葉の定義について今一度整理をしてみる。

　「機能」を辞書[15]で引いてみると、「物のはたらき。相互に関連し合って全体を構成している各因子が有する固有な役割」とされている。同様に「性能」を辞書で引いてみれば、「機械などの性質と能力」とある。また「役割」は「割り当てられた役目」であり、「能力」は「物事をなし得る力、はたらき」とある。

　すなわち、「トンネルの機能」とは、トンネルが果たすべき役割のことであり、「トンネルの性能」とは、トンネルが保持している（あるいは保持すべき）能力のことである。

　トンネルの役割とはどのようなものであろうか。トンネルが果たすべき役割は、「人や物を所定の位置まで安全にかつ快適に運搬する経路として存在しつづけること」といえるであろう。このうち「安全」という用語に着目すれば、「トンネルに作用する荷重に対して破壊や過大な変形を生じない」ということがトンネルの機能になるのではなかろうか。一方、「安全」という用語に着目してトンネルの性能を考えれば、「$200\ kN/m^2$ の土荷重と $50\ kN/m^2$ の水圧に対して耐える強度と剛性」となるのではなかろうか。

　このように、トンネルの機能はトンネルが果たすべき大きな役割を表し、トンネルの性能は大きな役割を果たすために示した具体的な指標と考えるのが適当と思われる。すなわち、「トンネルの機能」を具体的に細分化していくにつれて必要となる「トンネルの性能」が明確になっていくのである。

3.2.3 地下構造物とその解析手法

本項では、主に開削トンネルやシールドトンネルを取り上げ、「解析」における基本的な事項や課題点などについて述べる。なお、トンネルの詳細な解析手法については多くの専門書[4),5),6)]があるのでそれらを参考にされたい。

(1) 地下構造物の設計の流れ

図3-2-2に地下構造物の一般的な設計のフローを示す。なお、図中の「応答値」とは、許容応力度設計法の場合は発生応力度、限界状態設計法の場合

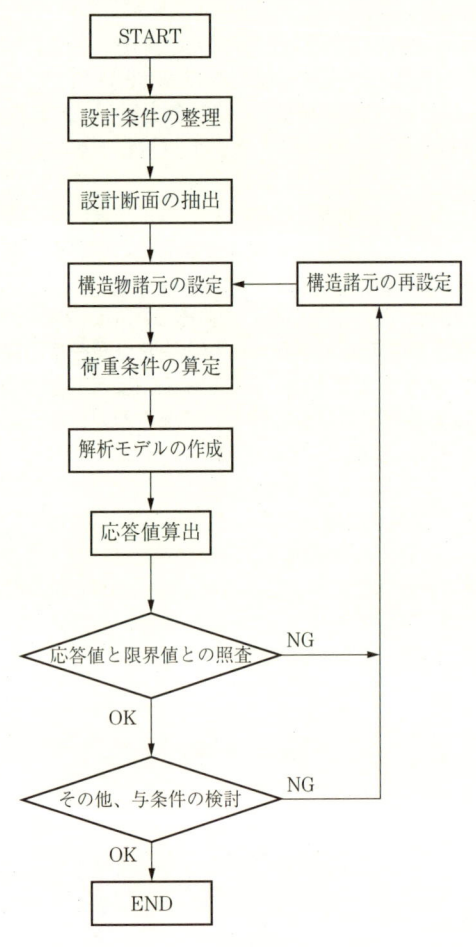

```
START
  ↓
設計条件の整理
  ↓
設計断面の抽出
  ↓
構造物諸元の設定 ← 構造物諸元の再設定
  ↓                      ↑
荷重条件の算定            │
  ↓                      │
解析モデルの作成          │
  ↓                      │
応答値算出                │
  ↓                      │
応答値と限界値との照査 →NG┘
  ↓OK
その他、与条件の検討 →NG（上へ戻る）
  ↓OK
END
```

図3-2-2 地下構造物の設計フロー

は断面力、ひび割れ幅、変形量などと読み替えられる。同様に「限界値」は、許容応力度設計法の場合は許容応力度、限界状態設計法の場合は断面耐力、許容ひび割れ幅、許容変形量などとなる。

「設計条件の整理」では、「3.1　計画と調査」で述べた各種の計画事項や調査結果を整理・反映して、概略の構造形状、構造物と建築限界との離れ、設計用の土質定数、設計水位、各種材料の強度、施工手順など、設計をするうえでの与条件を設定したり確認したりする。

「設計断面の抽出」では、具体的に構造解析を実施する設計断面を選定する。トンネルなどの地下構造物は一般に長大であり、トンネルに作用する荷重は、施工期間中および完成後にわたり、施工過程、環境条件の変化などにより種々に変化する。設計においては、これらの荷重を適切に評価して、施工の各段階および完成後の状態に対して、安全性を確保できるように設計断面を抽出する。

「構造物諸元の設定」では、構造解析の実施に先立ち、部材の寸法、使用する材料、限界状態設計法の場合には部材断面あたりの鉄筋量などを設定する。設計者の経験やセンスが多分に活かされる行為であり、的を射ない諸元を設定すると、応答値が制限値を上回るあるいは下回りすぎることもあり、設計作業の手戻りが多くなってしまう。

「荷重条件の設定」では、抽出した設計断面に応じて、土圧、水圧、自重、上載荷重、地盤反力などを具体的に評価していく。地下構造物に作用する荷重は、構造物の変形と独立して定まるもの、すなわち構造解析を実施する前に定まる荷重と、相互関係を有するもの、すなわち構造解析を実施し計算が収束した後に定まる荷重とがある。これについては後で詳述する。

「解析モデルの作成」では、「設計条件の整理」、「構造物諸元の設定」の結果に応じた構造解析モデルを作成する。開削トンネルやシールドトンネルの構造解析モデルは、はりやばねなどの要素を有するフレーム構造でモデル化することが多い。先に述べたように、山岳トンネルの設計をする場合など周囲の地山の変形を設計の対象とする場合には、はり要素、平面ひずみ要素、ジョイント要素などで構成する有限要素でモデル化することもある。また、地下構造物の設計においては、大規模かつ長大な構造物を2次元の構造にモ

デル化するのが一般的である。これについても後で詳述する。

「応答値の算出」では、具体的に部材各部の応力度や断面力、変形量などを算出する。これらの算出は、近年の発展が著しいコンピュータを用いた数値解析によることが多い。

「応答値と限界値との照査」では、文字どおり算出した応答値が地下構造物の用途や環境条件、使用材料の強度などから定まる限界値を満足するか否かを照査する。

(2) 荷重と構造との関係

地下構造物に作用する荷重は、構造系と独立に定まるものと相互関係を有するものとに区分して考えるのが一般的である。前者は、土圧の一部、水圧、自重、内部荷重などであり、後者はその他の土圧、地盤反力などがその代表である。構造物と地盤との相互作用を評価する方法としては、地盤をばねでモデル化し構造物の地盤側への変形量に応じた反力が作用すると考える例が多い（図3-2-3）。

開削トンネルでは、頂版には土被り相当の土圧が、側壁には静止土圧が作用すると考えて設計するのが一般的である。底版下の地盤反力は、躯体の剛性に対して地盤が軟らかいか硬いか、断面の規模が大きいか小さいかなどを考慮して、地盤の変位と独立して評価するか地盤の変位に従属して評価するかを設定していく。

シールドトンネルでは、頂部に土被り相当の土圧やゆるみ土圧が、側方からは主働土圧から静止土圧に相当する土圧が作用すると考えて設計するのが一般的である。トンネルの側方や下方に生じる地盤反力は、地盤の変位と独

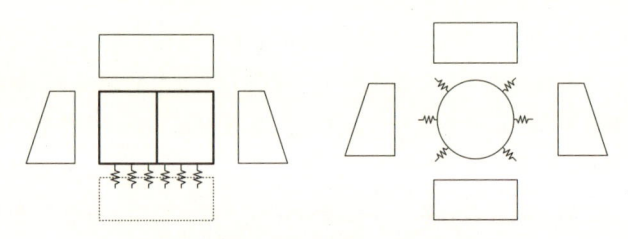

図3-2-3　地下構造物の荷重系と地盤と構造物との相互作用を評価するばねの概念

立して評価するか、地盤の変位に従属して評価するかを設定していく。このような地盤反力の発生範囲、分布形状および大きさは、断面力の算定方法と強く関連している。

また、構造物の内側への変形量に応じた鉛直土圧や側方土圧の低減などは一般には考慮されていない。しかしながら、最近のシールドトンネルを対象とした研究事例[16]によれば、そのような地盤が伸張する挙動を適切に評価することでより合理的な設計が可能になるとの知見も得られている。このような研究成果の設計基準類への反映が望まれる。

(3) 構造形式に応じた解析モデル

地下構造物にはさまざまな形状があり、また建設工法も多種多様であることはすでに述べたとおりである。構造解析においてもこのような形状や建設工法に応じて構造物を適切にモデル化する必要がある（**図** 3-2-4、**図** 3-2-5）。

また、線状構造物だけではなく、面状構造物や縦穴状構造も、地下構造物は長大である、規模が大きいなどの特色がある。このため、これらの構造物を便宜上、横断方向と縦断方向、あるいは水平方向と鉛直方向とに分けてモ

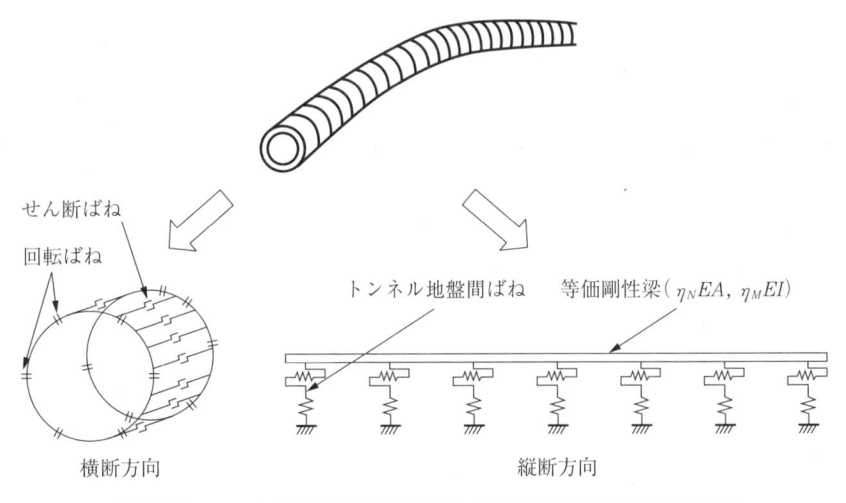

図 3-2-4 シールド工法により構築された線状構造物のモデル化の例

（横断方向：せん断ばね、回転ばね／縦断方向：トンネル地盤間ばね、等価剛性梁（$\eta_N EA, \eta_M EI$））

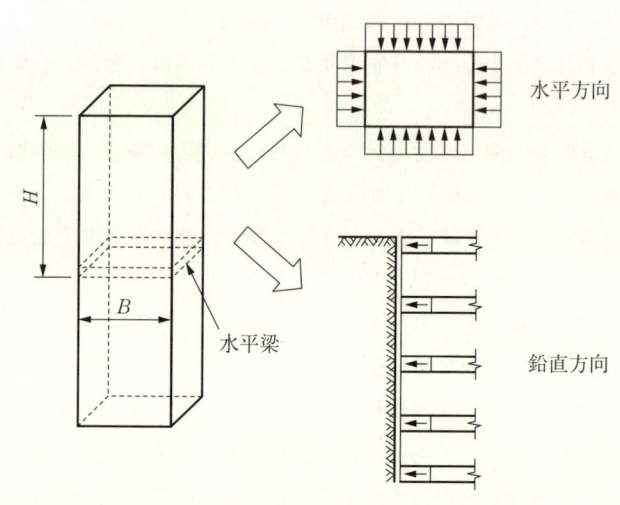

図 3-2-5 縦穴状構造物のモデル化の例
(出典:長尚「基礎知識としての構造信頼性設計」山海堂、1995.4)

デル化し、構造解析を行うのが一般的である。

Coffee Break　その8

地上の土地利用との整合

　地下構造物といえども、立坑や斜坑などの地上とのアクセス構造物が必要になるし、アクセス構造物を必要としない地下鉄駅間のトンネルなどにおいても地上構造物の荷重を受ける場合がある。このため、地下構造物の設計は、地上の土地利用の状況を常に念頭において進めることが重要である。

　まず、地下鉄の駅舎の設計を考えてみる。地下駅舎の設計は、構造物の形状やその建設工法を決定することから始まるが、どの位置に地上との出入り口を設置するのが利便性がよいか、またはどの位置に出入り口の設置が要望されているのか、あるいは換気塔はどの位置に設けるのが適当かなどを十分に検討するのが重要である。というのも出入り口部などには、駅舎躯体の床版や側壁に開口部を設ける必要がある。これらの開口部の周囲には補強桁や補強柱を設置して土水圧などを支えるのが一般的であるが、地上の土地利用をよく考えないで設計を進めていると、極端に天井が低い、柱が密集している、エスカレータやエレベータの入口付近に柱がありつねに人が滞留してしまう、などの使い勝手の悪い設計となってしまう。

　つぎに、駅間のシールドトンネルの設計を考えてみる。シールドがRC造10F建ての建物の近傍を掘進すると仮定する。この場合、上載荷重として $10F \times 20 kN/m^2 = 200 kN/m^2$ を考慮して設計すると考えるのが一般的と思われるが、このような考えだけでは十分でない。周辺地盤の許容支持力から定まる限界の階層、用途地域から定まる限界の階層、日影規制から定まる限界の階層、セグメントの極限耐力から定まる階層、などを相互に検討して設計荷重を定めるのが重要である。この検討結果にもとづいて、セグメントの耐力を増加させる、区分地上権を設定するなどの対応を施す。

　これらの例のように、地下構造物の設計においても、地上の土地利用をつねに考慮して設計をすすめていく必要がある。

3.3 地下空間構築技術

地下構造物の構造形状は線状構造物、面状構造物、縦穴状構造物、球状およびドーム状構造物、横穴状構造物、あるいは構造物へと誘導するアクセス構造物に分けられる。これらの構造物のうち横穴状構造物とアクセス構造物は、線状構造物と面状構造物の中に含まれると考え、ここでは**表 3-3-1**に示すように、線状構造物、面状構造物、縦穴状構造物、その他の形状の構造物（球状およびドーム状）ごとに構造物の構築技術を紹介する。

表 3-3-1　構造形態と適用建設技術

構 造 形 状	主 な 建 設 技 術
線状構造物	シールド工法 山岳工法（NATM、矢板工法、TBM工法） 開削工法 推進工法
面状構造物	シールド工法 山岳工法（NATM、矢板工法、TBM工法） 開削工法
縦穴状構造物	シールド工法 山岳工法（NATM、矢板工法、TBM工法） 開削工法 ケーソン 小型立坑工法
その他の構造物 （球状およびドーム状構造物）	シールド工法 山岳工法（NATM、矢板工法、TBM工法）

3.3.1　線状構造物

(1) シールド工法

シールド工法は、シールド機と呼ばれる機械で土砂の崩壊を防ぎながら掘進し、その掘進機内部で安全に覆工を構築して、トンネルを構造する工法である。**表 3-3-2**はシールド工法の分類を示したものである。

シールド技術は、「施工・環境・必然性」あるいは「時代の要請」を受け、

3.3 地下空間構築技術

表 3-3-2 シールド工法の分類

前面の構造	概念	略図	切羽安定機構	掘削機構	掘削土の輸送機構	原理と特長
開放型	手掘り式		フード 山留め 圧気	人力	土砂運搬 (ベルトコンベアと ずりトロ)	掘削を人力で行い、ベルトコンベアなどで排土する。土質の状態に応じて、フードおよび山留めなどの切羽の安定機構を設ける。水位が高い場合には圧気を併用する。
開放型	半機械掘り式		フード 山留め 圧気	人力+機械(ロードヘッダー、ショベル、ブツクボー、スクレュー)	土砂運搬 (ベルトコンベアと ずりトロ)	大部分の掘削および積込みに動力機械を使用する。切羽の安定機構は手掘り式と同じである。
部分開放型	機械掘り式		面板 スポーク	カッター回転 カッター揺動	土砂運搬 (ベルトコンベアと ずりトロ)	カッターヘッドによって、機械的に連続掘削する。基本的に切羽が自立することが必要である。
部分開放型	ブラインド式		スリット	推進		シールドフード部を密閉し、その一部に調節可能な土砂取出口を備え、土砂の排土抵抗を調節することにより切羽の安定を図る。土砂がシールド推進により塑性流動状態になることが必要となる。
密閉型	土圧式		(土圧) 掘削土+面板 掘削土+スポーク	カッター回転	土砂運搬 スクリューコンベアと ずりトロ 流体圧送 パイプ	カッターヘッドで掘削した土砂を切羽と隔壁の間に充満させ、切羽の安定を図ることがなる。
密閉型	土圧式		(泥土圧) 掘削土+添加材+面板 掘削土+添加材+スポーク	カッター回転	土砂運搬 スクリューコンベアと ずりトロ 流体圧送 パイプ	掘削土砂の塑性流動化を添加剤で促進させる。切羽シールドと同じであるが、加泥材を用いるため、適用可能な土質範囲が土圧シールドより広い。
密閉型	泥水式		泥水+面板 泥水+スポーク	カッター回転	流体圧送 (ポンプとパイプ)	泥水に所定の圧力を与えることにより切羽の安定を図る。泥水を循環させ、掘削土砂の流体圧送を同時に行う。適応可能な土質範囲は、泥土圧シールドとほぼ同じである。

(出典：最新のシールドトンネル技術編集委員会編「ジオフロントを拓く最新のシールドトンネル技術」技術書院、1988.1, pp. 24-25, 栗原和夫編「現場で役立つシールド工事」出版科学総合研究所、1990.11, p. 13, などを参考に加筆)

わが国で急速に発達してきた。1997年に東京湾横断道路が開通したが、このシールド工事（泥水式）では、大断面、長距離掘削、海底下の高水圧対応、シールド同士の地中接合、セグメントの自動組立など多くの技術が開発された。また、シールド技術はほかにも多様に発達を遂げている。たとえば、楕円、矩形、複円形の特殊断面形状への対応や、分岐合流、拡径、自動掘進管理などの技術があげられる。さらに、現在でもシールド技術は確実性、安全性、コストダウンに向けての発展へと進んでいる。**表 3-3-3** にシールド工法の技術分類と主な開発工法を示す。

a）大断面技術

都市機能の過密化により、道路や貯留管などの機能を地下空間に移すことが進められている。このため地下構造物が大断面となる場合が増加している。ここでは、大断面化の技術とともに機能に応じた任意の断面形状の構築技術および大深度や長距離掘進などの特殊施工技術を紹介する。

ⅰ）円形大断面

昭和40年代後半、営団8号線で $\phi 11$ m の手掘りシールド機が登場して以来、$\phi 10$ m 以上のシールド機は、営団7号線の麻布工区で使用された $\phi 14.18$ m のシールド機を最大径として、50基以上にのぼる。**写真 3-3-1** に円形大断面シールド機の例を示す。

写真 3-3-1 円形大断面シールド機（東京湾横断道路用 $\phi 14.14$ m）
（出典：西松建設㈱パンフレット　シールド工法・TBM工法施工実績一覧表）

3.3 地下空間構築技術

表 3-3-3 シールド工法の技術分類と主な工法名

技術分類		主な工法名
大断面	外殻先行シールド工法	MMST、リングシールド、MMB
大深度	トンネル防水	ラッピングシールド、注入シール工法、MIDTシート工法
長距離	ビット延命化	高低差ビット、3Dカッターシールド
	ビット交換技術	ビットライズド、レスキュービット、スポーク回転ビット交換、予備カッターシステム、トレール、クルンシールド、リレービット、シャークビット、テレスポークビット
	テールシール交換・長寿命化	ウレコンシール、緊急テールシール
急曲線・急勾配	急曲線	充填式シールド急曲線工法、3段式中折れ装置、カッター屈曲式中折れ装置、カッタースライド式中折れ装置、ディスクオートオーバカッタ、スパイラルトンネル
	急勾配 軌道装置	ラック&ピニオン式、ピンラック式、リンクチェーン式
地中接合	機械式地中接合	MSD、CID、DKT
	地盤改良併用非機械式	凍結工法、高圧噴射撹拌工法、薬液注入工法
地中切拡げ	断面変化シールド	拡大シールド工法、着脱式シールド工法、親子シールド工法、抱き込み式親子泥水シールド工法、挿入式拡径シールド工法、MMST、ウィングプラス工法、オクトパスシールド工法、ブランチシールド工法、ES-J工法、地中アーチ工法、M-ESS工法、VASARAシールド工法、クレセント工法、さくさくSCOOP工法、カップルバード工法、太径曲線パイプルーフによる大断面地下空間非開削構築工法、ZIP工法、ジャンクションビーム工法、
分岐・合流		球体シールド、分岐（地下茎）、T-BOSS、H&V、フード押出し方式
高速施工	同時掘進技術	ラチス式同時施工、ロングストロークジャッキ、F-NAVI、SCシールド
断面形状	複円形	MFシールド、DOT
	非円形	自由断面シールド、異型断面シールド、偏心多軸シールド、角形シールドOHM、ボックスシールド、WAC工法、矩形シールド工法、PLANETARY、翼シールド
発進・到達技術	仮壁切削	NOMST、SEW、NEFMAC、コンポーズロット
	エントランス	SPSS、ENT-P、止水セグメント
自動化技術	シールド工事総合管理システム	シールド掘進管理（切羽の安定、掘削土搬出、各設備の稼動状況）システム、ファンネルラーク
	セグメント自動組立システム	セグメント自動組立システム
	自動搬送システム	自動搬送システム、サーフィン
	シールド自動方向制御システム	シールド自動方向制御システム
	配管延長ロボット	泥水シールドにおける送排泥管延長ロボット
	故障診断システム	シールド掘進管理・監視システム
	バッテリーロコ	サーボロコ、アルキャン車輪
	タイヤ式	AGV
	立坑	スーパーラックシステム、おはこびザウルス、セグメントリフト、立坑搬送システム、エレベータシステム
泥水処理・残土処理技術	泥水処理	泥水クローズドシステム、高圧薄層フィルタープレス、泥水濃縮システム、スーパーバキュームプレス、超高圧フィルタープレス
	残土処理	泥土処理システム、FTマッドキラー
覆工	継手種類・形状	薄型化・高強度セグメント、サンドイッチ型合成セグメント、矩形トンネル用合成セグメント、NMセグメント、二次覆工省略型ダクタイルセグメント、リングシールド工法用セグメント、ハイブリッドライナー、レジンコンクリートセグメント、コンクリート中詰め鋼製セグメントSSPC、DNAシールド用セグメント、ガイドロックセグメント、ウィングセグメント、ハニカムセグメント、CONEX-SYSTEM、スパイラルセグメント、コッタークイックジョイントセグメント、ワンパスセグメント、ASセグメント、マルチブレード式継手セグメント、シンプロセグメント、ウエッジブロックセグメント、リングロックセグメント、KLセグメント、コーンコネクターセグメント、FRP-KEY継手セグメント、ほぞ付きセグメント、HOTセグメント、インサート継手アーチ形、インサート継手NF型、CPIセグメント、P&PCセグメント、FBRセグメント、NRTセグメント、タイドアーチセグメント、遠心力締固めRCセグメント、高流動コンクリートセグメント、水平コッターセグメント、レインボーセグメント、RAQDES、PCNetセグメント、CPセグメント、DRCセグメント、ITジョイントセグメント、GTセグメント、スライドロックセグメント、コンパクトシールド工法セグメント、オートチャックセグメント、FAKT、BEST
その他	立坑基地	省面積立坑システム

ⅱ）矩形断面

矩形の大断面トンネルを築造する技術では、MMST（Multi-Micro Shield Tunnel）工法がある。MMST工法は、トンネル外殻部を複数の単体シールド機により先行掘削し、それらを相互に連結する。外郭部躯体を構築した後、内部土砂を掘削して大断面トンネルを構築する工法である。MMST工法の施工手順を図 3-3-1 に示す。

①単体トンネルの施工

立坑の構築後、単体シールド機を掘進し、トンネル躯体となる外郭部を構成する単体トンネルを構築する。

②単体トンネル間接続部の施工

隣接する単体トンネルの施工完了後、ＭＭＳＴ鋼殻の一部を撤去して単体トンネル間接続部を施工する。

③外郭部躯体の構築

鋼殻内にコンクリートを打設して外郭部の躯体を構築する。

④内部土砂の掘削

通常の掘削機械により内部土砂を掘削する。

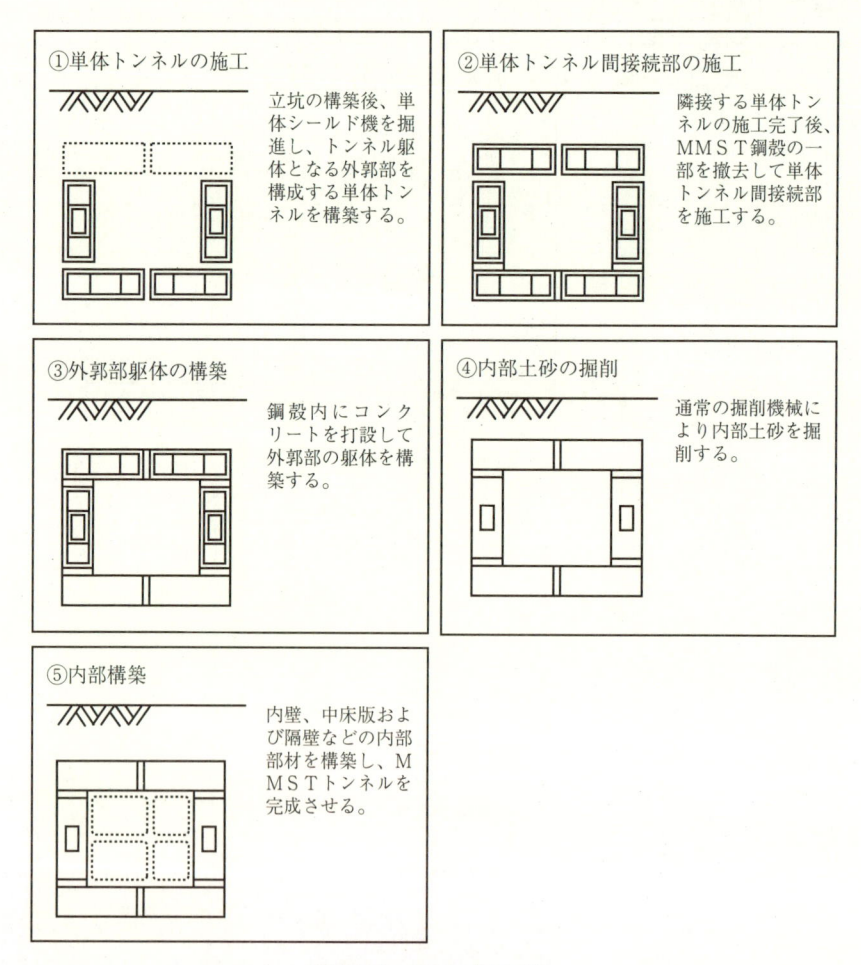

⑤内部構築

内壁、中床版および隔壁などの内部部材を構築し、ＭＳＴトンネルを完成させる。

図 3-3-1　MMST 施工手順
（出典：首都高速道路㈱「高速川崎縦貫線　MMST 工事」パンフレット）

iii）任意断面

任意の大断面を構築する技術として開発されたのがリングシールド工法である。その施工順序は、任意形状の外殻部のみをリング状に先行掘削し、外殻部の躯体をセグメントで構築した後に内部の土砂を掘削してトンネルを完成させる工法である。シールド機はリング部と作業坑部が一体となって掘進する（図 3-3-2、図 3-3-3 参照）。

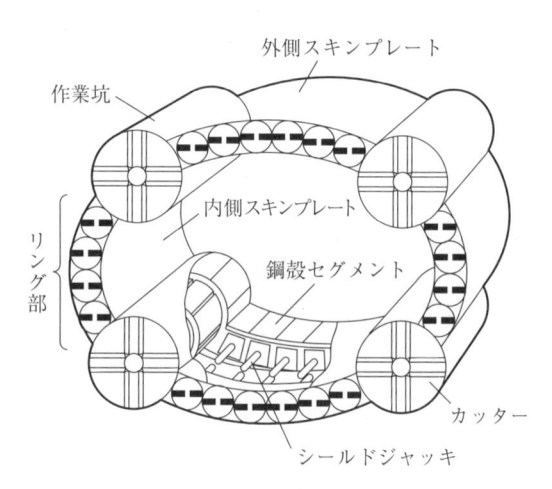

図 3-3-2　リングシールド機概要図
（出典：リングシールド工法研究会資料）

①No.1、No4作業坑より
　左右リング部
　セグメント組立

②No.1、No3作業坑より
　上下リング部
　セグメント組立

③No.1、2、3、4作業坑
　セグメント組立

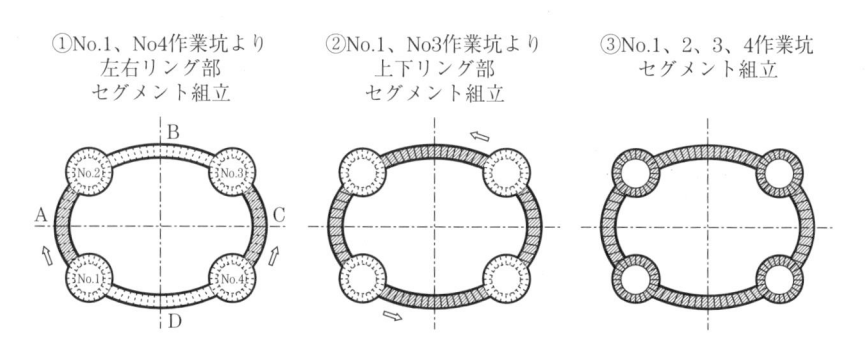

図 3-3-3　セグメント組立順序
（出典：リングシールド工法研究会資料）

b) 大深度技術

　一般に、大深度地盤中は高水圧下の条件となる。この高水圧対策は、シールド機のテール部に止水対策が求められる。近年の実績では、水深100m程度までの対応可能となっている。一方、トンネルの施工時のみならず、長期的に構造物を保全するためには、セグメントからの漏水を防止する技術が重要となる。このような観点から近年に開発されたのがラッピングシールド工法である。図3-3-4 に示すラッピングシールド工法は、セグメント全体をすっぽりと包むように防水シートを巻立てて、完全止水のシールドトンネルを構築するものである。この工法は防水シートの巻立装置、バリア機構、2次グラウト機構から構成されている。

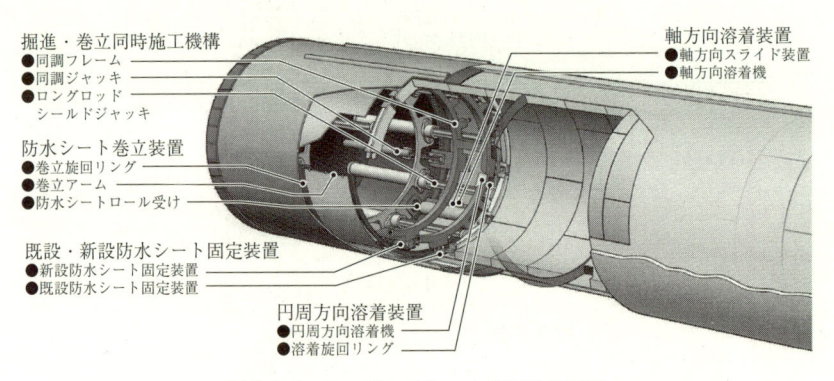

図 3-3-4　ラッピングシールド工法概要図
（出典：ラッピング工法研究会パンフレット　Rapping Method　大成建設㈱）

c) 長距離・高速施工技術

　都市部の過密化で、シールド機の発進・到達基地となる立坑の設置箇所の確保が困難となってきている。このため、立坑間の距離が長くなり、施工延長と施工速度に関する技術の開発がなされてきた。長距離施工に大きく関係する技術には、カッタービットの延命化や交換技術がある。また、高速施工技術には、シールドジャッキ動作の高速化やセグメント組立の高速化、あるいはシールド掘進とセグメントの組立を同時に行う技術の開発などがある。
　ここでは、長距離施工技術のうちカッタービットの交換技術であるトレール工法と、両方向から掘進してきたシールド機を地中で接合して、長距離施

工を図る MSD 工法を紹介する。

ⅰ）カッタービット交換技術

カッタービット交換技術であるトレール工法の概要を図 3-3-5 に示す。この工法は、カッタービットの交換をシールド機内部から行うことができる。交換方法は、リンク機構で連結したビットをカッタースポーク部に内蔵したガイドレールに沿ってスライドさせながらビットを機内に引き込む。その後、新しいビットを交換して再びスライドさせて元の位置に設置する。ビット交換回数は、最外周部までを複数回可能である。

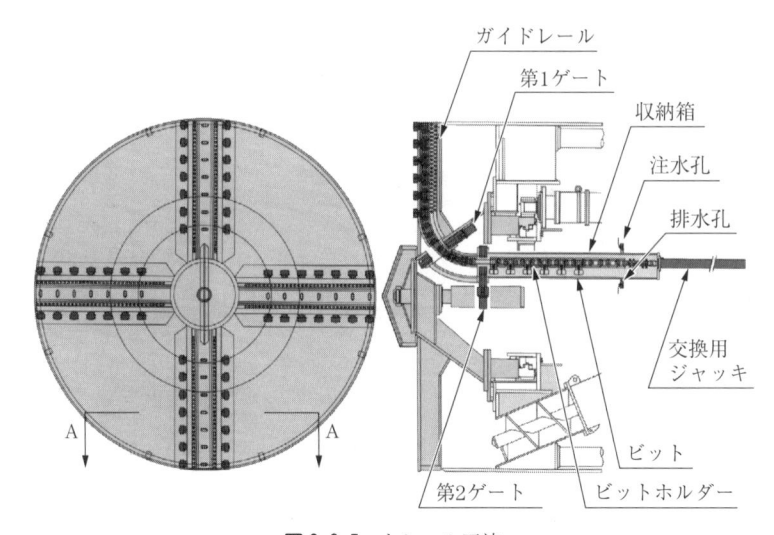

図 3-3-5 トレール工法
(出典：飛島建設㈱パンフレット　トレール工法)

ⅱ）シールド機の接合技術

シールド機の接合技術である MSD 工法を図 3-3-6 に示す。この工法は、2 台のシールド機を地中にて機械的に正面接合させる工法であり、この 2 台のシールド機は、貫入リング押出側シールド機と受入側シールド機の一対として製作する。

それぞれ、押出側シールド機は接合部の構造体となる円筒の鋼製貫入リングを、受入側シールド機には止水部材となる受圧ゴムリングを内蔵している。

第3章 地下空間開発の技術

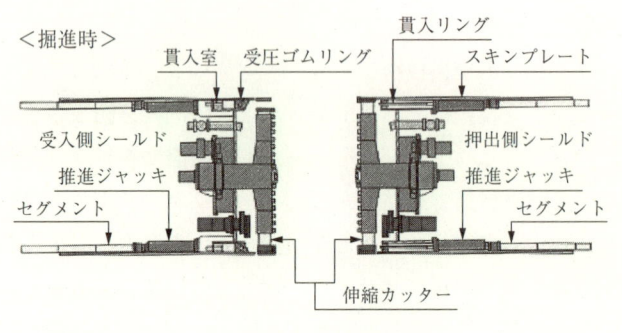

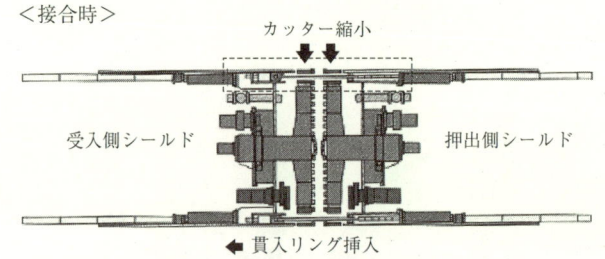

図3-3-6 MSD工法
(出典:シールド工法技術協会パンフレット MSD工法)

d) 断面変化技術

断面変化技術は、下水道トンネルを下流へ行くに従い管径を大きくする、電気や通信トンネルの途中の一部を大きくする、あるいは地下鉄の駅部と駅

3.3 地下空間構築技術

間のトンネルを連続的に断面を変化させて構築する技術である。ここでは、地下鉄の駅部と駅間のトンネルを連続的に構築する着脱式シールド工法と、途中から各々のシールド機が分岐するH&Vシールド工法を紹介する。

ⅰ）連続断面変化技術

連続断面変化技術である着脱式シールド工法は、地下鉄工事の駅間トンネルと駅トンネルを連続的に築造する工法である。**図** 3-3-7 に示すように、施工は、駅間トンネルの複線シールド機の掘進、側部シールド機の装着、3連

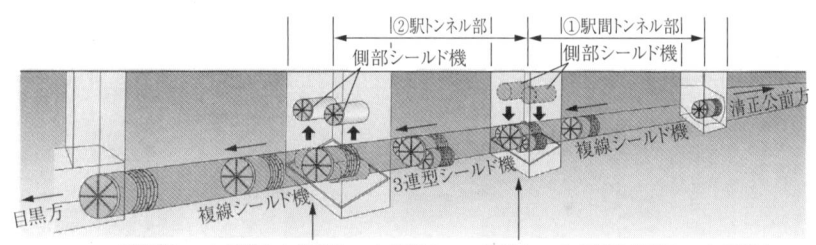

図 3-3-7　着脱式シールド工法
（帝都高速度交通営団　地下鉄7号線　断面形状：幅15.84 m×高10.04 m）
（出典：㈱熊谷組パンフレット　JV熊谷組・青木建設共同企業体
地下鉄7号線（南北線）白金台二工区土木工事）

型駅シールド機の掘進、側部シールド機の分離、駅間複線シールド機の掘進の順で行われる。

ⅱ）分岐トンネル技術

分岐トンネル技術であるH&V（Horizontal variation & Vertical variation）シールド工法は、複数の円形断面を組合わせることで、多種多様なトンネル断面を構築でき、さらに掘進しながららせん状にねじったり、単円トンネルへ分岐するなど、トンネルの立地条件や使用目的に応じて、自在に掘進することが可能な工法である。同掘進機のクロスアーティキュレート機構は、複数の前胴をそれぞれ相反する方向へ中折れさせ、各シールド機の掘進方向を変えるもので、シールドに回転力を生じさせ、らせん状にスパイラル掘進することが可能である。

図3-3-8にスパイラルおよび分岐トンネルの概念を示す。

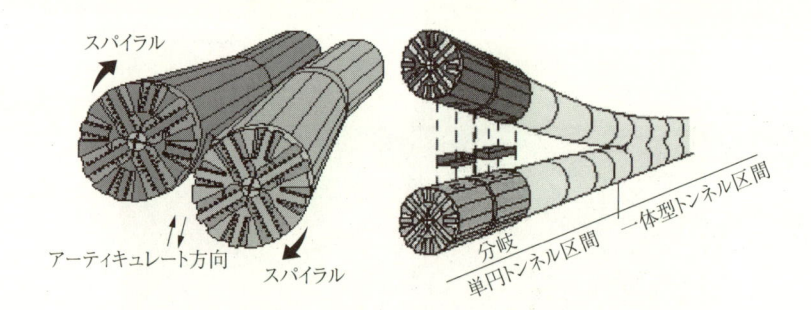

図3-3-8　スパイラルおよび分岐トンネルの概念
（出典：シールド工法技術協会パンフレット　H&Vシールド工法）

e）特殊断面形状技術

最近のシールド工法では、道路、鉄道、共同溝、水路などの利用目的に応じた複円形、矩形などのさまざまな断面形状をつくる技術が開発されている。複円形シールドは円形を基本としているため、円形の持つ力学的優位性により構造的に安定しているという特徴を有している。

図3-3-9、写真3-3-2に複円形断面トンネルの適用例を示す。

3.3 地下空間構築技術

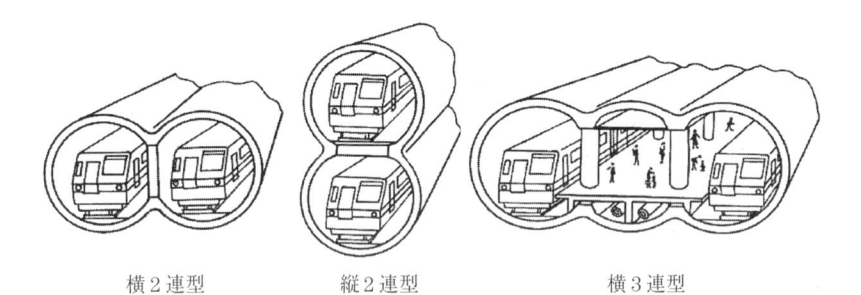

横2連型　　　　縦2連型　　　　横3連型

図 3-3-9　複円形断面トンネルの適用例
（出典：最新のシールドトンネル技術編集委員会編「ジオフロントを拓く
最新のシールドトンネル技術」技術書院、1990.11、p. 42）

写真 3-3-2　3連 MF シールド
（大阪市地下鉄ビジネスパーク停留場工事　断面形状：幅 17.3 m×高 7.8 m）
（出典：日立造船㈱パンフレット　トンネル機械総合カタログ）

f）覆工技術

　シールド工法における工事は、セグメント製作費が工事費全体に占める割合が大きい。このコストダウンを図る目的でセグメントの大型化や、合理的なセグメント形状や継手構造の開発がなされている。一方、セグメントを使わずにシールド掘進後に場所打ちコンクリートを打設して覆工を構築し、コストダウンを図る ECL 工法が開発されている。ここでは、ボルトレスセグメントと ECL 工法について紹介する。

i）ボルトレスセグメント

従来のセグメントは、ボルト締結方式が採用されてきた。しかしながら、近年、自動化、コスト縮減、高速化、大断面、異形断面、大荷重、内水圧などの条件に対応した新しいセグメントが開発されてきている。とくに、セグメント組立の自動化・高速化に対応して嵌合継手、くさび継手、ピン継手、コンクリートの突合せ継手などが数多く開発されている。

ここでは、それらのうちの1つであるセグメント組立のスライド時に締結力が得られるスライドロック継手を紹介する。**図 3-3-10** はその概要を示したものである。

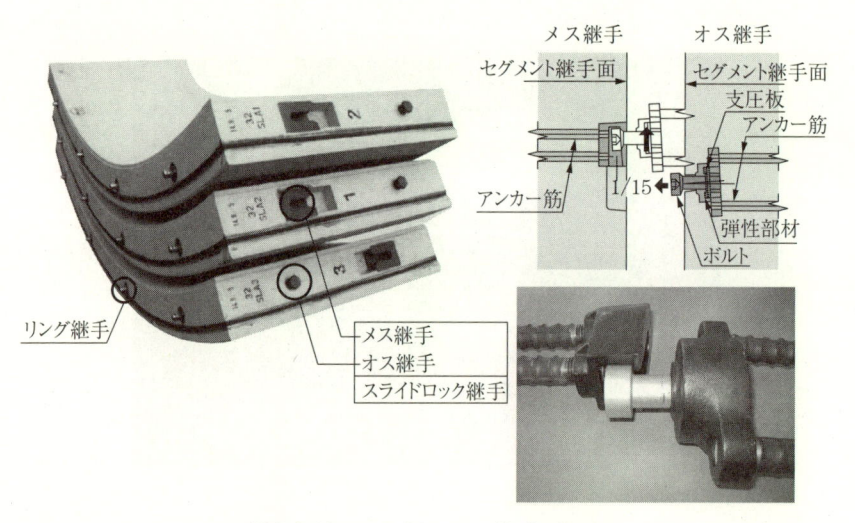

図 3-3-10 スライドロック継手の概要
（出典：東京地下鉄㈱、メトロ開発㈱、西松建設㈱パンフレット　スライドロック継手）

ii）ECL 工法（Extruded Concrete Lining）

ECL 工法は、従来のセグメントに代えて、シールドテール部でコンクリートを打設し、覆工を構築する工法であり、場所打ちライニング工法とも呼ばれる。ECL は都市部、山岳部を問わずに適用されている。わが国におけるECL 工法の開発は、1980 年代頃から始められ、わが国の都市トンネルの条件に適用できる場所打ちコンクリートや鉄筋や鉄骨などで補強する手法が開発された。

g) 発進・到達のための新技術

多種多様なシールド工法の開発とともに、発進・到達技術も開発されてきている。鏡切りを行わず、立坑の仮壁を直接シールド機のカッタービットで切削する仮壁切削技術のNOMST工法とエントランス技術のSPSS工法を紹介する。

ⅰ) 仮壁切削技術

仮壁切削技術であるNOMST工法（Novel Material Shield–cuttable Tunnel–wall）は、シールド通過部を新素材コンクリート（炭素繊維、アラミドなどの繊維強化樹脂を鉄筋の代替えとし、石灰石を粗骨材としたコンクリート）で築造した土留め壁を、シールドのカッタービットで直接切削しながら発進または到達する工法である。図3-3-11にその概要を示す。

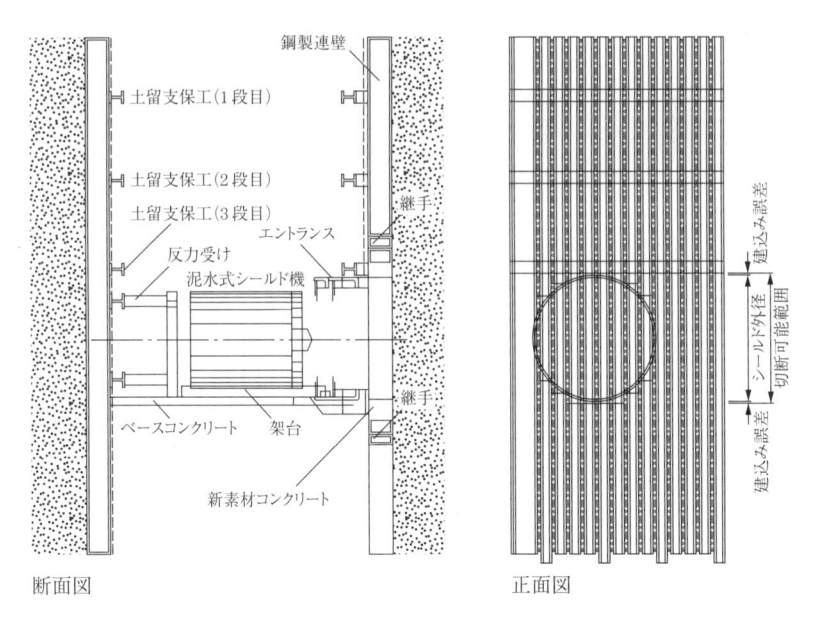

図3-3-11 NOMST工法の概要
（出典：NOMST研究会パンフレット　NOMST）

ⅱ) エントランス技術

エントランス技術であるSPSS工法（Super Packing Safety System）は、エントランスパッキンであるスーパーパッキン（ナイロン繊維で補強したリ

ング状のゴムチューブ）内に空気または泥水を注入しチューブをふくらませ、この圧力で地下水や泥水の流入を防止する工法である。SPSS工法の概要を図 3-3-12 に示す。

①スーパーパッキンを取り付けてふくらませ、鋼繊維コンクリートの壁をシールド機で切削する

②そのまま、地山を掘進する

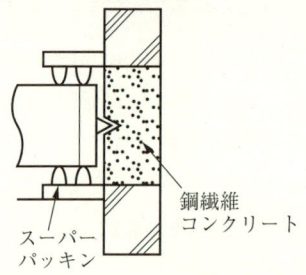

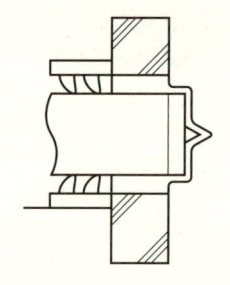

図 3-3-12　SPSS 工法の概要
（出典：SPSS&SPEED 工法研究会パンフレット　SPSS）

Coffee Break　その9

カッターフェース

　東京湾横断トンネルのようにシールド機が海底下で正面接合した場合には、外殻は残し供用時に邪魔になる内部は解体する。しかしながら、イギリスとフランスを結ぶ英仏海峡トンネル（全長 50 km、海底部 38 km）の地中接合は、正面接合をせずにお互いを上下に交差させている。

　先に所定位置に着いたフランス側からのシールド機は外殻を残し解体されたが、後から到達したイギリス側からのシールド機はフランス側のシールド機の下側へ到達させ、解体はせずにコンクリート詰めにした。接合にはNATMで切り広げてトンネルを完成させた。

　このような接合方法とした理由は、つぎのとおりである。
・フランス側は、カッターフェースをモニュメントとして使用する。
・イギリス側は、未来永劫にシールド機を地中に保存する。
・シールド機の解体が1台で済み、正面接合に比べ工期が早くなる。

　また、1994年2月26日、この英仏海峡トンネルの完成式では、シールド工法の開発者であるブルネルに扮した人物が台上に現れ、祝賀を盛り上げた。このように新聞はその時の様子を大々的に取り上げている。

　日本でも、東京湾横断道路や首都圏外郭放水路工事に使用したシールド機のカッターフェースを、写真に示すようにモニュメントとして保存している。

写真　英仏海峡トンネルのカッターフェースのモニュメント(出典:川崎重工㈱パンフレット英仏海峡海底鉄道トンネルプロジェクトトンネル掘削機「TBM」)

写真　東京湾横断道路（海ほたる）にあるシールドマシンのカッターフェースを模した澄川喜一氏作のオブジェ（東京湾横断道路㈱提供）（直径はシールドマシンと同じ14.14 m、ビットは本物を使用）

写真　首都圏外郭放水路（龍Q館）にある撤去したカッターフェースで製作した時計（直径はシールドマシンと同じ12.04 m、ビットは688個）

(2) 山岳工法

山岳工法は、NATM、矢板工法およびTBM工法（Tunnel Boring Machine）に大きく分類される。現在、日本における標準山岳工法はNATMである。これらの山岳工法は、掘削方法や地山の支保の設計概念に違いがある。

NATMと矢板工法の掘削方法は、地山が硬岩のときは発破を、軟岩ではロードヘッダーなどの機械が用いられるが、TBM工法は全断面掘進機が用いられる。地山の支保はロックボルトと吹付けコンクリートを主たる支保部材とするNATMと、地山荷重に耐えられる剛な支保構造で保持する矢板工法に分類されるが、TBM工法においてはどちらの支保構造でも可能である。以下、NATM、TBM工法およびNATMにおける補助工法に関わる技術を紹介する。

a) NATM（New Austrian Tunneling Method）

NATMの重要な要素は地山の自立性であるが、湧水が多くなると支保部材であるロックボルトの定着力が低下したり吹付けコンクリートがはく落するため、地下水位低下工法や止水注入の併用が必要となる場合が多い。

図3-3-13に支保工の概念を、図3-3-14に施工手順を示す。

A-A断面
① : 吹付けコンクリート
② : ロックボルト
③ : 鋼支保工
④ : 覆工コンクリート
⑤ : 防水膜（シート）

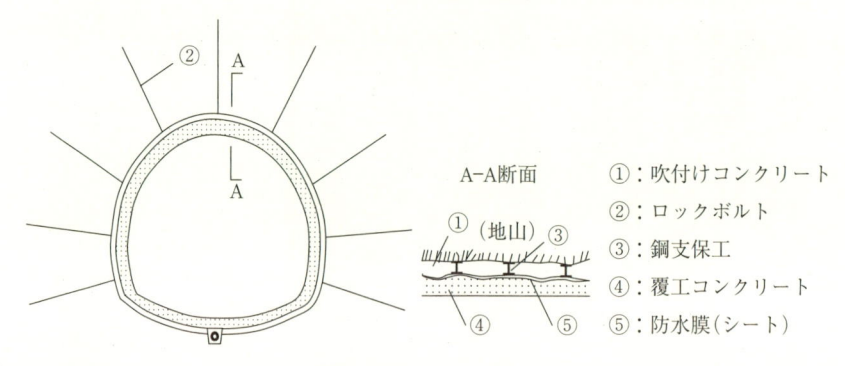

図3-3-13 支保工概念
（出典：㈶エンジニアリング振興協会『「地下空間」利用ガイドブック』清文社、1994.10、p.238）

b) TBM工法（Tunnel Boring Machine）

TBM工法は、機械制御により掘削を行う全断面掘進機を用いた工法である。本工法はオープン型とシールド型に大別され、地山が良好な場合にはオ

3.3 地下空間構築技術

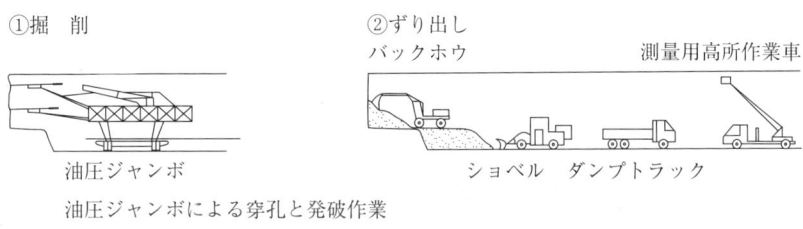

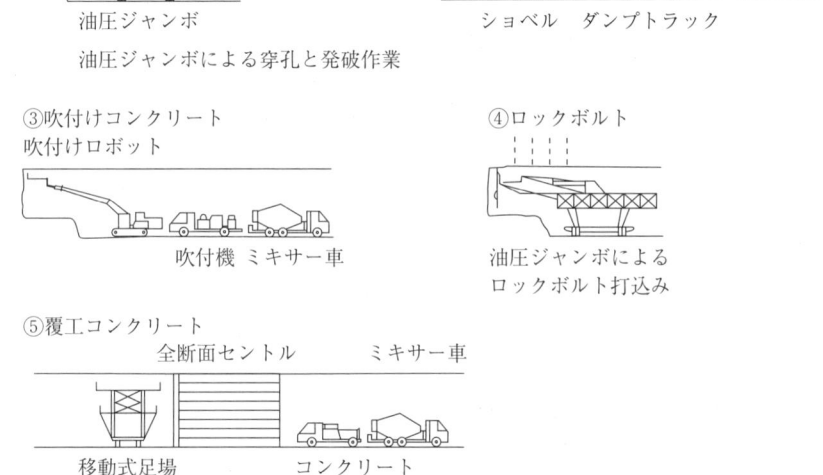

①掘　削
油圧ジャンボ
油圧ジャンボによる穿孔と発破作業

②ずり出し
バックホウ　　測量用高所作業車
ショベル　ダンプトラック

③吹付けコンクリート
吹付けロボット
吹付機　ミキサー車

④ロックボルト
油圧ジャンボによる
ロックボルト打込み

⑤覆工コンクリート
全断面セントル　ミキサー車
移動式足場　コンクリートポンプ車

図 3-3-14　施工手順
(出典：(財)エンジニアリング振興協会「『地下空間』利用ガイドブック」
清文社、1994.10、p. 239)

ープン型が、不良な場合にはシールド型が適用される。**写真 3-3-3** はオープン型 TBM の例である。

最初の TBM 工事は、1881 年英仏海峡トンネルの試掘坑（直径 2.1 m）に使用され、イギリス側から 800 m、フランス側から 2,500 m を掘進した。その後、1952 年アメリカのロビンス社が頁岩層をドラッグビットとディスクカッターを組み合わせた直径 8 m の水路トンネル用 TBM を製作し成功した。近年、TBM 工法とシールド工法との差はなくなりつつあるが、TBM 工法は「切羽が自立する岩を対象とし、土圧・泥水などの切羽保持機構を装備せず、主な掘進反力はグリッパによるもの」とされている。

c）NATM における補助工法

NATM における通常の支保パターンでは、切羽の安定が図れない場合の

第3章　地下空間開発の技術

写真 3-3-3　オープン型 TBM
（出典：西松建設㈱パンフレット　シールド工法・TBM工法施工実績一覧表）

対策として先受け工法や鏡面の補強があり、また地盤変状や近接構造物などの周辺環境への影響を小さくするための地下水位対策あるいは地山補強などがある。ここでは、先受け工法のうちフォアポーリング工法、長尺鋼管フォアパイリング工法、スリットコンクリート工法[17]の各工法を紹介する。

　ⅰ）フォアポーリング、長尺鋼管フォアパイリング工法[18]

　フォアポーリング工法は、5m程度以下の長さのボルトやパイプの打設の後、モルタルなどで充填したり、打設と同時に薬液注入などを施して地山安定を図る工法である。長尺鋼管フォアパイリング工法は、掘削断面外周に沿って鋼管を円周方向に一定間隔に設置して不安定な地山を補強したり、鋼管の周囲の地山に薬液などを注入して地山安定を図る工法である。

　図 3-3-15 にフォアポーリングの施工例を、図 3-3-16 に長尺鋼管フォアパ

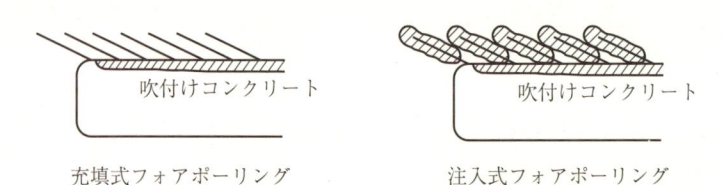

充填式フォアポーリング　　　　　注入式フォアポーリング
（吹付けコンクリート）　　　　　（吹付けコンクリート）

図 3-3-15　フォアポーリングの施工例

3.3 地下空間構築技術

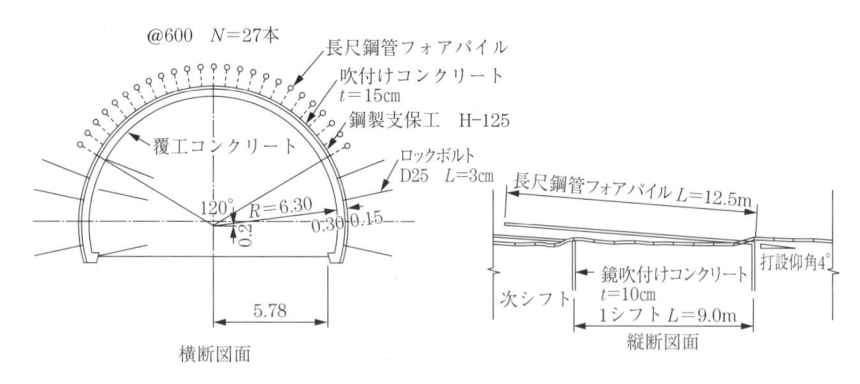

図 3-3-16 長尺鋼管フォアパイリングの施工例

イリングの施工例を示す。

ⅱ）スリットコンクリート工法

スリットコンクリート工法は、掘削に先立ちトンネル切羽前方地山にアーチシェル状のコンクリート（スリットコンクリート）を構築して切羽安定を図り、効率的な掘削と沈下の抑制を可能にする工法である。一般にスリットコンクリート部は厚さ 15 cm～50 cm、先受け長さ 5 m 程度である。掘削方式にはチェーンカッターを用いるものと、多軸オーガを用いるものがあり、いずれも専用の掘削機が開発されている（New PLS 機、PASS 工法等）。チェーンカッターを用いるプレライニング専用機の例を図 3-3-17 に示す。

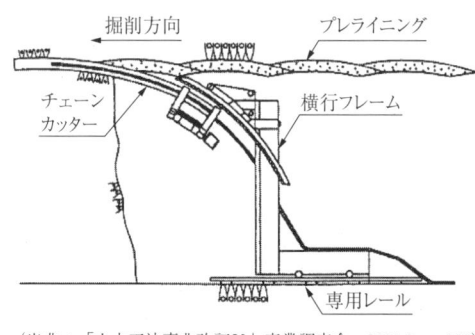

（出典：「土木工法事典改訂Ⅴ」産業調査会、2001.9、p.609）

（出典：(株)間組パンフレット New PLS 工法）

図 3-3-17 チェーンカッターを用いるプレライニング専用機の例

ⅲ）鋼管パイプを支保工とした工法

鋼管パイプを支保工とした工法は、大断面トンネルの補助工法として工期工費の削減を図る工法で、実績のあるPSS-Arch（プレ・サポーティング・システム　アーチ）工法やWBR（Whale Bone Roof）工法、SBR（Sardine Bone Roof）工法がある。

PSS-Arch工法の概要を**図**3-3-18、**写真**3-3-4に示す。また、WBR工法およびSBR工法の概要を**図**3-3-19〜**図**3-3-21に示す。

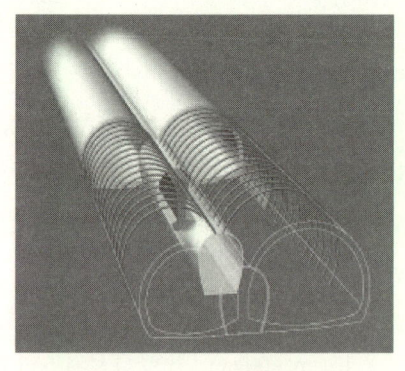

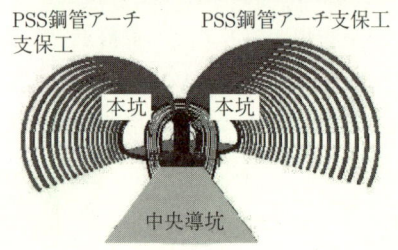

図3-3-18　PSS-Arch（プレ・サポーティング・システム　アーチ）工法の概要
（出典：㈱熊谷組パンフレット　プレ・サポーティング・システム　アーチ工法）

(3) 開削工法[19]

開削工法は、土留め壁をほどこし地表面から所定の深さまで掘削し、現場打ちコンクリートなどで躯体を築造した後、上部空間を埋め戻して地下構造物をつくる工法である。トンネル構造物の築造に開削工法を採用するかどうかは、施工中の地上の使用の可否や掘削深さに伴う経済性などで判断される。ここでは土留め壁、アンダーピニング工法、パイプルーフ工法を紹介する。

3.3 地下空間構築技術

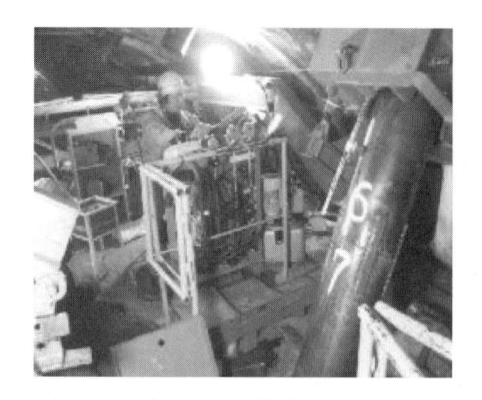

写真 3-3-4 鋼管推進状況
(出典:㈱熊谷組パンフレット プレ・サポーティング・システム アーチ工法)

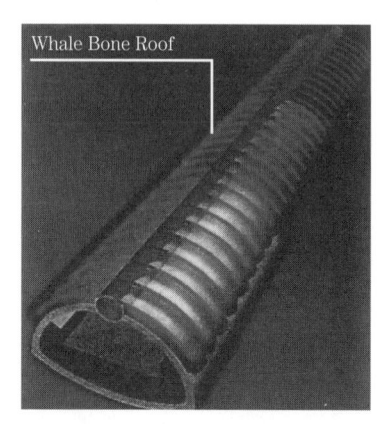

図 3-3-19 WBR工法の概要
(出典:ジェオフロンテ研究会 WBR&SBR工法分科会 WBR技術資料、2002.11、p. 1)

図 3-3-20 SBR工法の概要
(出典:ジェオフロンテ研究会 WBR&SBR工法分科会 SBR技術資料、2003.12、p. 1)

第 3 章　地下空間開発の技術

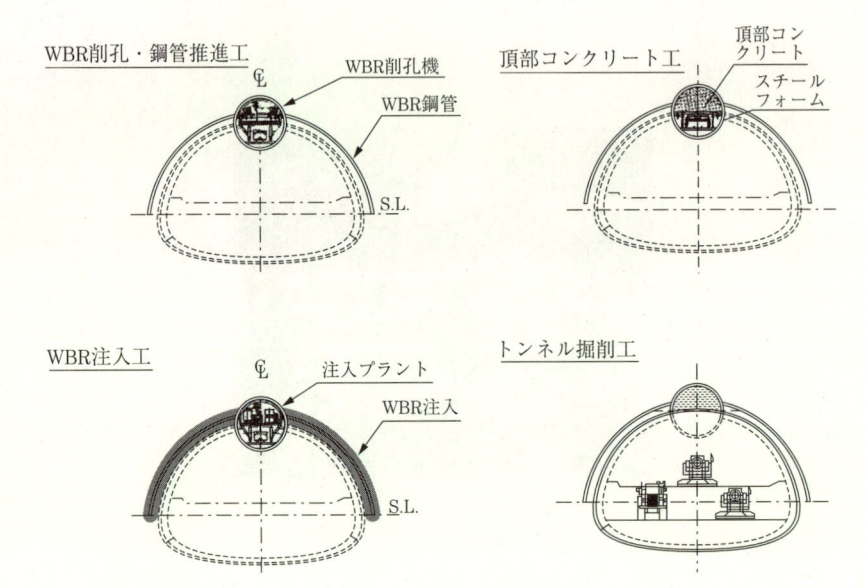

図 3-3-21　WBR 工法施工手順
（出典：ジェオフロンテ研究会　WBR&SBR 工法分科会　WBR 技術資料、2002.11、p. 1）

a）土留め壁

土留め壁は、地盤条件・立地条件などにより種類、施工法、支保工の種類などが多様である。表 3-3-4 に土留め壁の分類と概要を示す。

b）アンダーピニング工法

アンダーピニング工法は、地下構造物の築造に際し、その上方にある既設構造物を受け替えたり補強・防護する工法であり、既設および新設構造物の構造形式、施工法、規模、離れ、作業空間などにより分類される。代表的な工法には、既設構造物を別な基礎で受け替える直接防護工法（杭直受工法、下受梁工法、添梁工法、トレンチ工法、耐圧版工法）と既設構造物に与える影響を少なくする間接防護工法（パイプルーフ工法、地盤改良工法）がある。工法の選定では、既設構造物の構造形式や使用状況により許容される変位量、施工性、経済性、工期などを十分考慮することが重要となる。

3.3 地下空間構築技術

表 3-3-4 土留め壁の種類と概要

	I. 矢板方式		II. 柱列式連続壁			III. 地下連続壁	
	親杭横矢板壁	鋼管矢板壁	モルタル柱列壁	ソイルセメント柱列壁	泥水固化壁	RC 地下連続壁	鋼製地下連続壁
工法概略図	エエ	（鋼管矢板図）	エエエ	エエエ	エエエエ	（点線）	エエエエ
工法概要	H型鋼などの親杭を1～2m間隔程度で地中に設置し、掘削の進行に伴い親杭間に土留め板を挿入する。	鋼矢板あるいは鋼管矢板の継手部をかみ合わせ、地中に連続して構築する。	現地盤をモルタルで置換した柱体などの中に鋼矢板などの芯材を挿入して地中に連続して構築する。（短軸オーガによる施工が一般的）	現地盤とセメントミルクを柱体状に形成した中に鋼矢板などの芯材を挿入して地中に連続して構築する。(3軸オーガによる施工が一般的)	安定液を使用して掘削した柱状の溝の中に鉄筋かごなどを挿入した後、安定液中に打設したコンクリートで固定する。あるいは場所打ち杭を直接連続施工して構築する。	安定液を使用して掘削した壁状の溝の中に鉄筋かごなどを建て込み、場所打ちコンクリートで連続して構築する。	安定液を使用して掘削した壁状の溝の中に鋼矢板などを挿入した後、安定液中に打設したコンクリートあるいはソイルセメント柱材を芯材にして連続して構築する。
打込み、掘削方法	・直接打込み ・静的圧入 ・アースオーガ用、など	・アースオーガ削孔 ・ハンマーグラブ削孔 ・ロータリー式削孔	・高圧ジェット削孔方式 ・オーガ機械方式	・バケット式 ・回転式垂直多軸回転ビット、水平多軸回転カッター ・オーガ機械方式		採用する方法（ソイル、泥水連続壁、RC地下連続壁）により異なる。	採用する方法（ソイル、泥水連続壁、RC地下連続壁）により必要なヤードが変わる。
土質との関連	N値30程度以下の地盤に最も適する。軟弱地盤や障害物などのある地盤では、大径管のある場合、鋼管矢板は打撃による施工が困難な場合は中掘工法などの採用やより圧入による施工も可能である。	軟弱地盤から硬質地盤まで適用可能。大径管のある土質では削孔が困難になる。	連続性を保つには同左。	同左。掘削機の選定により、硬質地盤に対する適用性は他の柱列式連続工法よりも高い。	同左。掘削機の選定により、硬質地盤に対する適用性は他の柱列式連続工法よりも高い。	掘削機の選定により、硬質地盤はないが、深度が長い場合には自体間題はないが、芯材の挿入に時間と強度の調整を含む施工が困難となる場合がある。	大型機械や泥水プラントなどを必要とし、柱列式連続壁の施工に比べ大きな施工ヤードが必要となる。
地下水との関連	止水性は有しない。	連続性土留め壁として有効である。	同左。	同左。	同左。	連続性土留め壁として有効である。	連続性土留め壁として有効である。
適用可能深さ	掘削深さ10m程度まで。	掘削深さ掘削深10～15m程度。鋼管矢板は単管で（12m～15m以下）の接続によりかなりの深さまで施工可能であるが、継手の精度は施工精度に左右される。	連続性土留め壁としては体長60m程度が限界で、壁厚は使用機械により30～40cm程度。	掘削壁としては体長は限界にないが、芯材の強度に関して制限がある。おおむね40m程度まで。	芯材長150m程度まで施工可能である。	芯材長度は100m以下を適用範囲としている。	RC地下連続壁とほぼ同様の施工となる。
施工性	親杭の打込みに問題がなければ施工性は良い。矢板の打込みは道路などの公共施設の場合、道路占用するため、夜間が多くなり、また精度もあまり高くない。	他の連続壁工法に比べ、比較的コンパクトな機械で施工可能である。	一般的には使用する機械が大きく、広い施工ヤードが必要となる。	RC地下連続壁の施工とほぼ同様の施工となる。	RC地下連続壁の施工とほぼ同様の施工となる。	大型機械や泥水プラントなどを必要とし、比較的大きな施工ヤードが必要となる。	採用する方法（ソイル、泥水連続壁、RC地下連続壁）により必要なヤードが変わる。

(出典：平成12年度大深度地下利用に関する技術開発ビジョンの検討に関する調査（立坑の掘削技術部門）、国土交通省、2001.3、pp. 1-4)

c) パイプルーフ工法[19]

　パイプルーフ工法は、地下構造物をつくる場合の補助工法で、掘削に先行して掘削断面外周に沿って一定間隔にパイプ（鋼管）を挿入し、パイプによるルーフ（屋根）を形成する工法である。これにより、掘削による地山の緩みを最小限にとどめ、地表面変化や近接構造物への影響、土砂の崩壊などを抑止する。挿入したパイプ内にはセメントミルクやモルタルなどを注入充填する。パイプ挿入方法のうちオーガ圧入タイプの施工例を図 3-3-22 に示す。

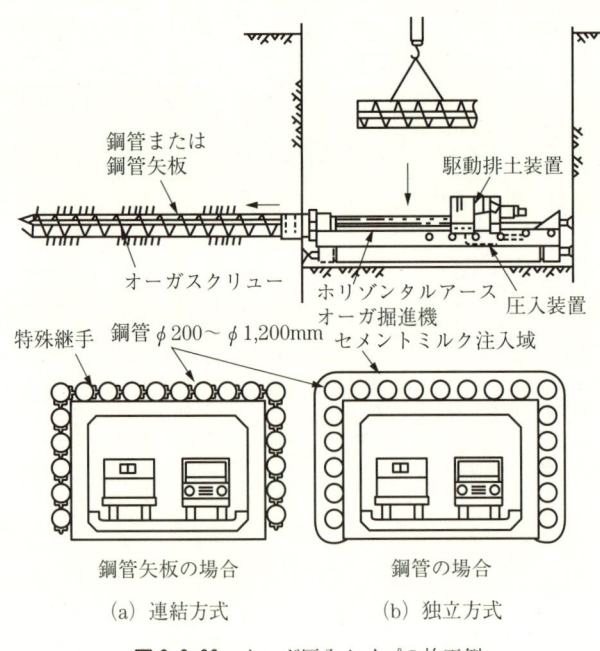

図 3-3-22　オーガ圧入タイプの施工例
（出典：「土木工法事典改訂V」産業調査会、2001.9、p.608）

(4) 推進工法[20]

　推進工法は、既製の管を発進立坑からジャッキ推力などにより圧入したり到達側から牽引したりする方法があり、その種類は、切羽の安定方法、掘削方法、推力の伝達方法、土砂の搬出方法などにより多様である。**表 3-3-5** に一般的な推進工法の分類を示す。

3.3 地下空間構築技術

表 3-3-5 推進工法の分類

分類		掘削・排土方式
大中口径管推進工法 呼び径 800～3,000 mm	開放型推進工法	刃口式
	密閉型推進工法	泥水式、土圧式、泥濃式
小口径管推進工法 呼び径 150～700 mm	高耐荷力方式 （高耐荷力管渠）	圧入方式、オーガ方式、泥水方式、泥土圧方式
	低耐荷力方式 （低耐荷力管渠）	圧入方式、オーガ方式、泥水方式、泥土圧方式
	鋼製さや管方式 （鋼製管）	圧入方式、オーガ方式、泥水方式、ボーリング方式 （一重・二重ケーシング方式）
特殊推進工法	長距離推進工法	
	曲線推進工法	
	函体推進工法	ESA 工法、R&C 工法
	エレメント推進工法	URT 工法、PCR 工法、パイプルーフ工法、NNCB 工法
	牽引工法	フロンテジャッキング工法、R&C 工法、HEP&JES 工法

推進工法は、シールド工法に比べて小口径かつ延長の短いトンネル工法とされてきたが、延長では 900 m 以上、外径では 3,000 mm 程度まで可能となってきている。

3.3.2 面状構造物

面状構造物を構築する工法には、前述した開削工法、シールド工法あるいは NATM などがある。ここでは、斜めシールド工法による大規模な面状構造物の構築法を紹介する。施工手順は、シールド機を立坑から斜め下り発進し、面状空間部を水平に通過した後に斜め上り掘進して到達する。このような複数のシールドトンネルを井桁状に構築する。その後、トンネル内から地盤改良を行い、トンネル内から切り広げて面状空間を構築する。また、斜坑部は面状構造物へのアクセス路に使用できる。図 3-3-23 にシールド工法に

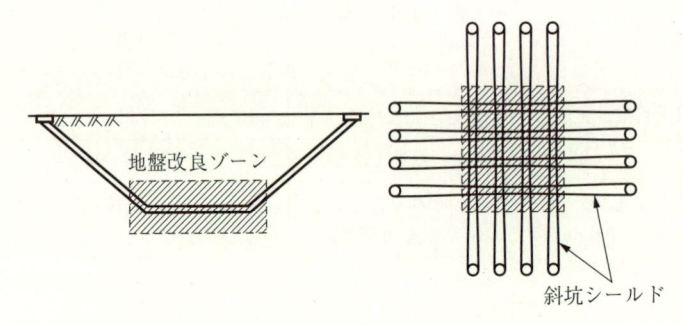

図 3-3-23　シールド工法による面状構造物の構築法
(出典：小泉淳「大深度地下利用に関する技術的課題」土木学会論文集、
No. 588／Ⅵ-38, 1998.3, p. 3)

よる面状構造物の構築法のイメージを示す。斜めシールドの最大勾配の実績は268‰（φ5.8m共同溝工事）がある。

3.3.3　縦穴状構造物

縦穴構造物を構築する工法には、開削工法、ケーソン工法、シールド工法（球体シールド工法）あるいはNATMなどがあるが、ここでは、ケーソン工法と小型立坑工法を紹介する。

(1) ケーソン工法

ケーソン工法は、あらかじめ構築した躯体の底面の土をケーソン内部から掘削および排土しながら函体を沈下させ、構築・掘削・沈下の作業を繰り返して縦穴状の構造物を築造する工法である。また、ケーソン工法にはその施工法によってオープンケーソン工法とニューマチックケーソン工法に分けることができる。

ニューマチックケーソン工法は、函内に掘削室を設け、底部の土水圧に対抗できる圧縮空気を送り、土砂を掘削する点に特徴がある。わが国でオープンケーソン工法が最初に採用されたのは、1879年に完成した国鉄鴨川橋梁であった。ニューマチックケーソン工法は19世紀半ば過ぎにフランス、英国、米国などを経て技術導入された。そのきっかけは、1923年の関東大震災で損壊した東京墨田川諸橋の復興事業であり、永代橋、清洲橋、言問橋な

3.3 地下空間構築技術

どの基礎に採用されている。また、ニューマチックケーソン工法は圧気内での作業となるため、その作業環境を解決した自動化ニューマチックケーソン工法が開発されている。これまで、構造物基礎の構築に適用されてきたケーソン工法も大型化することで縦穴状の地下空間を構築することができる。

(2) 小型立坑工法

小型の縦穴状構造物を築造するのが小型立坑工法である。小型立坑の施工方法には、鋼製ケーシングやコンクリート製ブロックを専用機械で回転させながら圧入する方法と、自重や簡易な圧入装置のみで沈下させる方法がある。図 3-3-24 に鋼製方式の施工手順を示す。

①揺動圧入機・掘削機設置

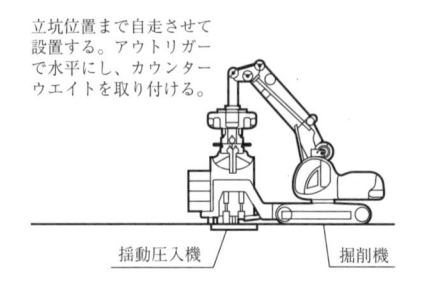

立坑位置まで自走させて設置する。アウトリガーで水平にし、カウンターウエイトを取り付ける。

揺動圧入機　掘削機

②揺動圧入・掘削・ケーシング接続

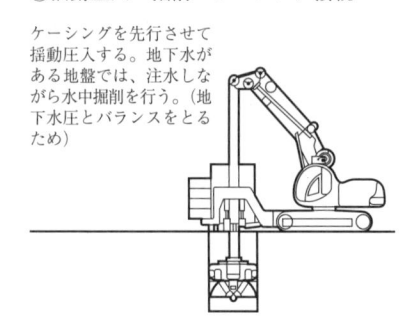

ケーシングを先行させて揺動圧入する。地下水がある地盤では、注水しながら水中掘削を行う。(地下水圧とバランスをとるため)

③底盤コンクリート打設・ケーシング引き抜き

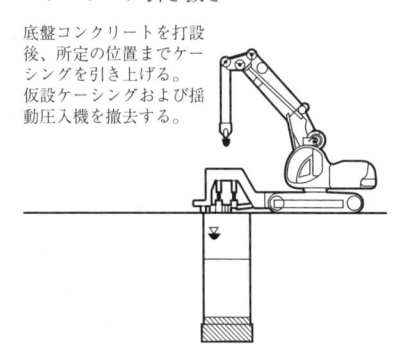

底盤コンクリートを打設後、所定の位置までケーシングを引き上げる。仮設ケーシングおよび揺動圧入機を撤去する。

④立坑完成

水替え、スライム処分を行い、立坑を完成する。

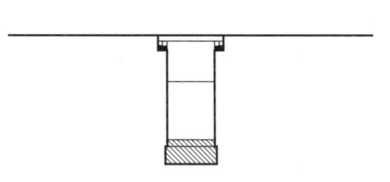

図 3-3-24　鋼製方式の施工手順
(出典:「土木工法事典改訂V」産業調査会、2001.9、p.694)

3.3.4 その他の構造物（球状およびドーム状構造物）[21]

空洞構造物の構築には、開削工法、非開削工法であるシールド工法およびNATMが考えられる。ここでは、シールド工法とNATMを併用したジオドーム工法の考え方を紹介する。

ジオドーム工法は、旧通商産業省（現経済産業省）産業科学技術研究開発制度「大深度地下空間開発技術の研究開発」で実証実験がなされた工法である。

構築コンセプトは、50 m以深の大深度に直径50 mの地下大空間を構築することである。

施工方法は、本体ドームの掘削前にスパイラルトンネルのリング効果とFRPロックボルトで地盤を強化し、ドーム掘削とライニングを泥水中の遠隔操作によって行う。

図 3-3-25 にジオドーム工法の施工手順を示す。

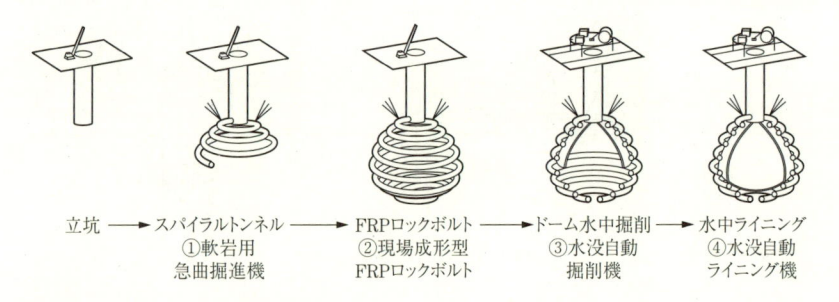

立坑 → スパイラルトンネル → FRPロックボルト → ドーム水中掘削 → 水中ライニング
①軟岩用　　　　②現場成形型　　　③水没自動　　　④水没自動
急曲掘進機　　　FRPロックボルト　　掘削機　　　　　ライニング機

図 3-3-25　ジオドーム工法の施工手順

3.3.5 周辺関連技術

地下空間を構築するうえでは、これまで述べてきた工法以外に種々の補助技術がある。ここではそれらの技術を紹介する。

(1) 地盤改良技術

地盤改良技術には、地山強度の増加を図るもの、止水性の向上を目的とするもの、水位を低下させるものなどがある。これらの補助技術は、地山条件や周辺環境などを考慮して地上もしくは坑内から施工する。表 3-3-6 に適用深度ごとの地盤改良法を示す。

3.3 地下空間構築技術

表 3-3-6 深度による地盤改良の分類

深度（m）	改良原理	工　法　名
地表面処理 GL〜−2	排　水	トレンチ掘削、釜場排水、ウェルポイント
	締固め	ローラ、バイブロタンパ
	置　換	掘削置換、粒度調整、押出し置換
	固　化	ソイルセメント、ソイルモルタル、ケミコライザー
表層処理 −2〜−10	排　水	サンドドレーン、グラベルドレーン、ディープウェル、ウェルポイント
	締固め	サンドコンパクション、バイブロロット
	置　換	掘削置換、サンドコンパクション
	固　化	ソイルモルタル、ケミコライザー
	地中構造物	シートパイル、連続壁
	載　荷	緩速盛土、押さえ盛土、盛土プレロード
上部層処理 −10〜−30	排　水	バーチカルドレーン、スーパーウェルポイント、ディープウェル、グラベルドレーン
	締固め	バイブロロット、バイブロフローテーション
	置　換	サンドコンパクション、コラムジェット
	熱処理	凍結工法
	固　化	ケミコパイル、SMW、CCP、DJM、セメント注入、薬液注入
	地中構造物	シートパイル、連続壁
	載　荷	プレロード
深部処理 −30〜−50	排　水	ディープウェル
	置　換	コラムジェット
	熱処理	凍結工法
	固　化	CDM、CCP、DJM、セメント注入、薬液注入
	地中構造物	連続壁工法の応用
超深度処理 −50〜	排　水	応用
	置　換	コラムジェット
	熱処理	凍結工法
	固　化	薬液注入
	地中構造物	連続壁工法の応用

（出典：平岡成明・平井秀典編「大地を蘇らせる地盤改良」山海堂、1994.8、p.123）

（2）掘削土砂運搬技術

掘削土砂の運搬は、地下空間構築の施工過程で重要な要因となる。ここでは、トンネル工法とそれに対応した運搬方法を**表** 3-3-7 に示す。

表 3-3-7　トンネル工法と運搬方式の組合わせ

トンネル工法		運搬方式
NATM		ベルトコンベア ダンプトラック ずりトロ
シールド工法	泥水式	流体輸送
	土圧式 ブラインド式	ベルトコンベア ずりトロ 土砂圧送 カプセル輸送 垂直コンベア（垂直方向） スパイラルコンベア（垂直方向）
	手掘り式 機械掘り式 半機械掘り式	ベルトコンベア ずりトロ カプセル輸送 風送 垂直コンベア（垂直方向） スパイラルコンベア（垂直方向）
TBM工法		ベルトコンベア ずりトロ カプセル輸送
ECL工法		シールド工法に同じ
推進工法		シールド工法に同じ
開削工法	水平方向	ブルドーザー ベルトコンベア ダンプトラック
	垂直方向	垂直コンベア スパイラルコンベア クラムシェル バックホー

3.4 メンテナンス技術

　地下構造物は、地上の構造物に比べて自然災害などの外的要因の影響が少なく、耐久性において優位であるものの、老朽化や環境変化による劣化、損傷および機能低下は避けることができない。したがって、地上構造物と同様に、補修・補強によって耐力などの機能を維持するためのメンテナンスが重

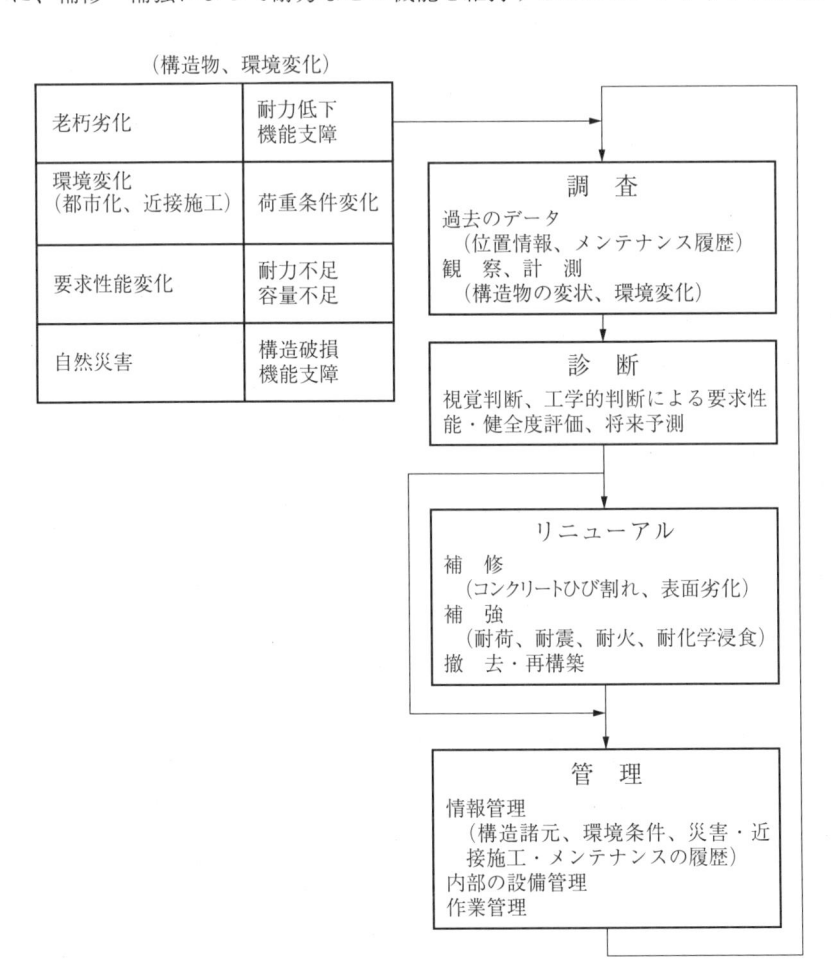

```
                    (構造物、環境変化)
┌──────────┬──────────┐
│ 老朽劣化   │ 耐力低下   │───┐
│           │ 機能支障   │   │
├──────────┼──────────┤   │   ┌────────────────────────┐
│ 環境変化   │ 荷重条件変化│   │   │          調　査         │
│(都市化、  │           │───┼──▶│ 過去のデータ             │
│ 近接施工) │           │   │   │  (位置情報、メンテナンス履歴)│
├──────────┼──────────┤   │   │ 観察、計測               │
│ 要求性能変化│ 耐力不足   │───┤   │  (構造物の変状、環境変化) │
│           │ 容量不足   │   │   └────────────┬───────────┘
├──────────┼──────────┤   │                │
│ 自然災害   │ 構造破損   │───┘   ┌────────────▼───────────┐
│           │ 機能支障   │       │          診　断         │
└──────────┴──────────┘       │ 視覚判断、工学的判断による要求性│
                                │ 能・健全度評価、将来予測    │
                                └────────────┬───────────┘
                                             │
                                ┌────────────▼───────────┐
                                │        リニューアル      │
                                │ 補　修                  │
                                │  (コンクリートひび割れ、表面劣化)│
                                │ 補　強                  │
                                │  (耐荷、耐震、耐火、耐化学浸食)│
                                │ 撤　去・再構築          │
                                └────────────┬───────────┘
                                             │
                                ┌────────────▼───────────┐
                                │          管　理         │
                                │ 情報管理                │
                                │  (構造諸元、環境条件、災害・近│
                                │   接施工・メンテナンスの履歴)│
                                │ 内部の設備管理          │
                                │ 作業管理                │
                                └────────────────────────┘
```

図 3-4-1　メンテナンスの流れ

要である。また、場合によっては、社会情勢の変化に合わせた機能をもつ構造物として再構築することも必要となる。

メンテナンスは、調査、診断、リニューアルおよびこれら一連の過程の管理である（図 3-4-1）。過去のメンテナンスの履歴や現在、構造物がどのような状態にあるのかを調査によって把握する。調査の結果をもとに、機能の確認と健全性の評価や将来予測などが行われ、その対応として補修、補強、撤去および再構築などが実施される。

地下構造物は、地上の構造物に比べて解体・撤去することが容易ではなく、再構築にも多大な費用と期間を要する。したがって、地下構造物にはより高度なメンテナンス技術が要求されるとともに、緻密なメンテナンスを行うことによって目的に応じて構造物を管理する必要がある。

3.4.1 地下構造物の現状

(1) 地下構造物の建設推移

わが国における地下構造物の建設推移の例を図 3-4-2～図 3-4-4 に示す。地下鉄は、戦前のものが総延長の 3% 程度であり、1960 年以降急激に増加している。たとえば、下水道は東京都区部の場合、敷設後 50 年以上経過した管渠が 13% であり、昭和 30 年代後半から集中的に整備されている。JR の鉄道トンネルは、約 1/4 が戦前に建設されたものであり、1960 年代から

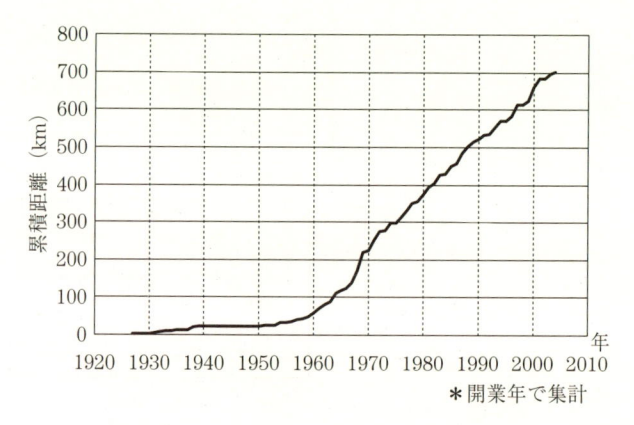

図 3-4-2　地下鉄建設の推移（2004 年 5 月現在）

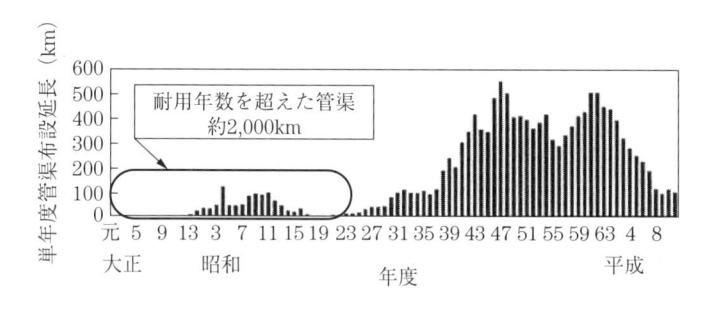

3.4 メンテナンス技術

図3-4-3 東京都区部の下水道建設推移
(出典:平成17年度 国土技術政策総合研究所講演会講演集)

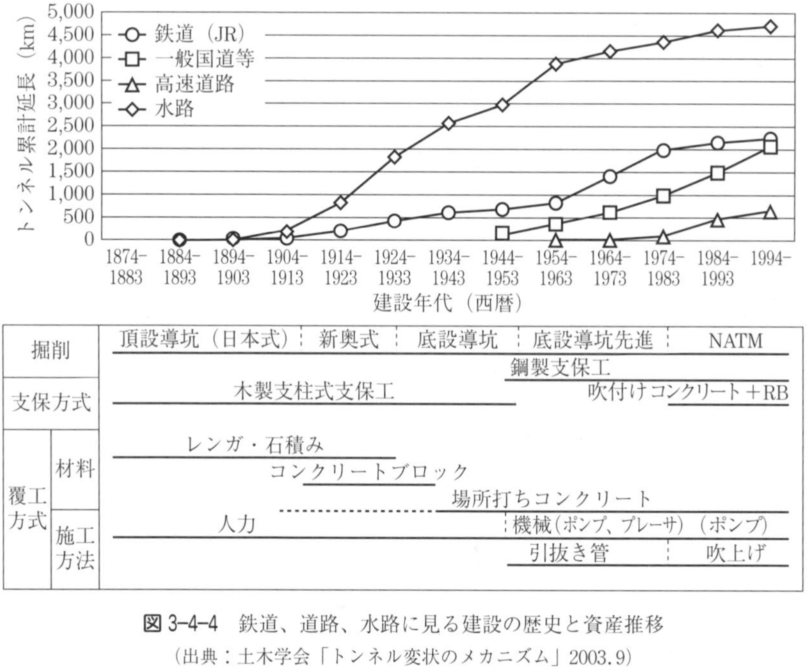

耐用年数を超えた管渠 約2,000km

図3-4-4 鉄道、道路、水路に見る建設の歴史と資産推移
(出典:土木学会「トンネル変状のメカニズム」2003.9)

掘削		頂設導坑(日本式)	新奥式	底設導坑	底設導坑先進	NATM
支保方式		木製支柱式支保工			鋼製支保工	吹付けコンクリート+RB
覆工方式	材料	レンガ・石積み	コンクリートブロック		場所打ちコンクリート	
	施工方法	人力			機械(ポンプ、プレーサ) 引抜き管	(ポンプ) 吹上げ

1980年代初めの高度成長期に飛躍的に延びている。道路トンネルは、建設の歴史が浅く、ほとんどが戦後に建設されたものである。電力の導水路トンネルは、建設のピークが大正初期から昭和初期にあり、経過年数が50年以上のものが約半数である。このように、地下構造物は戦後の高度成長期以降

に建設されたものが大部分であり、今後、老朽化などにより大規模な補修や補強を必要とする構造物が急激に増加することが予想される。

(2) 地下構造物の健全性

地下構造物のほとんどは鉄筋コンクリート構造物であり、その法定の耐用年数は50～60年程度である。一方、物理的な寿命は構造物の施工状況や周辺環境によって影響を受ける。地下構造物の健全性の概念を図3-4-5に示す。

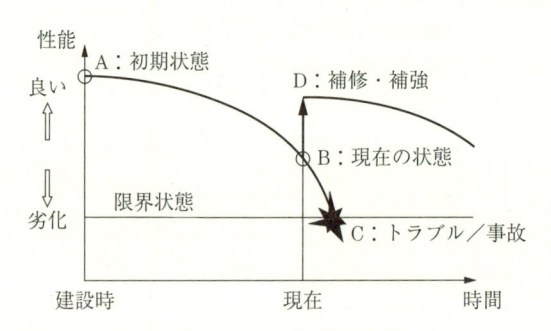

図 3-4-5　健全性の概念図
（出典：亀村勝美「地下構造物の維持管理」土木学会誌、2002.8）

写真 3-4-1　塩害による海底トンネルの劣化事例
（大塚孝義氏提供）

3.4 メンテナンス技術

建設時に所要の性能を有していた構造物は、時間の経過とともにその性能を低下させる。この性能の低下状況を示すのが劣化曲線である。劣化曲線は構造物を構成する部材の性能や、使用条件に支配され、耐久性に富んだ部材を用いた場合には劣化速度が遅くなり、使用条件が厳しい場合には劣化速度は速くなる。

例えば、**写真 3-4-1** は海底下シールドトンネルの RC セグメントの劣化状況である。供用開始からわずか 9 年を経過したに過ぎないが、塩化物を含んだ漏水の影響で劣化が進行している[22]。

3.4.2 調査技術

地下構造物のメンテナンスでは、まず観察や計測によって構造物および周辺環境の状態を把握する必要がある。ここでは、構造物の変状の要因とこれらの調査に係わるセンシング技術、解析・処理技術を主にトンネルを例にして紹介する。

(1) 構造物および周辺環境の変状

a) 構造物の変状

地下構造物は、主にコンクリートおよび鋼材が用いられている。材料自体の劣化や荷重・周辺地盤の状態の変化に伴って、構造物に変状が発生する。

ⅰ）材料劣化

表 3-4-1 にコンクリートの材料劣化の概要を示す。コンクリートの劣化やひび割れとそれに伴うコンクリート中の鋼材腐食によって、構造物の機能が低下する。

ⅱ）外環境の変動および構造的変状

構造物に作用する荷重や周辺地盤の状況が変化することによって構造的変状が発生する。以下にその要因を記す。

① 地上、地下構造物の新設による荷重や地盤反力の変動

地上に構造物が新設されると上載荷重が増加する。大深度においては地上の影響は少ないが、支持層に杭を施工する場合には、直上から荷重を受ける。一方、上部が掘削されると荷重が減少し、浮き上がりが発生する場合がある。また、側方に地下構造物などが新設されると、側方土圧や地盤

表 3-4-1 コンクリートの材料劣化の例

名　称	原　因	現　象	構造への影響
塩　害	塩分を含んだ地下水の浸入、海砂の使用や塩化物イオンを含む混和剤の使用	塩化物イオンがコンクリート内部に浸透し、コンクリート中の鋼材位置で一定量以上になると不動態皮膜が破壊され、水と空気の存在により鋼材にさびが発生する。	さびの発生に伴うコンクリート中の鋼材の断面減少によって耐力の低下やひび割れが生じる。さらに、ひび割れにより鋼材の耐腐食性が低下する。
中性化	空気中の二酸化炭素	コンクリート中の水酸化カルシウムが徐々に炭酸カルシウムになり、コンクリートのアルカリ性が低下する。コンクリートの中性化によりコンクリート中の鋼材の不動態皮膜が破壊されるため、水と空気の浸透により鋼材にさびが発生する。	さびの発生に伴うコンクリート中の鋼材の断面減少によって耐力の低下やひび割れが生じる。さらに、ひび割れにより鋼材の耐腐食性が低下する。
凍　害	凍結融解作用	コンクリート中の水分が凍結膨張し、これが繰り返し起こることによってコンクリートの組織が脆弱化する。 ＊地下においては、恒温性が高いため、凍害は発生しにくい。	ひび割れ、スケーリングなどによってコンクリート表面から劣化していく。
アルカリ骨材反応	骨材中の反応性シリカ	反応性シリカとコンクリートの細孔溶液中に存在する水酸化アルカリとが化学反応を起こす。その結果生じるアルカリ・シリカゲルが吸水膨張する。	コンクリートにひび割れが生じる。
化学腐食	酸性物質や硫酸イオン	コンクリートが酸性物質や硫酸イオンと接触することにより、中性化が促進されるとともに硬化体が分解したり、化学物生成時の膨張圧が発生する。	コンクリート表面の劣化、ひび割れが生じる。

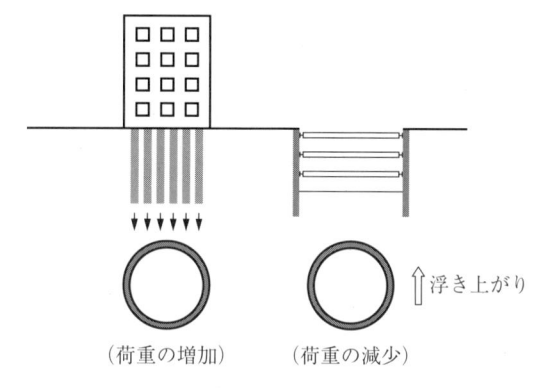

図 3-4-6　構造物新設に伴う荷重変化の概念図

反力が減少する（**図 3-4-6**）。

② 地下水位の変動

　1960年代前半以降の地下水採取規制の結果、大都市部における地盤沈下は沈静化しつつある。しかし、地下水採取量が減少したことにより、地下水位が回復・上昇し、1990年代以降、地下構造物への漏水、および構造物自体が浮き上がるというような新たな問題が発生している。この要因としては、これらの施設は地下水位が低下していた頃の水位を基準として計画・設計、建設がされており、地下水圧の増加や浮力によるものと考えられている。

③ 近接施工の影響

　地盤改良やシールド推力の影響で増加荷重が作用する。また、開削工法・シールド工法・NATMなどによる掘削の影響で地盤の緩みや変位が発生する。

④ 材料劣化による構造物の耐力や剛性の低下

　材料劣化によって耐力が減少するとともに部材剛性が低下し、変形が大きくなる。

⑤ その他

　水路トンネルにおいては、水による摩耗によって構造物断面が減少する。道路トンネルでは車両の衝突により損傷が発生する。また、地下では地震の影響を受けにくいが、軟弱地盤においては地盤変位が大きくなり構造物

に変状が発生する場合がある。

b) 周辺環境の変状

都市における地下構造物は、地下水位以深に建設される場合が多く、ジョイント部やコンクリートのひび割れからの構造物内部へ漏水、逆に、水路トンネルや地下の貯水施設では、外部への漏水が発生する場合がある。また、大規模・長大地下構造物による地下水の流れの変化や遮断などにより、**図3-4-7**に示すような周辺環境への影響が問題になることもあるため、計画時に考慮する必要がある。

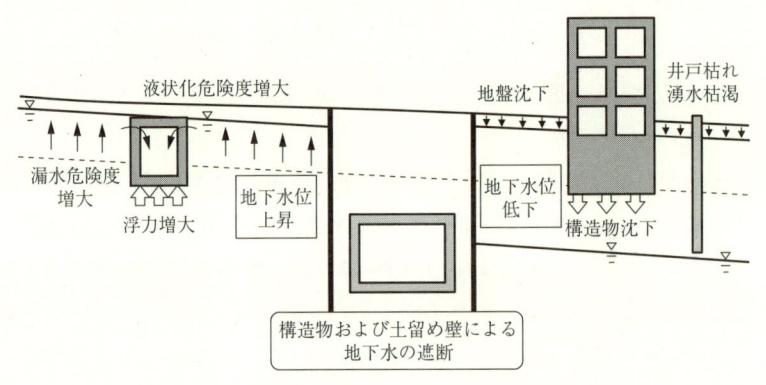

図 3-4-7 地下水遮断によって生じる環境影響事例

(2) 調査方法

材料劣化や構造物および周辺環境の変状を調査する方法として、外観検査、非破壊検査、局部破壊検査、変位計測などがあり、**表 3-4-2**に示すように種々の調査技術が開発され実用化されている。

外観検査は、主に日常点検として行われ、その結果を受けて非破壊検査や局部破壊検査が実施される場合が多い。非破壊検査や局部破壊検査は、構造物のメンテナンスにおいては非常に有効な手段であるが、構造物の状況に応じて複数の検査方法を適切にて合理的な検査を実施する必要がある。

構造物の変位計測は、圧密沈下など周辺地盤の動きや近接施工の影響を調査する場合に実施されることが多い。

3.4 メンテナンス技術

表 3-4-2 構造物および周辺環境の変状調査方法の例

検査の分類	計測項目		計測方法	
外観検査	コンクリートひび割れ、表面はく離、鋼材のき裂、さび、漏水		目視観察	
			写真画像	CCDカメラ、赤外線カメラ、スリットカメラ、ラインセンサカメラ
非破壊検査	コンクリートのひび割れ	ひび割れの有無	打音法、赤外線サーモグラフィ法、レーザ画像計測法、X線造影撮影法、写真画像処理法、電導塗料	
		ひび割れ幅	き裂変位計	
		ひび割れ深さ	超音波回析法	
		ひび割れの進行	アコースティック・エミッション法	
	コンクリート中の鋼材腐食		自然電位法、分極抵抗法、交流インピーダンス法	
	コンクリートの内部探査	内部欠陥の有無	打音法、赤外線サーモグラフィ法	
		内部欠陥の大きさ	超音波法、衝撃弾性波法、X線透過撮影法	
		鋼材位置、被り	電磁誘導法、電磁波レーダ法	
	コンクリート推定強度		反発硬度法、超音波速度法、複合法、針浸入法、機械インピーダンス法、マチュリティ法	
	鋼材のき裂、欠陥		弾性波法	振動法、打音法、超音波法、AE法
			電磁波法	放射線法、赤外線サーモグラフィ法
局部破壊検査	コンクリートの推定強度		引き抜き法、小口径コア採取	
	コンクリートの内部探査	全般	コア採取	
		中性化深さ、塩化物イオン量	ドリル削孔粉＋化学分析	
変位計測	トンネルの変位		光ファイバーによる変状検知システム	
	内空変位		レーザ距離計、ユニバーサル変位計	
周辺環境計測	構造物から地盤への漏水検知		音聴器、漏水探知器、アコースティック・エミッション法	
	構造物背面地盤の空洞探査		弾性波探査	

(3) モニタリングシステムの事例

a) トンネル劣化の非接触検査システム[23]

トンネル表面のひび割れ・はく離・漏水などの検査は、通常、徒歩による目視によって行われている。しかし、人間による点検では目視により異状と感じた部分のみの点検となることや、個人差が生じることから、トンネル壁面全域の点検と定量的な判断が求められる。そこで、覆工表面を連続的に撮影し、その結果を画像処理することによって変状展開図を作成するシステムが開発されている。

測定方法としては、レーザーを利用した方法とデジタルカメラによるものがある。レーザーによる方法は、トンネル壁面に照射したレーザー光線の反射光の強弱によって覆工表面の状況を表現する。

デジタルカメラによる方法は、撮影画像を電子的に記録するものであり、複数台のエリアセンサカメラで撮影するタイプとラインセンサカメラにより連続的に撮影するタイプがある。これらの技術は、計測器およびデータ処理装置を車両に搭載し、走行しながら連続的に測定するシステムとして実用化されている（**写真3-4-2**）。

レーザー方式
（㈱高速道路総合研究所提供）

ラインセンサカメラ方式
（(財)鉄道総合技術研究所提供）

写真 3-4-2 トンネル検査車の事例

3.4 メンテナンス技術

また、赤外線サーモグラフィーによる検査システムも開発されている。これは、コンクリートに強制的に熱負荷を与え、欠陥部と健全部に生じる温度差[24]を検知することにより、表面近傍の内部欠陥（浮き、はく離、ジャンカなど）を調査するものである。

b) 光ファイバセンシングによる変状監視システム[25]

光ファイバセンシング技術は、腐食に強い、センサに給電不要、長距離の計測が可能などの長所があるため、ライフラインのモニタリング技術として近年注目されている。光ファイバセンシングによる変状監視システムは、トンネルなどの構造物に沿って光ファイバーを布設し、パルス光の後方散乱光を計測・分析することによってひずみを測定するものである（図3-4-8）。

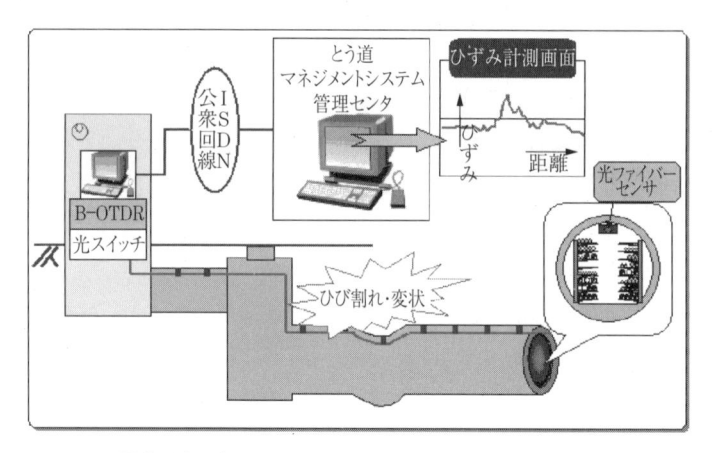

図3-4-8　光ファイバーによる変状監視システムの例
（出典：藤橋一彦「光ファイバセンシングによるトンネル・道路斜面等の変状監視の実施例」土木学会第21回建設用ロボットに関する技術講習会、2003.12）

c) トンネルの打音検査システム

トンネル覆工コンクリートのひび割れや内部・背面空洞などの調査として、もっとも簡便かつ確実な点検ハンマーによる打音検査が行われている。しかし、点検ハンマーによる打音検査は人力による作業であり、個人差が生じ定量的な判断が困難であったり、作業環境の悪いトンネル内での長時間作業となるなどの問題があることから、これを機械的に行うシステムが開発されて

いる。このシステムは、車両に搭載した打音装置によって打撃と打撃音の測定を行い、これを分析することによって定量的な判断を行うものである。さらに、分析結果をデータベース化することによって覆工コンクリートの経年劣化を把握することができる。

3.4.3 診断技術

調査結果をもとに構造物の健全度を評価するとともに将来予測を行い、補修補強などの維持管理の方針を策定する。健全度の評価としては、調査結果を健全度の指標と比較する方法や計測結果を用いて解析することにより構造耐力を算出する方法などがある。

健全度の評価指標については、構造物の用途によって要求性能が異なるため、事業者ごとに健全度判断基準が設定されている。

診断技術については、エキスパートシステムや構造解析手法などの診断への適用が進められており、従来の経験を主とした診断法から、客観的、合理的な診断法へと移行しつつある。現状では、最終的な工学的判断を人間が行っている。今後、追跡調査により評価診断システムの検証を行うことによって、システムが確立されることが望まれる。

図 3-4-9 に評価診断システムの一例として東京都の下水道管路診断システムの概要を示す。このシステムは、管路内調査で判明した劣化や損傷の種類、ランク、数量などを定量的に評価、分析し、補修、補強および再構築の種分けや重要度の優先順位を判定する。

また、下水道の中小規模管路や電力洞道などでは、模範写真集を用いた視覚判断による診断も行われている。これは、劣化ないし異状と判定する場合の目安となるような事例を収集して写真集とし、外観検査において類似の現象が見られた場合に劣化や異状を判断する際の規準とするものである。

3.4.4 リニューアル技術

(1) 補　修

補修とは、構造物に劣化や損傷などの変状が発生した場合に、耐久性の回復を図るとともに今後の変状の進行を抑制する目的で行われる対策である。

3.4 メンテナンス技術

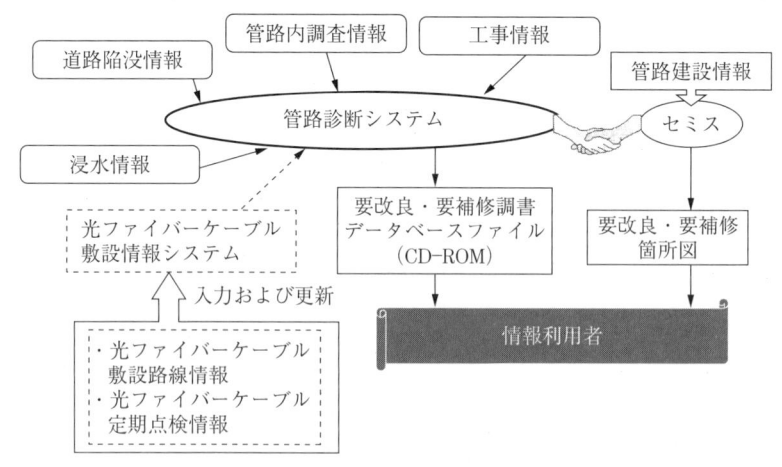

図 3-4-9 管路診断システムの位置づけ（東京都下水道局）
（出典：比田井哲雄「東京都における下水道維持管理の最新技術」
土木学会第21回建設用ロボットに関する技術講習会、2003.12）

表 3-4-3 は、補修工法を変状事象別に整理したものである。補修工法は、劣化や損傷の事象・度合い・原因および構造物の目標性能レベルによって選定される。

(2) 補　　強

劣化・損傷によって構造物の耐力が低下した場合や、周辺環境・社会情勢が変化することによって構造物の耐力を向上させる必要がある場合、構造的な補強を行う。

地下構造物は構造物外面の補強が困難であり、また内面空間を確保しなければならない場合が多いため、補強方法が制限される。補強は、耐荷性向上、耐震性向上、耐火性向上および耐化学浸食作用などそれぞれの目的に合わせた材料が選定される。

a) 耐荷性向上、耐震性向上のための補強

劣化・損傷などにより構造物の耐力が低下した構造物や耐荷性・耐震性を向上させる必要が生じた構造物を型鋼材や鉄筋などで補強する方法が一般的である。内空余裕が少ない場合は、内面補強材として、鋼板、炭素繊維シート、高強度繊維補強コンクリート製埋設型枠などが用いられる。

第3章 地下空間開発の技術

表 3-4-3 補修工法

変状	補修工法		概要
コンクリートのひび割れ	表面処理工法		ひび割れ部分のコンクリート表面に皮膜を形成する工法であり、0.2mm程度以下のひび割れを対象とし構造的な機能回復を目的としない補修に用いられる。最近では、無機系材料を含浸させる方法も開発されている。
	充填工法		ひび割れに沿ってコンクリート表面をVまたはU字形にはつり、充填材を詰めて補修する。表面処理工法では耐摩耗性や鉄筋の防食が不十分と考えられる場合に用いられる。
	注入工法	高圧注入工法	ひび割れに沿って注入用パイプを設置し、セメント系材料や樹脂系材料などを注入する。一般的に、漏水を伴う場合は高圧注入工法を、漏水を伴わない場合は、低圧（浸透）注入工法を選択する。幅0.2mm程度以上のひび割れの補修に用いられる。
		低圧（浸透）工法	
コンクリートの表面劣化	劣化コンクリート除去工法	ウォータージェット工法	補修に先立って、水圧を利用したウォータージェットやブレーカなどのはつり機械によってコンクリートの劣化部分を除去する工法である。断面修復工法や表面保護工法と併用されるのが一般的である。
		コンクリートはつり機	
	断面修復工法	打替工法	はく離や劣化コンクリートを除去した部分を修復する工法である。修復断面の面積と深さや必要とする強度および強度発現時期によって施工法と材料が選定される。大規模な修復の場合はプレパックド工法や吹付け工法が、小規模な場合はパッチング工法（左官工法）が適している。
		吹付け工法	
		パッチング工法	
		プレパックド工法	
	表面保護工法	表面被覆工法	表面保護材でコンクリート表面を劣化因子から遮断することによって、耐久性を向上させる工法である。ポリマーセメントや樹脂系材料を塗布、吹付けあるいは貼り付ける表面被覆工法が一般的である。ある程度の厚さの補修代が確保できる場合には、最終的に仕上げ面となる樹脂製あるいはプレキャストコンクリート製の型枠やFRP管などを設置して、隙間をモルタルなどで充填する埋設型枠工法が適用されることもある。表面保護工法は、補修工法としての適用だけではなく、最近では構造物の耐久性を長期間にわたって維持し、補強目的での適用や、場合によっては建設当初の設計から適用される例もある。
		表面処理工法	
		埋設型枠工法	
鋼材の腐食	防錆工法		さび落としを行った後、エポキシ樹脂などの防錆塗料や防錆材を含むポリマーセメントなどによって防錆処理を行う。鉄筋コンクリートでは、劣化前に鉄筋周辺のコンクリート部分に防錆材を含浸する工法もある。一方、鉄筋の腐食が著しい場合には、鉄筋の差し替えが行われる。
	電気化学的工法		電気を利用してコンクリート中の鋼材腐食の進行を止める工法である。外部の電源から強制的に鋼材に直流電流を流す外部電源方式とコンクリートに埋設されている内部鋼材と亜鉛などの陽極材との電池作用により直流電流を流す流電陽極方式の2方式があり、現場の状況、自然電位、経済性およびメンテナンスを考慮して適切な方式が選択される。
漏水	止水注入		ひび割れやジョイント部からの漏水に対し、セメント系あるいは樹脂系材料などを構造物あるいはその背面に注入することによって漏水を止める
	導水工		漏水箇所から支障のない場所へ導水してそれを排水する。導水工として一般に行われている工法は、漏水箇所に沿って線状に施工する線導水工と、漏水が面状で漏水量が比較的少ない場合に用いられる面導水工がある。

3.4 メンテナンス技術

図 3-4-10 は、内面補強の概念図である。また、**図** 3-4-11 に示すように硬質地盤ではロックボルトを用いて地盤を補強するとともに、内面補強材を地盤に支持させる方法がとられることもある。

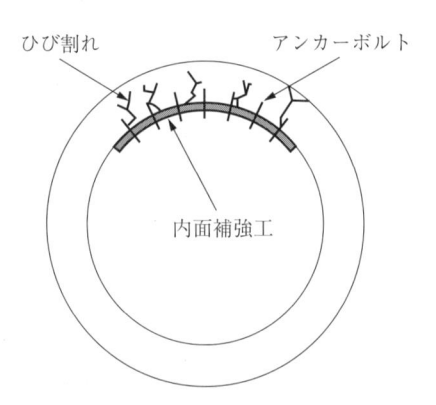

図 3-4-10　内面補強材による補強の概念図

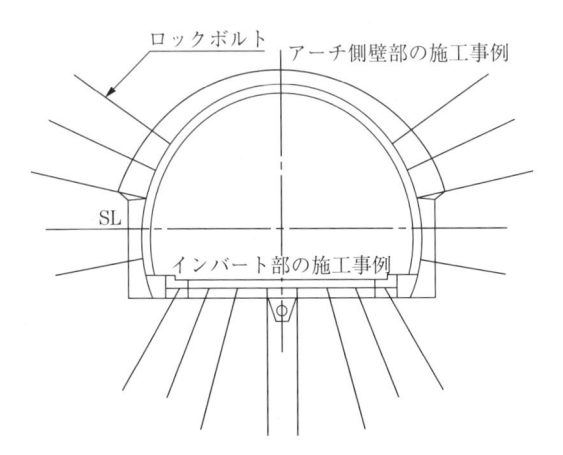

図 3-4-11　ロックボルトによる補強の例
(出典：㈳日本道路協会「道路トンネル維持管理便覧」1993、p. 153)

b) 耐火性向上のための補強

　地下街や道路トンネルなど火災発生の可能性がある地下空間においては、防災システムを設置するとともに構造物を耐火構造とする必要がある。建設時において耐火性が考慮されていても、耐火基準が高く変更された場合などは、耐火性向上のための補強が必要となってくる。補強方法は、構造物内面に耐火ボードやブランケットを取り付ける方法と耐火材を吹き付ける方法が一般的である。

c) 耐化学浸食作用のための補強

　耐化学浸食性材料によって表面を被覆して、保護することによって耐化学浸食性を向上させる方法が一般的である。一例として、下水道施設において、下水が滞留する箇所では酸性物質や硫酸イオンによりコンクリートが早期劣化する場合がある。

　その対策として、有機樹脂系材料を塗布あるいは吹き付けて表面を被覆する工法が実施されている。また、最近では樹脂製のパネルを貼り付ける工法が開発されている。

(3) 撤去・再構築

　老朽化した構造物の改築、災害復旧、機能の増強などを目的として、再構築が行われる。再構築にあたり、既設構造物の撤去が必要となる場合があるが、地下構造物は容易に解体することができない場合が多い。

　下水道管路では、**表 3-4-4** に示すような非開削での管路更新が行われている。

　しかしながら、実用化されているのは小口径管路に限られる。より径の大きいシールドトンネルなどの撤去、再構築を目的として**図 3-4-12** のような工法が開発されている。

　この工法は、既設トンネルを抱き込む形で、シールド機が外周部の土部分を掘削し前進する。掘削後、既設トンネルを解体し、シールド機後方で充填材を注入して埋め戻したり新設トンネルを構築する。

3.4 メンテナンス技術

表 3-4-4 下水道管路の非開削管路更新工法の例

工法	概要
パイプ挿入工法	既設管内に新設管を挿入・推進し、隙間にモルタルを注入する。
置換式推進工法	発進口にて既設管に衝撃を与えて管周辺の地山を緩め、到達口に既設管を押し出し、切断回収すると同時に発進口より新設管を順次押し込む。布設完了後に新管と周辺地山の隙間をグラウトする。
破砕式推進工法	破砕推進機により既設管を破砕し、新設管を後方に布設する。推進機および新設管を到達口側から牽引する方法と、発進口側から推進する方法がある。
既設管外周推進工法	既設管の外周へ推進管をオーバーラップして推進しながら既設管を撤去する。

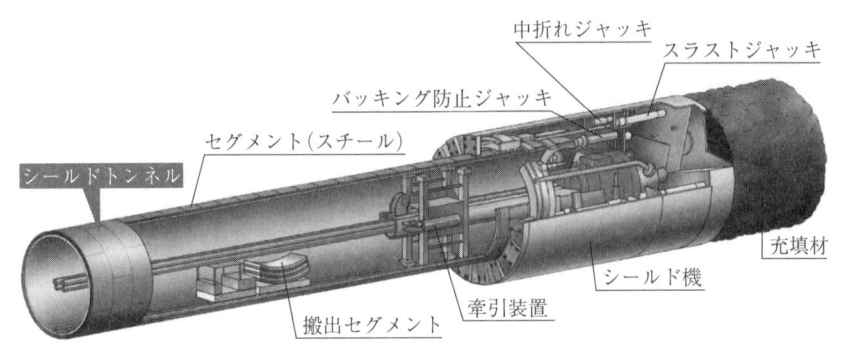

図 3-4-12 洞道撤去・埋め戻し（再構築）工法
（出典：㈱大林組、三井建設㈱「(高負) SJ 21 工区～SJ 23 工区既設とう道撤去工事パンフレット」バックフィルシールド工法）

3.4.5 管理技術

(1) メンテナンスに関する情報管理

地下構造物は膨大な量が広範囲に建設されており、メンテナンスの効率化を図るために、データ管理システムが開発され、活用されている。これらのシステムでは、構造諸元、環境条件、災害・近接施工・補修補強の履歴、調査結果による変形・劣化状況などをデータベース化して管理している（**表 3-4-5**）。

表 3-4-5　データベース管理項目の例

項目		内容
基本情報	構造諸元	構造物名、構造物種別（開削・シールド・立坑・鋼管推進・山岳トンネル／プレキャスト）、延長、断面寸法、覆工材（スチール・コンクリート）、建設年度など
	環境条件	近接構造物、平均土被り、土質条件、地下水位の変動、水質データ、周辺環境など
履歴	災害履歴	発生時期、被害種別／要因、災害程度、状況写真、補修補強の実施有無
	補強・補修履歴	施工時期、施工方法、使用材料、施工計画・記録、施工後の変状・劣化、補修前後の写真、施工材料のカタログ・技術資料、施工会社
	近接施工履歴	近接施工履歴（計測記録）
変形劣化状況		点検展開図 点検一覧表 写真台帳 定点観測記録

(NTT 資料より)

ライフラインなどの地下構造物は、道路下に設置されている場合が多く、位置情報として、道路管理システムが活用されている。道路管理システムは、道路と占用物件に関する各種情報をマッピング技術で総合的に管理し、通信回線などを介して道路管理者や公益事業者に情報を提供するシステムで、㈶道路管理センターを中心として構築、運用、管理されている。

このシステムにより、道路の地下に埋設されている占用物件の情報を総合的に管理し提供することができ、現在全国の政令指定都市で運用されている。

(2) 構造物内部の設備および安全管理

地下構造物が網目状に整備されるのに伴い構造物内部の設備管理、安全管理、作業管理を目的として集中管理するシステムが必要となってくる。

図 3-4-13 に NTT とう道の管理システムを一例として紹介する。これは、各種災害感知器などからのとう道内の情報をリアルタイムで監視センターに表示し、必要に応じて設備の自動制御を行うものである[26]。

3.4 メンテナンス技術

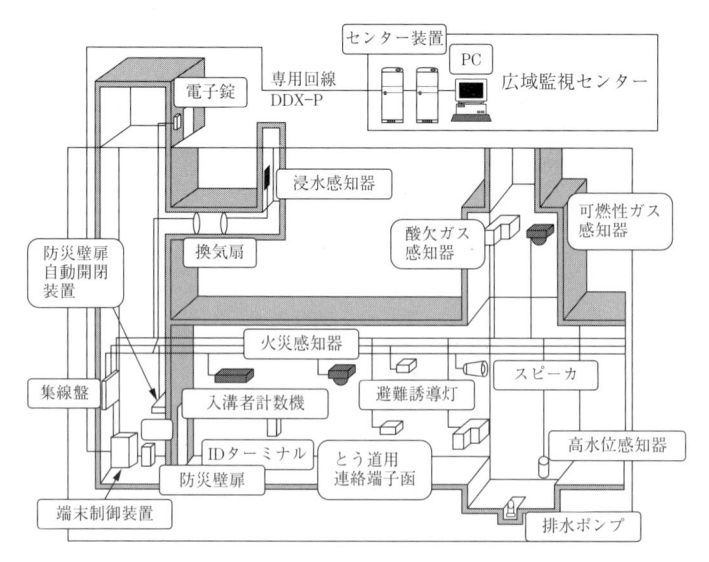

図 3-4-13 とう道管理システム概要
(出典：情報流通インフラ研究会「情報流通インフラを支える通信土木技術」
㈳電気通信協会、2000.11)

3.4.6 今後のメンテナンスのあり方

今後、構造物を計画、設計するにあたっては、メンテナンスしやすいか、あるいはメンテナンスの不要な材料と構造の技術開発が望まれる。また、ライフサイクルを考慮して構造物を設計するとともに、計画・設計段階からメンテナンス計画を立てる必要がある。しかしながら、今後の技術の発展や社会情勢を予測することは難しく、計画時の状況と異なってくることもあり、その時代の状況に応じて柔軟に対応することが必要となってくるであろう。

メンテナンスを効率よく行うためには、構造物の診断技術やリニューアル実施結果などの情報データベース、カルテを整備し、有効に活用することが必要である。

第3章　地下空間開発の技術

参考文献

1) 東京都都市計画審議会、条例第二条
2) 増井喜一郎編：図説平成10年度版日本の財政、東洋経済新報社
3) 物理探査学会：物理探査の手引き（とくに土木分野への利用）
4) 土木学会：トンネル標準示方書［シールド工法］・同解説　平成8年版
5) 土木学会：トンネル標準示方書［山岳工法］・同解説　平成8年版
6) 土木学会：トンネル標準示方書［開削工法］・同解説　平成8年版
7) 日本鉄道建設公団：NATM設計施工指針、1996.2
8) 国土交通省鉄道局監修：鉄道構造物等設計標準・同解説、都市部山岳工法トンネル、2002.3
9) ㈳建設コンサルタンツ協会：鉄道土木の計画・調査・設計報酬積算の手引き　改訂第9版、2003.8、pp. 7-11
10) 長尚：基礎知識としての構造信頼性設計、山海堂、1995.4
11) 土木学会：トンネルへの限界状態設計法の適用、トンネルライブラリー第11号、2001.8
12) 土木学会：トンネル標準示方書［シールド工法］同解説、2006.7
13) 例えば、土木学会：構造物のライフタイムリスクの評価、構造工学シリーズ2、1988.12
14) 前掲9)、10)
15) 岩波書店・広辞苑　第四版、1991.11
16) 木村、小泉：地盤と覆工の相互作用を考慮したシールドトンネルの設計手法について、土木学会論文集、No. 624/Ⅲ-47、1999.6
17) 土木学会：トンネル標準示方書［山岳工法］・同解説　補助工法の分類表（表5.1）2006.7、p. 187
18) 土木学会：トンネル標準示方書［山岳工法］・同解説　平成8年版、pp. 236-237
19) ㈶エンジニアリング振興協会ガイドブック研究会編：「地下空間」利用ガイドブック、1994.10、p. 230
20) ㈳日本下水道管渠推進技術協会　推進工法講座、2000.6
21) 独立行政法人　新エネルギー・産業技術総合開発機構（NEDO）：パンフレット、大深度地下空間開発技術　p. 42
22) 大塚孝義：「エジプト海底トンネルの劣化を防げ　日本の援助で進む改修工事」日経コンストラクション、1993.10-8、pp. 70-74
23) 土木学会：トンネルの維持管理、トンネル・ライブラリー第14号、2005.7
24) 木村、石橋、弘中、岩藤：第46回年次学術講演会概要集Ⅵ-PS3「赤外線温度測定による覆工表面の欠陥部調査」土木学会、1991.9、pp. 6-7
25) 藤橋一彦：第21回建設用ロボットに関する技術講習会テキスト「光ファイバセンシングによるトンネル・道路斜面等の変状監視の実施例」土木学会、2003.12、pp. 1-11
26) 情報流通インフラ研究会：情報流通インフラを支える通信土木技術、㈳電気通信協会、

    2000.11、pp. 178-179
・土木学会：コンクリート標準示方書・維持管理編、2001.1
・小島芳之、青木俊朗、内川栄蔵、松村卓郎：地下構造物を対象とした検査・診断技術に関する現状分析、地下空間シンポジウム論文・報告集第4巻、土木学会、1999.1、pp. 167-174

第 4 章　地下利用の将来ビジョン

　過密化した都市の中で地上が飽和状態にあるとすると、どこに新しい空間を求めるのか？

　1990 年前後のバブル経済期、地下利用は海洋や宇宙などと並んで新しいフロンティアとして注目され、さまざまな団体や建設会社が夢のような地下利用構想をこぞって発表した。多くの人々、少なくとも関係者は、「近い将来は無理でも、少し遠い未来であれば実現するのでは」というムードに浸っていた。地価の高騰も地下利用をあおる方向に機能していた。しかしその後、事態は一変することとなる。バブル崩壊により地価高騰に歯止めがかかり、経済は長期的な低成長期に入った。人口増加は鈍化し、高齢社会問題や厳しい財政事情が顕在化してきた。

　では、今後の社会においても地下利用は必要なのであろうか？
　答えは、もちろん「YES」である。

　21 世紀のわが国の都市における最大の課題は、人口減少と経済の長期的な低成長に対応しつつ、かつ環境と共存しながら、いかにして人々の「生活の質」（QOL：Quality of Life）を維持向上していくかにある。そのためには、地下空間が有用な空間であることは論を待たない。

　前章までは、地下利用に関する歴史的な変遷や現状の技術的側面を中心に紹介してきた。しかしながら、地下利用にあたってはさまざまな課題があり、単に技術的課題をクリアするだけでは必ずしも合理的な地下利用は実現でき

第4章 地下利用の将来ビジョン

ない状況にある。また、大深度地下の有効利用も実現の途にある。

本章では、地下利用を単に技術的側面のみではなく、社会的側面をも含めた広義的な視点から地下利用の将来を概観する。

4.1 社会資本整備をとりまく環境変化

地下利用の将来を考えるうえでは、これからの社会がどのように変わっていくのかをある程度把握しておく必要がある。将来の社会情勢を確定的に言及するのはむずかしいが、考慮すべきいくつかの事象について以下に整理する。

4.1.1 人口減少と少子高齢化の進展

わが国の総人口は、2005年10月1日現在1億2,776万人となり、前年に

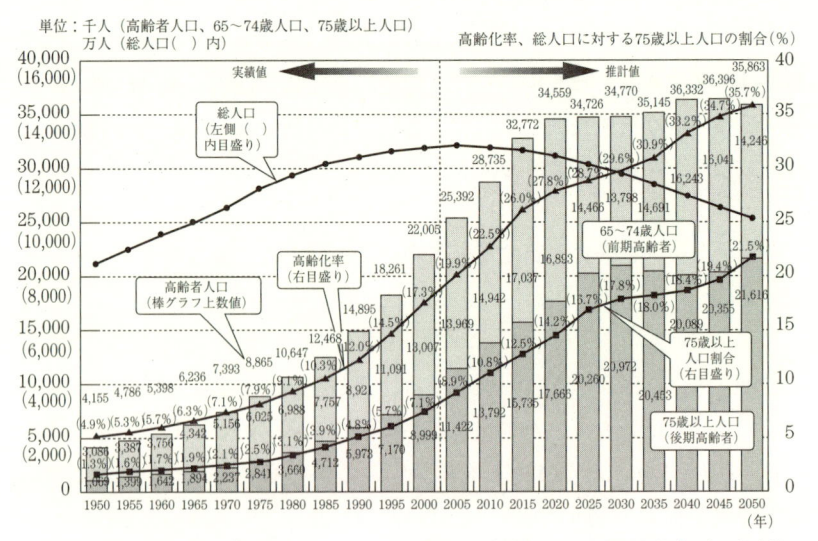

図 4-1-1 わが国の高齢化の推移と将来推計
(出典:平成18年版高齢社会白書)

150

4.1 社会資本整備をとりまく環境変化

比べて2万人減少し、戦後では初めてマイナスに転じた。また、65歳以上の高齢者人口は過去最高の2,560万人となり、総人口に占める割合（高齢化率）は20.04％で初めて20％を超えた（**図4-1-1**、**図4-1-2**）。わが国の合計特殊出生率（1人の女性が一生の間に生む子供の数の目安）は、1.29（2004年）であり、韓国、イタリアとともに世界的に最低レベルにあり、総人口は2005年に減少に転じ、将来2050年には約1億人にまで落ち込むと予測されている。

人口構造が多産多死から少産少死へと転換する過程では、総人口に占める生産年齢人口の比率が拡大し、従属人口（年少・高齢人口）に対して豊富な労働力を得られるようになる。この時期の経済成長の可能性のことを「人口ボーナス」という。わが国は戦後、人口構造の転換を果たし、「人口ボーナス」の恩恵も受けて高度経済成長を遂げてきた。将来の社会ではこのような恩恵を期待できないだけでなく、高齢化に伴う社会保障費の増大なども懸念され、大幅な経済成長は期待できない。その一方で、わが国には欧米諸国と

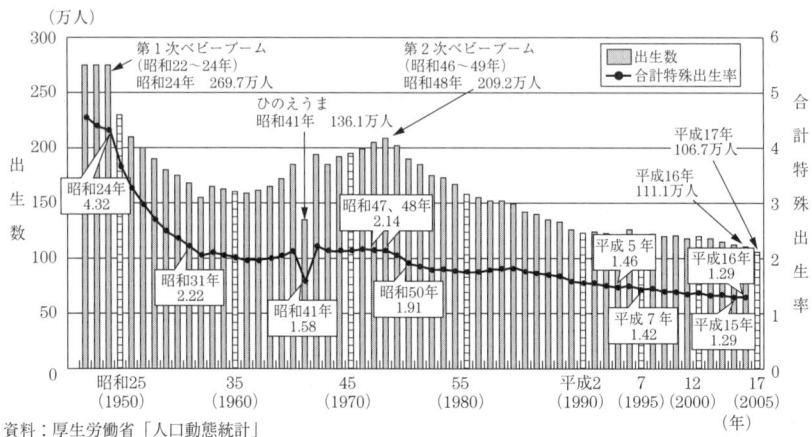

資料：厚生労働省「人口動態統計」
(注1) 平成17年の出生数は推計値
(注2) 昭和47年以前は沖縄県を含まない
(注3) 合計特殊出生率（期間合計特殊出生率）とは、その年次の15歳から49歳までの女子の年齢別出生率を合計したもので、1人の女子が仮にその年次の年齢別出生率で一生の間に生むとしたときの子ども数に相当する。
（実際に1人の女子が一生の間に生む子ども数はコーホート合計特殊出生率である。）

図4-1-2　出生数と合計特殊出生率の推移
(出典：平成18年版高齢社会白書)

比べて良質な社会資本が十分に整備されているとはいいがたく、生産年齢人口がまだ比較的高い水準にある今世紀初頭のうちに、本格的な高齢社会を迎えるために必要な社会資本整備を着実に進めておくことが求められている。

4.1.2 地域格差の拡大

わが国は欧米諸国と比較して、大都市への人口集中が顕著である。このことは急速な経済成長を可能にした大きな一要因であるが、その一方で大都市の過密問題は国土政策上の大きな課題の一つとなっている。一方、大都市の生活を支えているのは地方であり、地方の活性化がわが国の経済基盤をより強固にすると考えられるが、現実的には地方では人口転出超過が進み、かつ高齢化の進行も著しい（図 4-1-3、表 4-1-1）。

将来的にもこの傾向は大きくは変わらないと考えられ、図 4-1-4 に示すような悪循環によって疲弊化し、活力を失う地域が今後増えてくるものと考えられ、中山間地域などでは人口の減少により耕作放棄地の拡大や森林の荒廃など国土保全、水循環、景観保全などの観点から好ましくない状況が顕在化

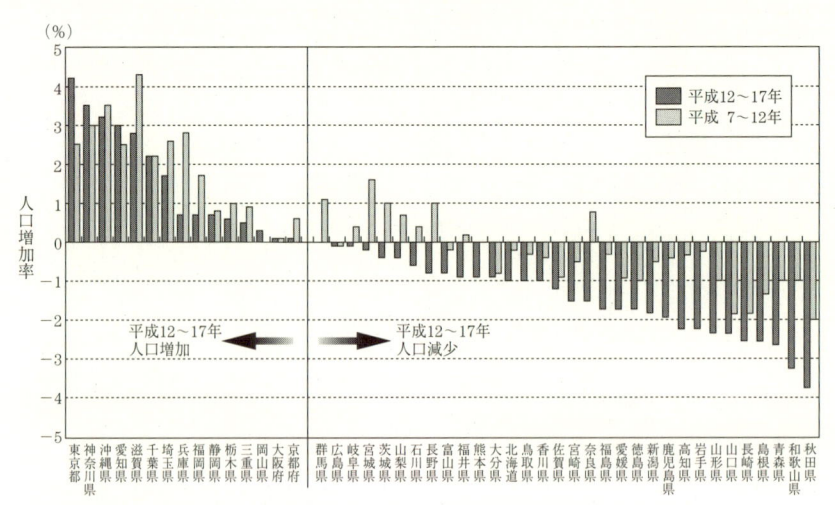

資料：総務省「国勢調査」（平成17年）

図 4-1-3　都道府県別人口増加率（平成 7～12 年、平成 12～17 年）
（出典：平成 18 年版高齢社会白書）

4.1 社会資本整備をとりまく環境変化

表 4-1-1 都道府県別高齢化率の推移（出典：平成 18 年版高齢社会白書）

	昭和50年(1975)	平成16年(2004)	平成37年(2025)		昭和50年(1975)	平成16年(2004)	平成37年(2025)
全国	7.9	19.5	28.7	三重県	9.9	20.8	29.9
北海道	6.9	20.8	32.3	滋賀県	9.3	17.5	24.5
青森県	7.5	21.7	32.0	京都府	9.0	19.7	28.6
岩手県	8.5	23.9	31.6	大阪府	6.0	17.5	27.4
宮城県	7.7	19.3	27.6	兵庫県	7.9	19.1	27.4
秋田県	8.9	26.1	35.4	奈良県	8.5	19.1	30.0
山形県	10.1	24.9	32.0	和歌山県	10.4	23.2	32.3
福島県	9.2	22.1	30.2	鳥取県	11.1	23.6	30.8
茨城県	8.4	18.5	29.8	島根県	12.5	26.7	32.8
栃木県	8.3	18.8	28.9	岡山県	10.7	22.0	29.9
群馬県	8.8	20.0	29.9	広島県	8.9	20.4	30.1
埼玉県	5.3	15.5	27.8	山口県	10.2	24.3	34.0
千葉県	6.3	16.8	29.2	徳島県	10.7	23.9	31.9
東京都	6.3	18.0	25.0	香川県	10.5	22.7	31.4
神奈川県	5.3	16.2	25.8	愛媛県	10.4	23.3	32.5
新潟県	9.6	23.4	31.4	高知県	12.2	25.3	33.3
富山県	9.5	22.7	31.9	福岡県	8.3	19.2	27.6
石川県	9.1	20.4	30.2	佐賀県	10.7	22.1	30.4
福井県	10.1	22.2	30.2	長崎県	9.5	22.8	33.1
山梨県	10.2	21.3	29.4	熊本県	10.7	23.2	31.0
長野県	10.7	23.2	29.9	大分県	10.6	23.8	33.2
岐阜県	8.6	20.3	30.0	宮崎県	9.5	22.8	32.4
静岡県	7.9	19.9	30.5	鹿児島県	11.5	24.3	30.8
愛知県	6.3	16.6	26.1	沖縄県	7.0	16.1	24.0

資料：昭和 50 年は総務庁「国勢調査」、平成 16 年は総務省「平成 16 年 10 月 1 日現在推計人口」、平成 37 年は国立社会保障・人口問題研究所「都道府県の将来推計人口（平成 14 年 3 月推計）」

- □ 7% 未満
- ▨ 7% 以上 14% 未満
- ▨ 14% 以上 20% 未満
- ▨ 20% 以上 30% 未満
- ▨ 30% 以上

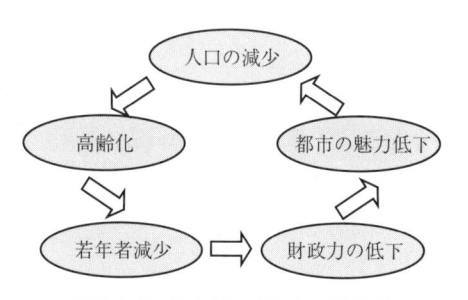

図 4-1-4 地方都市が抱える悪循環

（人口の減少 → 都市の魅力低下 → 財政力の低下 → 若年者減少 → 高齢化 → 人口の減少）

してきている。

大都市と地方が適正な役割分担をするためには、地方も適正な潜在力を持つ必要がある。大都市には大都市の魅力があるように、地方には地方の魅力があり、その魅力を最大限発揮できるような環境づくりが求められている。

4.1.3 地球環境制約の顕在化

1972年のストックホルム国連人間会議で、この地球は「単純成長を受け入れ難い閉じた系」であることが国際的にはじめて公に確認された。その後、1992年のリオデジャネイロ・サミットでアジェンダ21が採択され、今後地球上の国々が具体的にどのように行動していくべきかが表明された。「持続可能な発展（sustainable development）」がこの会議で得られたキーワードである。そして、地球温暖化問題が持続可能な社会構造に対する大きな制約要素として顕在化してきた。地球温暖化のメカニズムを図4-1-5に、日本の年平均気温の経年変化を図4-1-6に示す。

そのような状況の中で、「京都議定書」が1998年12月の気候変動枠組条約第3回締結国会議（COP3、京都会議）において全会一致で採択され、2004年11月にロシアが批准したことにより2005年2月に発行した。これにより、

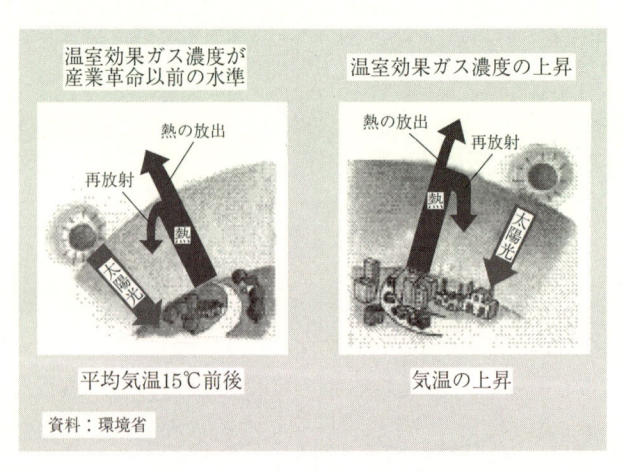

図4-1-5　地球温暖化のメカニズム（出典：平成17年版環境白書）

4.1 社会資本整備をとりまく環境変化

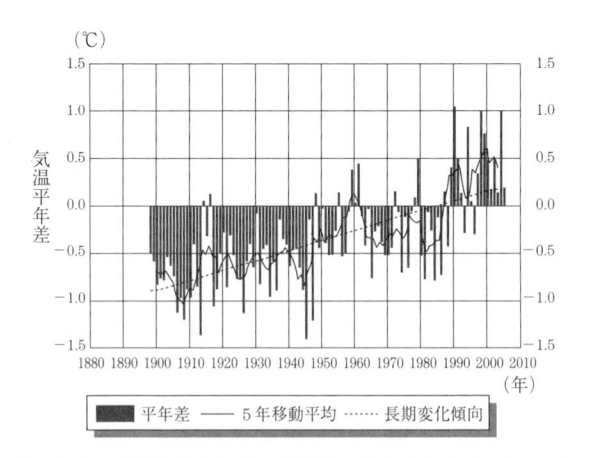

図4-1-6 日本の年平均地上気温の平年差の経年変化（1898年～2005年）
（出典：平成18年版環境白書）

京都議定書における数値約束（日本は2008年から2012年までの第1約束期間でマイナス6％）が法的な義務となった。なお、京都議定書の第1約束期間での数値約束の達成はあくまでも1つの通過点であり、持続可能な地球を実現するためには、その後もより高い目標値が必要とされている。地球温暖化にともなって予測される影響を以下に示す。

- 平均気温：1990年から2100年までに1.4～5.8℃上昇
- 平均海面水位：1990年から2100年までに9～88cm上昇
- 気象現象の影響：洪水や干ばつの増大
- 人の健康への影響：熱中症患者などの増大、マラリアなどの感染症拡大
- 生態系への影響：一部の動植物の絶滅、生態系の移動
- 水資源への影響：水不足の地域の多くでさらに水資源の減少、水質への悪影響

4.1.4 厳しい公共財政事情

国と地方を合わせた債務残高は約775兆円（2006年度末、出典：「日本の財政を考える」財務省、2006.9）といわれている（**図4-1-7**）。これは日本のGDPの約1.5倍であり、国民1人あたりに換算すると約600万円という

第 4 章　地下利用の将来ビジョン

```
（兆円）
```

（注）世帯人員、可処分所得は平成 16 年
　　　総務省「家計調査年報」による。

平成 18 年度末公債残高
↓
約 542 兆円（見込み）
↓
国民 1 人当たり　約　424 万円
4 人家族で　　　約 1,696 万円
※勤労者世帯の平均年間可処分所得
約 534 万円
（平均世帯人員　3.48 人）

一般会計税収の約 12 年分に相当
18 年度一般会計税収予算額：約 46 兆円

全世界の開発途上国等の累積債務総額
：約 328 兆円（平成 16 年末）

建設公債残高

特例公債残高

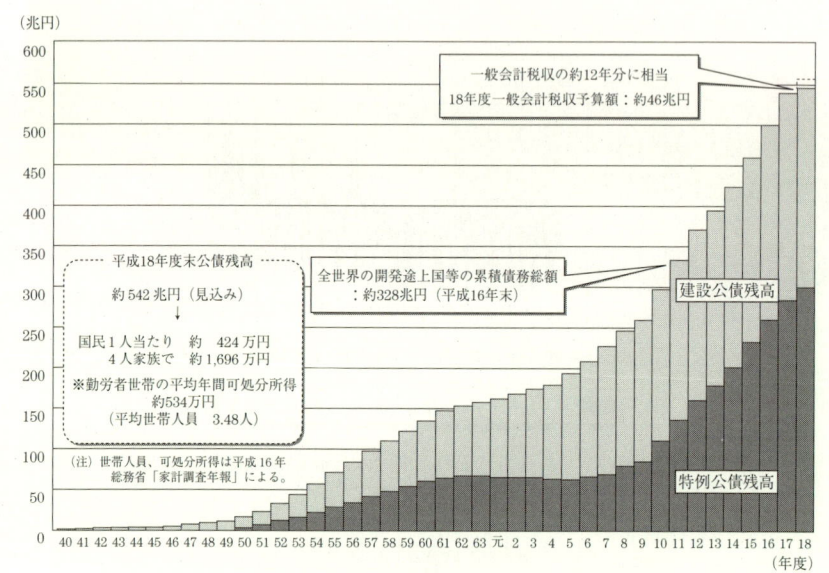

(注)　1. 公債残高は各年度の 3 月末現在額。ただし、17、18 年度は見込み。
　　　2. 特例公債残高は、国鉄長期債務、国有林野累積債務等の一般会計承継による借換国債を含む。
　　　3. 平成 18 年度見込みの残高は、財政融資資金特別会計の金利変動準備金からの繰入（12 兆円）を見込んだ額。
　　　4. 17、18 年度の翌年度借換のための前倒債限限度額を除いた見込額はそれぞれ、506 兆円程度、517 兆円程度。

図 4-1-7　わが国の公債残高の推移
（出典：日本の財政を考える、財務省資料）

多大な額に相当し、その額はバブル崩壊後急激に増加してきている。国債、とくに、建設国債は個人や企業の債務とは異なり、国の資産となる投資であり後世代も分担すべきという考え方は必ずしも間違いではないが、全体の債務残高が膨大であると健全な国家財政とはいいがたい。

バブル崩壊後、「公共工事における官僚と建設会社の癒着」「整備されてもあまり使われていない道路」などの話題がマスコミをにぎわし、公共事業不要論や公共事業バッシングと呼ばれる動きが展開された。多くの新聞・雑誌がこれを助長し、公共事業さえ縮減すれば財政がよくなるかのごとき批判が展開された。

では、現状はどうだろう。1990 年代に民間建設投資の大幅な減少と景気対策により拡大した政府投資は、ゼロシーリングあるいはマイナスシーリングといった徹底した抑制により 2005 年度では約 15 兆円と 1990 年代の約半

4.1 社会資本整備をとりまく環境変化

分まで落ち込んでいる。そのため、本来投資すべきところに投資できていないというような声も出始めている。

その一方で、今後大きな経済成長が望めないばかりでなく、高齢化に伴う社会保障費などの増大が予想される状況の中で、公共投資余力の伸びは期待できない。さらには、多くの既存ストックが更新時期を迎えるために、新規投資の余力はほとんどなくなるという見通しもある。

社会資本は文明を支える重要な財である。良質な社会資本がなければ、国民は安心して高齢化することもできず、国際社会からも取り残されてしまう。限られた財政資源の中で、良質な社会資本をいかにして整備していくかは、今後の社会の中で重要なテーマの1つである。

Coffee Break　その10

それでも公共事業は不要と言うのか？
～デビュー前から活躍した環七地下調節池　第2期区間～

　平成17年9月4日、大型の台風14号が九州に接近していた。首都圏では台風中心からは大きく離れていたこともありとくに警戒した雰囲気はなかったが、台風14号から湿った空気が流れ込んだ影響で、東京、埼玉、神奈川の3都県では4日夜から5日未明にかけて局地的な大雨となった。東京都杉並区下井草では時間最大112ミリ、3時間で約250ミリの驚異的な豪雨を観測した。中野区、杉並区、世田谷区の3区を中心に住宅の浸水や道路の冠水が相次ぎ、東京都では床上浸水が508件、床下浸水が1424件、埼玉県では床上281件、床下712件など、浸水戸数は合計で約3000戸にのぼった。東京電力によると杉並区などで7000件以上が停電した。

　東京都の河川整備は現在、時間雨量50ミリを想定して進められており、環状7号線の地下にある大規模な調節池（地下河川）の整備が進捗している。第1期区間（約2km）は97年4月に完成していたが、4日の午後11時過ぎには24万トンの貯水量が満杯になった。そのため、都では緊急措置として、約2週間後に取水式典を行う予定だった第2期区間（約2.5km）にも仮壁を通して強制的に取水し、貯水能力30万トンのうち約16万トンの水を引き入れた。この事実は一部のマスコミには取り上げられたが、非常に小さなものであり、その措置によって災害を免れたであろう多くの住民はその事実を知らない。

　「悪事千里を走る」という諺があるように、悪い評判は広く伝わりやすく良い話は伝わりにくい。また、「喉元過ぎれば熱さ忘れる」というように、災害のニュースはすぐに忘れられてしまう。だが、実際に被害を受けた人々にとっての被害は甚大であり、その後の生活設計まで狂ってしまうこともある。

　社会資本整備に携わる関係者はどちらかというと寡黙であるが、デビュー前にも大活躍した地下調節池が多くの人の暮らしを救ったことは明白であり、情報を適正に判断できる感覚を本書の読者には持ってほしいと思う。「公共工事不要論」などの言葉が飛び交っているが、議論すべきはバランスや程度の問題である。

左写真：越流寸前の妙正寺川
右写真：神田川・環状七号線地下調節池（第1期トンネル）
資料：東京都建設局河川部提供

4.1.5 東アジア経済の台頭

　1950〜1970年代、日本は急激な高度経済成長を成し遂げ、80年代は成熟段階に入りつつあった。1985年に「プラザ合意」が成立し、日本円の対ドル為替レートは急激に上昇した。これが企業や個人の行動を大きく変化させ、日本は急速なペースで資本輸出国になっていった。いわゆる「バブル時代」を迎えることとなり、米国には「日本脅威論」が横行した。海外から「日本の最新鋭工場を見学したい」、「日本的経営を学びたい」という希望者が相次ぎ、多くの日本人は「日本の地価は下がるはずがない」、「日本の独り勝ちの状況がずっと続く」と考えていた。

　ところが、バブル時代は長くは続かなかった。経済の異変を見過ごせなくなった日本銀行が1989年半ばに金融引き締めを行い、不動産貸付に歯止めをかけたころから事態は予想外の展開をみせる。まずは株価が暴落し、地価が泥沼のように下落を続け、経済はデフレ経済に落ち込んでいった。これがいわゆる「バブル崩壊」である。1990年以降10年間にわたり、年率1％という超低成長に落ち込んだ日本経済は、2003年春を底として株価が上昇し始め、ようやく成長ペースを上げ始めている。

　一方、東アジア経済が台頭してきたのは1980年代からで、日本経済が若年労働力不足や円高でアジアに生産基地を移していった時期と重なる。NIES（韓国、台湾、香港、シンガポール）やASEANなどでは日本のODA（政府開発援助）も貢献した。アジア諸国の経済発展のモデルは日本であり、初・中等教育や農業改革に力を入れたり、投資環境を改善して経済を着実に成長させてきた（**表4-1-2**）。

　今でこそ「脅威論」も飛び交う中国は、1970年代末まで「眠れる獅子」であった。市場原理に依存する経済発展を指向しなかったため、近隣国もつきあいようがなかった。中国が本格的に国際競争に参入したのは、1992年の「南巡講和」以降である。もともと商才に長けた中国人は、「先富論」や実力主義に強く反応し、目覚しい経済成長を遂げている。近年の日本経済の回復は、中国経済の好調に伴う輸出の堅調によるところが大きい。

　日本は、地理的な事情もさることながら、ODA供与、企業進出など、欧米に比べてはるかにアジア事情に精通している。その一方で、中国や韓国な

第4章　地下利用の将来ビジョン

表 4-1-2　東アジア諸国の実質経済成長率

(％)

	1998年	1999	2000	2001	2002	2003
韓国	▲ 6.7	10.9	8.8	3.0	6.3	3.3
台湾	4.6	5.4	6.0	▲ 2.2	3.5	3.2
香港	▲ 5.3	3.0	10.5	0.6	2.3	3.3
シンガポール	0.3	5.9	9.9	▲ 2.0	2.3	1.1
マレーシア	▲ 7.4	6.1	8.3	0.4	4.1	5.2
タイ	▲ 10.8	4.2	4.4	1.9	5.3	6.7
フィリピン	▲ 0.6	3.4	4.0	3.3	4.0	4.5
インドネシア	▲ 13.2	0.3	4.9	3.3	3.7	4.1
中国	7.8	7.1	8.0	7.3	8.0	9.1

（出所）　ADB. *Asian Development Outlook 2003 Update*, September 30、2003 および同 *Outlook*, April 2004

（出典：国土の未来研究会・森地茂編著「国土の未来　アジアの時代における国土整備プラン」日本経済新聞出版社、2005.3、p. 111）

どとは「歴史認識問題」という課題もある。今後の東アジア経済が堅調に伸びるかどうかについてはさまざまな考え方があるが、経済発展の基礎条件となる政治的安定、教育投資、国民の勤労意欲、貯蓄、インフラ整備、海外投資誘致努力、企業化精神、市場経済指向などといった面で、他の開発途上地域と比べて優れており、内外のリスク管理に成功し、マクロ政策を適切に実施すれば高成長が持続できるといわれている。

　すでに日本がアジアを牽引する時代は終わろうとしているなか、アジア経済のダイナミズムを取り込み、その経済発展やリスク回避に積極的に加担していくこと、さらにそれらと日本の活性化を結び付けていくことが日本にとっての緊急課題と思われる。

4.2 地下利用の将来コンセプト

前節では、「人口減少」、「高齢化」、「地球環境制約」、「厳しい公共財政事情」などネガティブなキーワードが多くあった。現在の社会情勢を考えると、地下空間の利用は抑制されるべきものと判断されがちである。しかし、地上の空間を人間が暮らしやすい空間に変えていくためには、地下空間を有効に使わざるを得ないことも事実である。すべてを地下に移して、地下で生活をするわけではない。

本節では、われわれの考える地下利用の基本コンセプトを紹介し、それを実現するために地下利用が克服すべき課題を示す。

4.2.1 地下利用の基本コンセプト

道路の渋滞や鉄道の混雑、地上における緑や公共スペースの不足などは「20世紀の負の遺産」として今もなお都市生活者のエネルギーを著しく消耗させており、交通問題や防災問題、都市景観の向上、国際競争力の維持・強化、災害に対する備えなど社会が解決すべき課題はまだまだ多い。また、高度経済成長期に整備された大量のストックが更新時期を迎えることから、近い将来には、そのための投資も必要となってくる。一度建設された都市において、その機能を維持したままで空間を改造することは容易なことではない。とくに、過密化された都市においては、高いニーズがあるとしても、その必要空間を地上に確保することは並大抵のことではない。そのため、地下は有用な空間となりうる。

その一方で、「価値があるから」「必要だから」といって、すべてのプロジェクトに投資することは現実的に不可能である。社会経済の環境変化や地域の実情に適確に対応した「選択と集中」を大胆に行いつつ、重点的かつ効率的な投資が必要になる。

地上、地下それぞれの特性や有意性などを十分に把握したうえで、地上と地下空間を適切に機能分担させ連携させて、人々のQOL（Quality of Life）を高めていく。それこそが、今後の社会資本整備の1つのあるべき姿と考え

第4章 地下利用の将来ビジョン

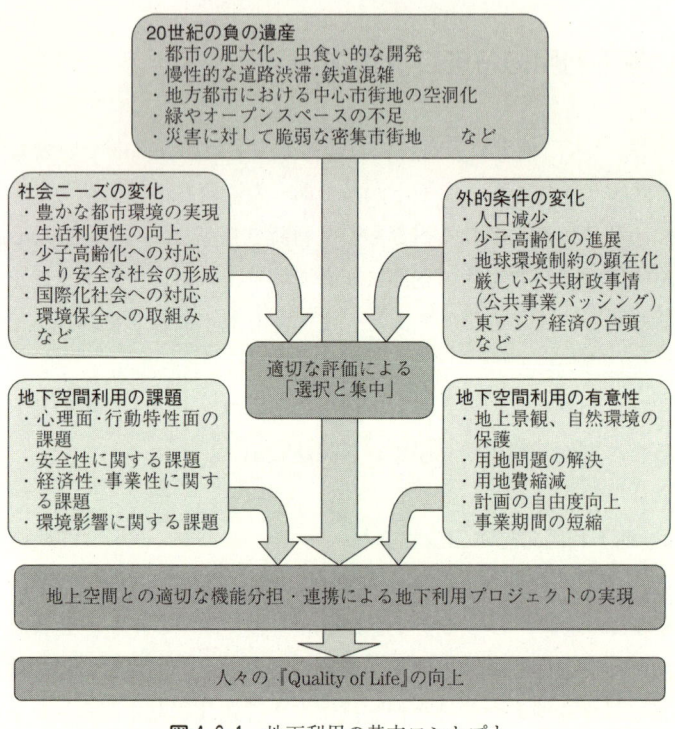

```
┌─────────────────────────┐
│ 20世紀の負の遺産          │
│ ・都市の肥大化、虫食い的な開発 │
│ ・慢性的な道路渋滞・鉄道混雑  │
│ ・地方都市における中心市街地の空洞化 │
│ ・緑やオープンスペースの不足   │
│ ・災害に対して脆弱な密集市街地 など │
└─────────────────────────┘

┌──────────────┐        ┌──────────────┐
│ 社会ニーズの変化  │        │ 外的条件の変化    │
│ ・豊かな都市環境の実現 │        │ ・人口減少       │
│ ・生活利便性の向上  │        │ ・少子高齢化の進展  │
│ ・少子高齢化への対応 │        │ ・地球環境制約の顕在化 │
│ ・より安全な社会の形成│        │ ・厳しい公共財政事情 │
│ ・国際化社会への対応 │        │  (公共事業バッシング)│
│ ・環境保全への取組み │        │ ・東アジア経済の台頭 │
│ など          │        │ など          │
└──────────────┘        └──────────────┘

┌──────────────┐ ┌──────────┐ ┌──────────────┐
│ 地下空間利用の課題  │ │適切な評価による│ │ 地下空間利用の有意性 │
│ ・心理面・行動特性面の│ │「選択と集中」 │ │ ・地上景観、自然環境の│
│  課題        │ └──────────┘ │  保護        │
│ ・安全性に関する課題 │              │ ・用地問題の解決   │
│ ・経済性・事業性に関す│              │ ・用地費縮減     │
│  る課題       │              │ ・計画の自由度向上  │
│ ・環境影響に関する課題│              │ ・事業期間の短縮   │
└──────────────┘              └──────────────┘

┌─────────────────────────────────┐
│ 地上空間との適切な機能分担・連携による地下利用プロジェクトの実現 │
└─────────────────────────────────┘

┌─────────────────────────┐
│ 人々の『Quality of Life』の向上 │
└─────────────────────────┘
```

図 4-2-1 地下利用の基本コンセプト

られる。**図 4-2-1** に地下利用の基本コンセプトを示す。地上との適切な機能分担を可能とするためには、地下利用にはまださまざまな課題があり、それを解決していくことが求められる。

4.2.2 地下利用が克服すべき課題

地下空間には、「恒常性(恒温・恒湿性)」、「隔離性」、「遮蔽性」などの特性があり、その詳細は第2章に記述したとおりであるが、これらは時として課題につながることもある。ここでは、①心理面・行動特性面、②安全性、③経済性・事業性、④環境影響面に大別し、地下利用が克服すべき課題を例示する。

4.2 地下利用の将来コンセプト

(1) 心理面・行動特性面に関する課題

地下というとそれだけで、毛嫌いする人もいるかも知れない。「地下」という言葉には、「ジメジメしている」、「薄暗い」、「狭い」などのイメージがあり、「地下組織」、「地下活動」などの言葉は人前では公言できないものを指すものとしても使われてきた。

従来、人間の生活圏はいくつかの例外を除いてほとんどが地上であった。そのため、人間の環境認知メカニズムや行動特性は地上の環境に適応するように進化している。そのため、地下空間に対しては、圧迫感や忌避感から発生する不快感などを生じやすい。また、機能重視による空間設計が行われることが多いことから、空間的な広がりが少なく、採光が少ない構造となっていることが多く、閉塞感や「景観の単調さ」などが助長されている。

行動特性面としては、地下街などでは方向感覚を消失しやすいため「地下通路の迷路性」、上下移動距離が増加することによる「労力負担感」などがあげられる。

(2) 安全性に関する課題

地下空間の隔離性や遮蔽性は、構造物の計画において有効に活用することも多いが、火災発生時には熱や煙が逃げない、避難経路が限定されるなど被害を増大させる要因になりかねない。また、地下と地上には空間的な隔たりがあるため消防活動が制約される。そのため、不特定多数の人が利用する道路トンネルや鉄道トンネル、拠点となる地下駅舎などの有人施設では、災害時の人的被害が地上と比較して甚大となる可能性がある。また、構造物の深度が深くなればなるほど、一般に避難に要する時間が長くなる。

道路トンネルに関していえば、1979年7月に発生した東名高速道路の日本坂トンネルにおいて173台の車両炎上、7人死亡という火災事故が発生している。海外では1999年3月のモンブラントンネルでのトラック火災事故により39名が死亡した。2001年10月にはサンゴタルドトンネルではトラックの正面衝突炎上により11名が死亡した。

ひとたびトンネル内で火災事故が起きれば甚大な惨事となる。また、物流動脈の切断と復旧に要する時間と合わせると、社会的・経済的被害ははかり知れないものがある。

第4章　地下利用の将来ビジョン

写真 4-2-1　大邱地下鉄火災における車輌内部の延焼状況
（出典：消防平成15年版白書）

　とくに、大深度長大トンネルにおいては、未然防止策と事故後の迅速な対応には投入費用を惜しむべきではないことは明らかである。

　地下鉄では、2003年2月の韓国大邱（テグ）中央路（チュアンノ）駅で発生した地下鉄火災は記憶に新しい。異常者による放火が直接原因となった事件で死者133名と鉄道火災としては史上希にみる大惨事であった（**写真4-2-1**）。

　事故や火災以外では、都市集中豪雨による地下駐車場や地下鉄駅舎部への浸水被害も発生している。そのため、浸水区域を詳細に検討するとともに昇降設備、防水化施設および防水シェルターなどの適正な配置を考慮しなければならない。

　地下街では、火災・爆発や犯罪のほか、有毒ガスの流入、酸欠、浸水などのリスクがある。また、不特定多数の人が利用する地下街は、停電時の群集心理的現象からパニックにつながるおそれがある。

　地下空間の整備にあたっては、地震時などに対する構造的安全性もさることながら、施設を利用する人の安全を確保することが不可欠である。地下空間において対応すべきリスクとしては、火災・爆発、地震、浸水、停電および二次被害、救急・救助活動、犯罪防止などがある。とくに不特定多数の人々が利用する施設においては人命尊重を第一に諸対策を立てる必要がある。

4.2 地下利用の将来コンセプト

(3) 経済性・事業性に関する課題

　一般に、地下に構造物を造ろうとすると、地上に造るよりも多額の費用を要する。掘削、土留、残土処理などを考えると当然であるが、必ずしもそれだけでは整理できない状況もある。

　地下鉄建設費の推移を**図 4-2-2** に示すが、最近の例では建設費の増大が著しい。その理由としては、物価や人件費などの上昇に加え、トンネル深度の

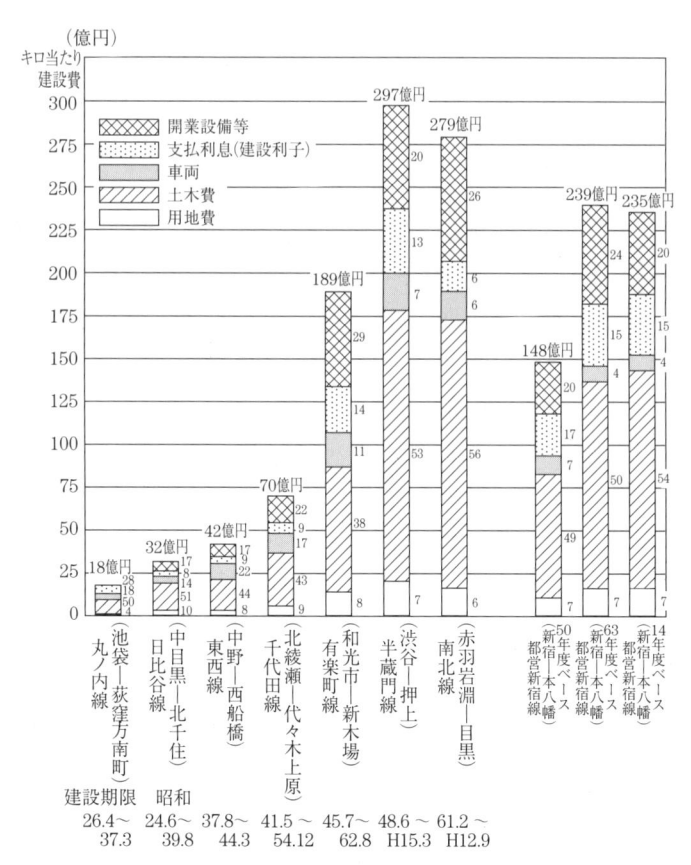

図 4-2-2　地下鉄建設費の推移
（出典：数字でみる鉄道 2006、（財）運輸政策研究機構）

増大や地下鉄に対する社会的な要請の高度化などがあげられる。大都市の地下空間は、既設都市施設や構造物の基礎などがふくそうしており、地下鉄のトンネルはますます深くなるとともに、これらとの交差や近接施工などにより工事が一層複雑化している。そのため、区間によってはキロ当たり300億円を超えるところもある。地下鉄の建設費の低廉化方策として、地下鉄大江戸線などでは掘削断面の小さなリニア地下鉄の採用などがなされているが、それでも初期投資額はすぐに数千億円となる。

　膨大な建設費が必要としても、本当に必要なものは公共財として整備すべきである。しかしながら、厳しい財政事情の中では多くのものを一度に整備できるわけでもなく、整備効果などを評価したうえで何を優先的に整備するかなどを決めなければならない。地下鉄などは、国と地方公共団体から補助を受けて第三セクターなどが整備することが多いが、巨額の初期投資が事業採算性を圧迫して経営悪化に陥るケースやニーズがあったとしても事業化まで至らないケースも多く見受けられる。

(4) 環境影響に関する課題

　一般に、地下施設の環境影響は地上施設よりも小さいといわれている反面、地下空間を利用することによって発生する特有の環境影響もある。たとえば、地下空間の構築にあたっては、地下水変動への影響を避けることはできない。そのため、施工中、供用中ともに、井戸水の枯渇、地下水脈の遮断、地上の樹木への影響、排水にともなう地盤沈下などに十分配慮する必要がある。また、施工中に発生する大量の掘削土砂による環境負荷を小さくしつつ、合理的に処理する技術が課題になっている。

　地下利用に関する環境課題の代表的なものを以下に示す。

　　①工事中の騒音、振動
　　②掘削した土砂処理
　　③工事に際して揚水した水の処理
　　④地表および地中の変形（地盤陥没、地盤沈下、地盤隆起など）
　　⑤地下水への影響（地下水位低下、水位上昇、流況変化）
　　⑥生態系への影響（地下水位変動などによる影響、地盤内温度変化による影響など）

4.2 地下利用の将来コンセプト

とくに、都市の地下を掘削する際には、周囲にどのような影響が出てくるかをあらかじめ検討し予測しておくことが不可欠であり、1999年の環境影響評価法の施行により法制度化されている。東京外かく環状道路の環境影響評価項目を**表 4-2-1**に示す。地下構造物は、一度建設してしまうと後での追加施工が困難なため、計画や設計の段階から細心の注意を払う必要がある。

表 4-2-1 東京外かく環状道路の環境影響評価項目

環境要素の区分		
大気環境	大気質	二酸化窒素、浮遊粒子状物質
		粉じん等
	騒音	騒音
	振動	振動
	強風による風害	強風による風害
	低周波音	低周波音
水環境	水質	水の濁り、水の汚れ
土壌に係わる環境その他	地形および地質	重要な地形および地質
	地盤	水環境
		地盤沈下
	その他の環境要素	日照障害
		電波障害
動物		重要な種および注目すべき生息地
植物		重要な種および群落
		緑の量
生態系		地域を特徴づける生態系
景観		主要な眺望点および景観資源並びに主要な眺望景観
		市街地の地域景観
史跡・文化財		史跡・文化財
人と自然との触れ合いの活動の場		主要な人と自然の触れ合いの活動の場
廃棄物等		建設工事に伴う副産物

(参考:東京外かく環状道路(世田谷区宇奈根〜練馬区大泉町間)に関する環境影響評価方法書について)

4.3 地下利用に関連する政府の動向

人口の減少、少子高齢化という人口構造の変化が起きている現実を踏まえ、次世代の暮らしやすい社会を担保するために今世紀初頭に社会資本を整備しておくことは、とりもなおさず現在の社会活力を産み出し、国際競争力の維持や強化にもつながるものである。ここでは、①社会資本整備全般、②都市・地域再生、③大深度地下利用に関わる政府の動向について紹介する。

4.3.1 社会資本整備全般に関する動向
(1) 社会資本整備重点計画

社会資本整備を重点的、効果的かつ効率的に推進するため、社会資本整備重点計画の策定などの措置を講ずることにより、交通の安全の確保とその円滑化、経済基盤の強化、生活環境の保全、都市環境の改善および国土の保全と開発を図り、もって国民経済の健全な発展および国民生活の安定と向上に寄与することを目的として、2003年3月に社会資本整備重点計画法が制定された（図4-3-1）。

本法は、これまで9事業分野に分かれていた社会資本整備に関する長期計画を重点化・集中化のために一本化するものであり、1954年に最初の道路整備五箇年計画が策定されて以来50年ぶりの改革となる。厳しい財政制約

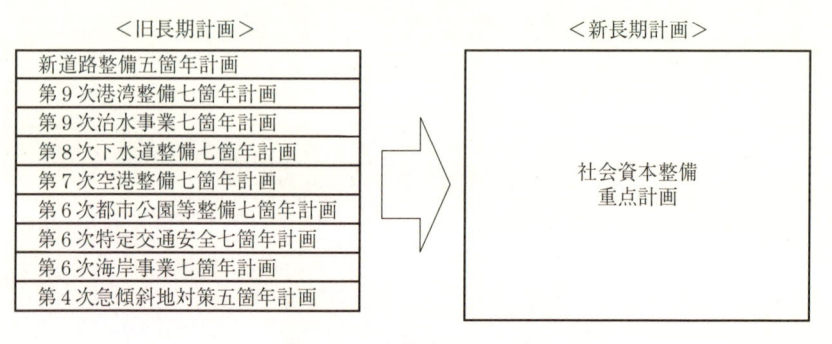

＜旧長期計画＞	＜新長期計画＞
新道路整備五箇年計画	
第9次港湾整備七箇年計画	
第9次治水事業七箇年計画	
第8次下水道整備七箇年計画	社会資本整備
第7次空港整備七箇年計画	重点計画
第6次都市公園等整備七箇年計画	
第6次特定交通安全七箇年計画	
第6次海岸事業七箇年計画	
第4次急傾斜地対策五箇年計画	

図4-3-1　長期計画の一本化

4.3 地下利用に関連する政府の動向

のもと、より一層重点的、効果的かつ効率的に社会資本整備を推進していくことを目標としている。その基本理念として、地方公共団体の自主性および自立性の尊重、民間事業者の能力の活用、財政資金の効率的使用などがあげられており、これらにより、国際競争力の強化などによる経済社会の活力の向上および持続的発展、豊かな国民生活の実現およびその安全の確保、環境の保全並びに自立的で個性豊かな地域社会の形成が図られるべきとしている。

表 4-3-1　社会資本整備事業の実施に関する重点目標

活力	安全・安心	暮らし・環境	ストック型社会への対応
①交通ネットワークの充実による国際競争力強化 ②地域内外の交流強化による地域の自立活性化 ③にぎわいの創出や都市交通の快適性向上による地域の自立・活性化	④大規模な地震等の災害に強い国土づくり ⑤水害等の災害に強い国土づくり ⑥交通安全対策の強化	⑦少子・高齢社会に対応したバリアフリー化・子育て環境の整備によるユニバーサル社会の形成 ⑧良好な景観・自然環境の形成等による生活空間の改善 ⑨地球温暖化の防止 ⑩循環型社会の形成	⑪戦略的な維持管理や更新の推進 ⑫ソフトの対策の推進

(出典：社会資本整備重点計画（2009 年 3 月 31 日閣議決定))

社会資本整備重点計画法に基づき、2003 年 10 月に第一次「社会資本整備重点計画」（計画期間は平成 15〜19 年度)、2009 年 3 月に第二次「社会資本整備重点計画」（計画期間は平成 20〜24 年度）が閣議決定されている。第二次計画の中における、社会資本整備事業の重点目標を**表 4-3-1** に、その取り組みの方向性を以下に示す。

①戦略的な維持・更新の推進、情報技術の活用
②事業評価の厳格な実施、コスト改革
③公共調達の改革
④多様な主体の参画と透明性の確保
⑤技術開発の推進

⑥民間能力・資金の活用

⑦国と地方の適切な役割分担

(2)『二層の広域圏』を支える総合交通体系（国土形成計画）

　国土交通省（以前は国土庁）は、これまでに5回にわたって国土形成のビジョンを発表している。1962年に地域格差の是正や拠点開発構想を盛り込んだ初めての「全国総合開発計画」（以下、全総と称する）、1969年には新幹線や高速道路のネットワーク化などの大規模プロジェクト構想を打ち出した「新全総」、1977年に各地域の居住環境整備による定住構想を打ち出した「三全総」、1985年には交流ネットワーク構想による多極分散型国土形成を謳った「四全総」、1998年には多軸型国土形成を目標とした「21世紀の国土のグランドデザイン」がそれに該当する。

　そして今、政府では従来の全国総合開発計画（全総）に代わる「国土形成計画」の策定を行おうとしている。検討している国土審議会では、具体案の中で「新たな国のかたち」として『二層の広域圏』構想を打ち出している（図4-3-2）。

　基本的な考え方としては、人口減少、高齢化、環境問題の顕在化、財政制約などの背景の中で、自立・安定した地域社会を形成していくためには、既存の行政区域を越えた広域レベルでの対応が重要であり、生活面では「生活圏域」、経済面では「地域ブロック」の二層の広域圏を今後の国土を考える際の地域的まとまりとし、それらを相互に連関させることで国土全体として自立・安定した地域社会を形成しようとするものである。また、「モビリティの向上」と「広域的な対応」の重要性を強調している。ここでいう二層の広域圏とは以下のものである。

①地域が独自性のある国際交流などを行い、特色ある圏域形成による発展を図っていく観点からの複数都道府県からなる『地域ブロック』

②人口減少化にあっても、生活関連サービスの維持や地域社会の活力を保っていく観点からの複数市町村からなる『生活圏域』

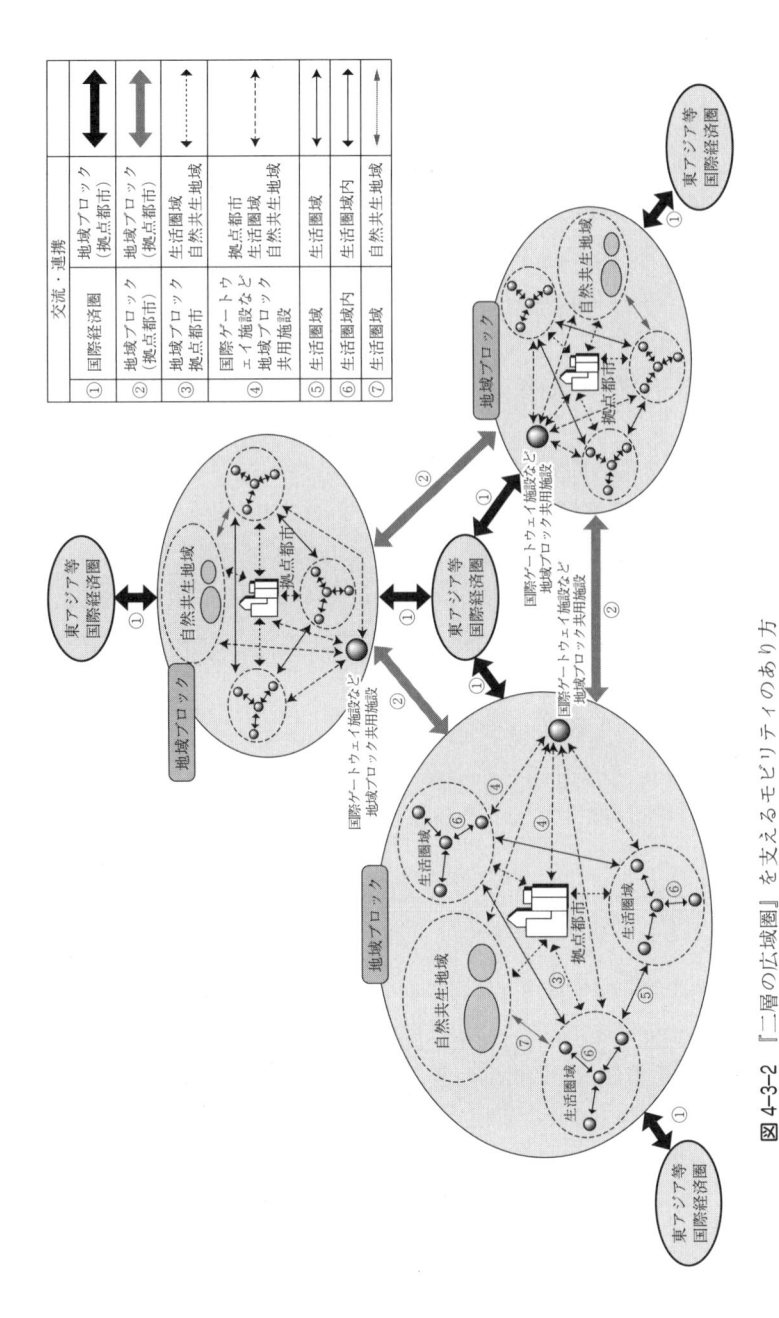

4.3 地下利用に関連する政府の動向

	交流・連携	
①	国際経済圏	地域ブロック（拠点都市）
②	地域ブロック（拠点都市）	地域ブロック（拠点都市）
③	国際ゲートウェイ施設など地域ブロック共用施設	拠点都市 生活圏域 自然共生地域
④	地域ブロック共用施設	拠点都市 生活圏域 自然共生地域
⑤	生活圏域	生活圏域
⑥	生活圏域内	生活圏域
⑦	自然共生地域	自然共生地域

図 4-3-2 「二層の広域圏」を支えるモビリティのあり方
（国土交通省記者発表資料 20050519）
参考資料：「国土の総合的点検」（概要）（案）、国土審議会調査改革部会報告、国土交通省国土計画局

4.3.2 都市・地域再生に関する動向
(1) 都市再生特別措置法
　本法は、1997年の「都市計画中央審議会」の答申に端緒を発している。戦後、一貫して取り組んできた大都市を中心に拡大する都市への量的対応型から既成市街地の再充実という質的充実への転換、すなわち「都市化社会」から「都市型社会」への転換が指摘された。1999年2月の「経済戦略会議」の答申、2000年の2月から11月にわたる「都市再生推進懇談会」での検討を踏まえ、2001年4月の「緊急経済対策会議」において「『都市再生本部（仮称）』を内閣に設置し、環境、防災、国際化などの観点から都市の再生をめざす21世紀型都市再生プロジェクトの推進や、土地の有効利用等都市の再生に資する施策を総合的かつ強力に推進する」旨が決定された。

　その結果、2001年5月に閣議決定により内閣府に内閣総理大臣を本部長とする「都市再生本部」が設置され、2002年4月に「都市再生特別措置法」が制定、6月から施行された。なお、本法は施行後10年以内に施行状況を検討したうえで必要な見直しを行うことになっている。

　以下に「都市再生特別措置法」の概要を示す。
　　①内閣に「都市再生本部」を設置する
　　②「都市再生基本方針」を「都市再生本部」で作成した案に基づき閣議決定し、「都市再生」の意義や目標、施策に関する基本的な方針などを定める
　　③「都市再生緊急整備地域」を政令で指定し、対象とする地域を限定する
　　④「都市再生緊急整備地域」に関する「地域整備方針」を策定し、整備の目的、整備促進に必要な事項などを定める

「都市再生緊急整備地域」の指定の考え方は、①都市計画、金融など諸施策の集中的な実施が想定される地域、②早期の実現が見込まれる地域となっており、都市再生緊急整備地域に指定されると、主に以下のような優遇措置が得られる。

　　・既存の用途地域などの制限を緩和できる「都市再生特別地区」の設定ができる

・都市計画手続きの処理期間の大幅な短縮ができる
・(財) 民間都市開発推進機構による無利子貸付、債務保証などが講じられる

(2) 地域再生法

地域経済の活性化と地域雇用の創造を地域の視点から積極的かつ総合的に推進するため、政府は 2003 年 10 月に内閣に「地域再生本部」を設置した。そして 2005 年 4 月 1 日に地域再生法が成立した。地域再生法は、地域経済の活性化、地域における雇用機会の創出など「地域再生」を支援することを目的としている。

これまでの地域振興のための取り組みは、国が一方的に立案していた面もあるが、本法により地域のさまざまな人々や主体が知恵を出し合い、国の政策立案に参画することが可能となった。地域再生法においては、①地域再生基盤強化交付金の交付、②課税の特例、③補助対象施設の転用の承認手続の特例の支援措置が定められており、さらに地域再生基本方針において、地域再生計画の認定と連動したさまざまな支援措置が準備されている。

4.3.3 大深度地下利用に関する動向
(1) 大深度地下の公共的使用に関する特別措置法

本法は 2000 年 5 月に公布、2001 年 4 月に施行された。誕生の背景として、都心部の道路地下の利用がふくそうするのに対し、民有地下の利用がほとんど進まない状況があった。その一方で、地下掘削技術の進歩により、大規模な構造物の地下であっても地上にほとんど支障を与えず、掘削可能となったことにより、近年完成した地下鉄は実質的に地上に影響を与えない深い深度に設置されていた。このような技術の進展を背景に、土地所有者が通常利用しない地下空間であれば、公共の目的のために利用してもよいのではという機運が醸成されていった。

本法を適用すれば、事業の早期供用や用地費などの削減とともに、地上の土地利用に制約を受けない合理的なルート設定などが可能となるため、地下鉄などでは施工区間長の短縮や所要時間の短縮などが期待されている。本法の内容を以下に紹介する。なお、本法の規定により必要な協議を行うため、

対象地域（首都圏、近畿圏および中部圏）ごとに、国の関係行政機関および関係都道府県による「大深度地下使用協議会」が設置されている。

〈目的〉

公共の利益となる事業による大深度地下の利用に関し、その要件、手続などについて特別の措置を講ずることにより、当該事業の円滑な遂行と大深度地下の適正かつ合理的な利用を図ること

〈定義〉

「大深度地下」とは、以下に掲げる深さのうちいずれか深い方以上の深さの地下をいう。

①建築物の地下室およびその建設の用に通常供されることがない地下の深さとして、政令で定める深さ

②当該地下の使用をしようとする地点において、通常の建築物の基礎杭を支持できる地盤として政令で定めるもののうち、最も浅い部分の深さに政令で定める距離を加えた深さ

〈対象地域〉

この法律による特別の措置は、人口の集中度、土地利用の状況その他の事情を勘案し、公共の利益となる事業を円滑に遂行するため、大深度地下を使用する社会的経済的必要性が存在する地域として政令で定める地域について講じられるものとする。

〈対象事業〉

公共性の高い事業として、道路事業、河川事業、鉄道事業、電気通信事業、ガス事業、上下水道事業などがあげられている。

(2) 大深度地下使用技術指針・同解説

2001年6月にまとめられた本指針は、「大深度地下の公共的使用に関する特別措置法」の施行に際し、同法の対象事業に共通する技術的事項について定め、技術的な観点から大深度地下施設と地上建築物などの間で相互に影響する事項を明確にし、事業者、土地所有者など関係者の技術的解釈を統一することにより大深度地下利用制度の適正かつ円滑な運用に資することを目的としている。同指針では、大深度地下を具体的に図4-3-3および以下に示すように定義している。

4.3 地下利用に関連する政府の動向

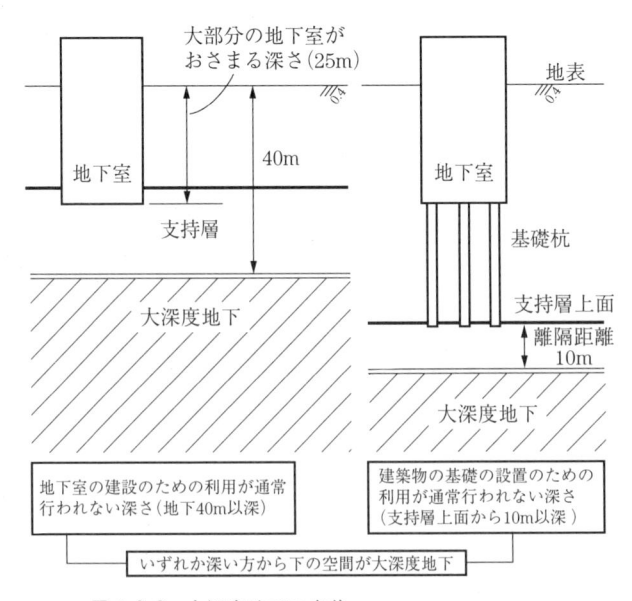

図 4-3-3　大深度地下の定義
（出典：「大深度地下使用技術指針・同解説」）

①地下室の建設のための利用が通常行われない深さ（地下40m以深）
②建築物の基礎の設置のための利用が通常行われない深さ（支持地盤上面から10m以深）

(3) 大深度地下利用に関する技術開発ビジョン

　本ビジョンは、2000～2001年度の「大深度地下利用に関する技術開発ビジョン検討委員会」において検討され、2003年1月にまとめられた。今後「大深度地下の公共的使用に関する特別措置法」の利点を活かした事業の計画・実施が期待される中、より高度で多様な大深度地下利用を効率的に進めるためには、大深度地下の特性を踏まえた一層の技術開発が不可欠と考えられる。

　本ビジョンは、大深度地下利用に関する幅広く汎用的な技術開発を促進するために、技術開発の方向性、具体的な技術開発項目をとりまとめたものである。

　国土交通省では、本ビジョンを公表することにより、民間の技術開発の促

第4章 地下利用の将来ビジョン

表 4-3-2 大深度地下利用の技術開発テーマと主な技術開発項目

視点	技術開発テーマ	主要な技術開発項目
I	①空間設計技術	・迷路性改善のためのナビゲーション技術や災害時の情報提供、誘導技術 ・移動弱者にも安全なバリアフリー化技術
I	②内部環境技術	・省エネ、長寿命な光・視環境形成のためのLED面発光照明等技術
I	③換気技術	・安全な内部環境維持のための空気浄化、地上環境の保全のための集塵、脱硝酸技術
I	④防災システム	・逃げ遅れを防止し、大深度からの安全な避難誘導指導時間確保のための一次滞留避難施設、火災等に対する安全確保のための早期火点検知システム、煙流動制御等技術
I	⑤垂直輸送システム	・大深度へのアクセス性を高める高速かつ大量の上下移動のための急傾斜エスカレータ、リニア垂直輸送システム等の昇降装置技術
I	⑥移動・物流システム	・地上トラック走行を軽減する地下物流プロジェクトをより効果的にする上下の輸送に関する省エネルギー型の無動力搬送システム等技術
I	⑦シールドトンネルの耐久性	・ライフサイクルコスト（LCC）の最小化のための高耐久性セグメント等の設計技術
I	⑧躯体構造物の耐久性、維持、補修	・地下構造物の長寿命化のためのひび割れの発生しにくいコンクリートの開発 ・地下構造物の長寿命化に対応し、トータルコストを考慮した合理的な設計基準の検討
II	⑨シールドトンネル設計技術	・合理的な大深度シールド設計のための大深度地下の実測データの蓄積による設計法の検証と適切な地盤特性評価
II	⑩大深度地下構造物の設計技術	・立杭やNATM等の合理的な設計のための大深度地下の実測データの蓄積による設計法の検証と適切な地盤特性評価
II	⑪地質調査解析技術	・大深度の地層を把握するためのN値に変わる支持地盤探知手法、離れた場所のボーリングや3次元地盤情報を得る等の調査解析技術 ・大深度の特性を把握・活用するための既往ボーリングデータベース
II	⑫施工中の調査、計測技術	・施工中管理、施工後管理を合理的のための長期対応計測等技術
II	⑬地下環境アセスメント	・地下構造物構築による地下水等の地下環境への影響を事前評価し、将来的な負荷を未然に防ぐための地下水予測技術
II	⑭地下水制御技術	・地下構造物構築による地下水等への影響による地盤沈下、地下水変動を回避するための地下水モニタリング技術
II	⑮立杭の掘削技術	・大深度立杭の効率的な構築のための自動化技術
II	⑯大規模空間掘削構築技術	・安全で効率的な大規模地下空間構築のための掘削時の地山補強等技術
II	⑰長距離高速掘削技術	・大深度での経済的トンネル構築のための高速、長距離シールドマシン開発
II	⑱新しい掘削技術	・経済的なトンネル構築のための中間領域地盤における山岳工法とシールド工法を組み合わせた掘削技術開発
II	⑲トンネルの拡幅分岐技術	・大深度での非開削工法によるシールド拡幅、分岐構築のための補助工法併用分岐シールド等技術
II	⑳多断面トンネル技術	・機能性に優れた断面形状を持つトンネル構築のための非円形シールド構築技術
II	㉑発生土の排出、処理、輸送技術	・効率的で環境負荷の少ない土砂運搬のための輸送技術および発生土リサイクル技術
III	㉒大深度地下利用評価技術	・大深度利用の効果判断のための地上環境改善効果を含めた横断的評価技術

【視点】 I：浅・中深度同等以上によりよく安全に使う
　　　　 II：浅・中深度同等以上に環境に配慮してよりよく作る
　　　　 III：大深度地下利用を適切に評価する

（出典：大深度地下利用に関する技術開発ビジョン、国土交通省、2003.1）

進も期待している。本ビジョンで提示された22の技術開発テーマおよび技術開発項目を**表4-3-2**に示す。なお、この内容の一部は4.5節においても紹介する。

(4) その他の大深度地下関連のマニュアル・指針類

　大深度地下は、大都市地域に残された貴重な空間であり、いったん施設を設置するとその撤去が困難であることなどから、早い者勝ち、虫食い的な乱開発を避け、適正かつ合理的な利用を図ることが求められる。また、安全の確保や環境の保全などに関しても十分に配慮する必要がある。

　そのような背景から「大深度地下の公共的使用に関する特別措置法」に基づき定められた「大深度地下の公共的使用に関する基本方針」では、大深度地下の使用認可の適合要件を示すとともに、配慮すべき事項として安全の確保や環境保全などをあげており、これらに関連したマニュアルや指針類が国土交通省から次々と出されている。これらのマニュアル・指針類の概要を**表4-3-3**に示す。なお、詳細は国土交通省のホームページなどに掲載されている。

第4章 地下利用の将来ビジョン

表 4-3-3 大深度地下関連のマニュアル・指針類の概要

名　　称	概　　要
大深度地下の公共的使用におけるバリアフリー化の推進・アメニティの向上に関する指針	本指針はバリアフリー化、アメニティに関する指針として平成17年7月に国土交通省により公表された。主な内容を以下に示す。 〈バリアフリー化の視点〉 ①大深度地下では、高齢者や身障者だけでなく健常者もエスカレータやエレベータを利用する機会が増加することから、全ての利用者の円滑な移動が可能となるよう、エスカレータやエレベータの輸送力の増強について検討する必要がある。 ②大深度地下は空間的な制約により方向感覚の低下や迷路性が生じやすいため、施設などの位置関係や移動経路に関する情報伝達が重要である。 ③高齢者や身障者など移動制約者の円滑な移動のために、人的協力などのソフト面でのシステムづくりが望ましい。 〈アメニティの視点〉 ①施設内の温度・湿度、空気・気流、光、音を適切に管理するとともに、施設への漏水を防ぐことにより快適で安心できる内部環境を維持する必要がある。 ②大深度地下の閉塞感、圧迫感を少しでも解消し、より快適な内部環境の創出に向け、空間デザイン面でさまざまな工夫を検討することが望ましい。
大深度地下の公共的使用における安全の確保に係わる指針	本指針は安全に係わる事項を具体的に運用するための指針として、平成16年2月に国土交通省都市・地域整備局により公表された。同指針の大深度地下における安全の確保の考え方を次に示している。 ①特に不特定多数の人が利用する、一般有人施設において人的被害の防止をめざすこと ②具体的な対策、手法については、施設ごとに用途、深度、規模などを踏まえ、危険・災害に対して、効率的、効果的なものとなるよう十分検討する必要があり、原則として、対象となる危険・災害を想定して、これを防ぐ具体的な方法を示すことを重要な点として示している。 安全の確保のために考慮すべき事項として、火災・爆発、地震、浸水、停電、救急・救活動、犯罪防止、地下施設における不安感の解消などが挙げられている。
大深度地下の公共的使用における環境の保全に係わる指針	本指針は環境に係わる事項を具体的に運用するための指針として、平成16年2月に国土交通省により公表された。大深度地下を使用する事業について環境の保全に係わる調査および影響の検討並びに講ずべき措置の実施を円滑にすることにより、事業計画の基本方針への適合を図るとともに、的確な使用認可手続きを行い、大深度地下の適正かつ合理的な利用に資することを目的とする。環境の保全のための検討項目とその細目は以下のとおりである。 ①地下水・水圧低下による取水障害・地盤沈下等 ②施設設置による地盤変位……大量の土砂掘削による周辺地盤変位等 ③化学反応……大深度地下に存在する還元性の地層に起因する地下水の強酸化等 ④掘削土の処理……泥水シールド工法などで発生する汚泥などの適正な処理等 ⑤その他……施設の換気等
大深度地下地盤調査マニュアル	本指針は大深度地下を特定するための地盤調査に関する技術的事項を定めたマニュアルとしてとりまとめ、平成16年2月に国土交通省から公表された。「大深度地下の公共的使用に関する特別措置法」において定義されている大深度地下は支持地盤の位置によって決まるため、地盤調査結果などを用いて事業地域における地盤の性状を適切に把握し、所定の強度特性を有する地盤の深さおよび支持地盤の厚さとその連続性を評価することによって、支持地盤を特定しなければならない。 本マニュアルは大深度地下特定のための地盤調査および調査結果を用いた大深度地下特定の一連の作業における技術的事項を定め、事業者の地盤調査の円滑な実施および審査の適正な実施に資することを目的としている。
大深度地下マップ・同解説	東京、名古屋、大阪の3大都市圏の中心部を対象に、国土庁が大深度のおおよその範囲を示したマップであり平成12年11月に出版された。大深度地下の範囲を10m深さ別に色分けし図面化したものであり、範囲の特定で必要な支持層の位置を示した図面も併せて作成された。支持層図面は大深度地下に関するプロジェクト以外にも、大規模な公共施設、民間建築物などの基礎を支える支持層の把握に活用できる。

178

4.4 地下利用の将来プロジェクト

　これまでの地下利用は、都市内の地上空間の絶対的不足が直接的な要因としているものが多い。しかし、地下の計画的な利用は単に都市空間の不足を補うばかりでなく、地下が持つ特性から期待される役割も極めて高い。地下空間の主な役割の例を以下に、これからの代表的な地下利用のメニューを**表4-4-1**に示すとともに、次項よりその一部を紹介する。
〈地下空間のこれからの主な役割の例〉
　①都市拠点の形成：
　　地上・地下の活動空間の連担による都市の活性化、快適化
　②高速交通体系の整備：
　　都市活動の円滑化、活性化に資する交通基盤の充実
　③環境関連施設の整備：都市環境や景観保全・向上のための空間
　④ライフライン・情報通信基盤の整備：
　　ライフライン強化や治水強化など防災機能面の改善・強化

4.4.1　地下を利用した都市拠点の形成
(1) 都市のコンパクト化の基本理念
　人口が減少していくなかで、都市をそのまま放置するとどうなるか。
　すでに郊外スプロール化により低下しつつある人口密度のさらなる減少、および都市基盤施設の老朽化とともに、その機能の一部が抜け落ちた都市が出現する可能性がある。また、就業人口の減少によって税収が減少し、都市を再構築するための財政基盤が弱体化する。これは、都市の崩壊シミュレーションと呼ばれ、このような事態が深刻化する前に将来のストックに足りうる都市基盤施設を整備する必要性が問われている。
　地方都市の郊外バス路線では、すでに自家用車の増加と人口の減少の影響を受け、住民が住んでいるにもかかわらず路線廃止が現実問題となりつつあるが、このような状況が道路や他のライフラインにも波及するか、さもなければ高額な維持費の負担を余儀なくされる。

第4章 地下利用の将来ビジョン

表 4-4-1 将来の地下利用のメニュー例

分類	項目	概　要
①都市拠点の形成	中心駅の商業機能の強化	駅前に地下街、地下駐車場などを整備し、駅前の交通負荷を減少させるとともに、地上商店街と地下街の相乗効果による商業活性化を図る。
	交通結節点機能の強化	新たな交通機能の導入や物流機能の導入を図る。
	中心駅周辺道路の地下化	駅前の道路を地下化することによって通過交通を排除し、駅前周辺の環境を向上させる。
②高速交通体系の構築	高速道路の地下化	高速道路を地下に移設することにより、地上の景観のみならず都市機能の強化、憩いの場の復活などを図る。
	都市鉄道の地下化	都市鉄道を地下鉄化することにより、地上環境の保全などを図る。大深度地下を活用する場合は、出発地と目的地を最短距離で結ぶことも可能となる（実際には立坑候補地の選定により曲がる）
	高速鉄道の地下化	都市間鉄道などの幹線交通網の強化を地下空間を活用して図る。大深度地下を使用する場合には、地上の土地利用状況と関係なく整備でき、かつ主要交通結節点と直結できる、などのメリットがある。
	地下物流システムの構築	都市の交通渋滞原因の一つである貨物輸送を地下化することにより、地上空間の渋滞緩和、沿道環境改善を図る。
③環境関連施設の整備	清掃工場や廃棄物処分場の地下化	立地問題などが深刻化している清掃工場や廃棄物処分場を地下化することにより、地上の環境負荷も軽減される。また、それによって緑の復活などが可能となる。
	放射性廃棄物の処理	原子力発電に伴い発生する放射性廃棄物の処理、処分のために地下空洞を活用することにより長期的かつ安定に隔離する。
	防災シェルター	火災や地震などの天災から人々を守る地下空間を整備する。通常は地下駐車場などとあわせて整備する。
	地下備蓄	緊急時の食料やエネルギー確保の場として地下空間の特性（恒温性）などを利用して整備する。
	静脈物流ネットワーク	廃棄物の処理やそのリサイクルにかかわる物流を、地下空間を活用して整備を図る。廃棄物集積場から資源センター、最終処分場までの物流ラインなどが相当する。
④ライフライン・情報通信基盤の整備	ライフラインの地下化	災害などに強い都市基盤を確立できるとともに大深度地下へ設置することによる浅深度空間の有効活用に寄与する。
	情報インフラの地下化	光ファイバーなどの情報インフラ幹線の整備を図る。地下の耐震性を活用し、安定した情報インフラ幹線が確立できる。
	地下河川、中水道の地下化	都市の都市河川の氾濫に最適な場所を対処する。また、中水の再利用を場所を選ばず可能とするほか、河川維持用水そして上流での利用が可能となる。
	導水路の地下化	地下空間を利用して、広域的な利水ネットワークの構築を図る。

参考：(社)日本プロジェクト産業協議会「大都市新生プロジェクトの実現に向けて ―地下を利用した大都市新生プロジェクト提案集」2000.12 などを参考に作成

一方、昼間人口と夜間人口の差が著しい都心では、基盤施設の容量が昼間人口を基準に整備されているため、夜間はフル活用されていない。このような非効率な状況を解決する方策として、スプロール化した人口を都心に計画的に回帰させることが考えられる。ここに、都市のコンパクト化の基本的な理念がある。

(2) 地下を活用した都市拠点整備

新たな空間の創出が極めて困難な状況にある都市部では、都市計画の考え方が従来の「平面都市計画」から「立体都市計画」へと移行しつつある。一方で、地下空間は一度開発されると再開発がほとんど不可能なため、空間利用にあたっては、長期的視点に立ったまちづくりの考え方が必要となる。

たとえば、地上部を地区の特色を活かした快適で美しい都市景観の復元を図るための空間と位置づけ、地下部は都市の利便・快適・機能性を向上させるインフラ導入空間として位置づけるなどといった考え方が今後重要となってくる。

写真4-4-1 は、コンコース地下を商業開発したドイツ・ライプツィヒ中央駅の写真である。拠点となる鉄道駅の重点的開発は、これからの社会において重要なポイントと考えられる。

一般にわが国では、地下鉄駅は単なる電車の乗降場としての機能を重視して整備されてきたため、どちらかといえば無味乾燥なものが多いが、これま

写真4-4-1　ドイツ・ライプツィヒ中央駅
(出典：家田仁「国土と都市の再生」土木学会誌、Vol. 88、2003.3、p. 40)

第4章　地下利用の将来ビジョン

での既成概念を払拭する必要がある。

　よりダイナミックに地下空間を都市拠点の一部として活用しようとする構想を図4-4-1に示す。この図は、(社) 日本プロジェクト産業協議会が提案している「銀座ルネッサンス構想」である。単なる「地下街」の概念を越えて、「新しい地下都市の形成」が提案されているといってよいだろう。具体的には、銀座4丁目交差点を中心として、その南北に大規模コアを建設し、これらと新橋・汐留地区と有楽町・国際フォーラム地区を地下ネットワークで連結して地上と一体となった安全で快適な地下都市を形成している。地上部分は商業、業務などの機能を持つ複合再開発ビルを、地下部分には地下街、文化スポーツ施設、ライフライン、大規模な駐車場、隣接地域と連接する地下交通ネットワークなどからなる。

　現実の社会情勢からみると、実現が困難な計画のように思われるが、今後の都市づくりを考えていくうえでは検討の価値はあると考えられる。

図4-4-1　銀座ルネッサンス構想
（出典：(社) 日本プロジェクト産業協議会「大都市新生プロジェクトの実現に向けて
　—地下を利用した大都市新生プロジェクト提案集」p. 160）

もちろん、このような「地下都市拠点」を実現するためには克服すべき課題が多い。土地利用の視点からいえば、かなりの用地が必要となる。また、事業規模も巨額となり、銀座ルネッサンス構想の場合は、約2,500億円と試算されている。

しかしながら、国際社会におけるわが国の位置づけなどを考えた場合は、その中のいくつかは実現を期待してもよいのではないだろうか。

4.4.2 高速交通体系の構築
(1) 地下を利用した道路ネットワーク

ドイツのデュッセルドルフでは、ライン川岸を通過する連邦道路を約2km地下化し、周辺を含め地上の約28haの土地を公園やプロムナードとして、歴史的な旧市街地を再生するプロジェクトが実現した（**写真4-4-2、写真4-4-3**）。このプロジェクトの特徴は、自動車交通のために道路空間を拡張するのではなく、既存の平面道路や高架道路を地下化することによって、純粋に地上空間を公園やプロムナードとして開放したことにある。ここに、都市空間の再生における地下空間利用の一つの方向を見ることができる。

高速道路の更新時期を契機に地下道路化と地上空間の開放を行うプロジェクトもあり、その代表例として"Big Dig"のニックネームで世界的に注目を集めている米国ボストンのCentral Artery/Tunnelプロジェクトがあげられる。このプロジェクトには、ボストンの都心地区を通過する6車線、約2マイルの高速道路を8～12車線の地下高速道路に再整備する計画が含まれている（**写真4-4-4、写真4-4-5**）。高速道路の地下化によって生み出される40エーカー以上の地上の土地は、オープンスペースを中心にした土地利用へと変わろうとしている。

欧米諸国ですでにそのような動きがあるなかで、わが国の高速道路は一体どのような状況にあるのだろうか？「高速道路の整備水準の国際比較」と「空港・港湾と高速道路網のアクセス状況」を**図4-4-2、図4-4-3**に示す。欧米をまねる必要は必ずしもないが、わが国の高速道路ネットワーク整備はまだ過渡期にあるといって過言ではない。

このような状況の中で、首都圏などの大都市圏では、増加する自動車交通

第4章　地下利用の将来ビジョン

左上：**写真4-4-2**　デュッセルドルフ連邦道路・地下化前（1989）
左下：**写真4-4-3**　デュッセルドルフ連邦道路・地下化後（1997）
右上：**写真4-4-4**　ボストン・州際道路（Ⅰ-93）の再整備中の状況
右下：**写真4-4-5**　ボストン・州際道路（Ⅰ-93）の再整備後の想定
（出典：浅野光行「道路計画、これからの都市の地下利用」土木学会誌、Vol. 87, 2002.8, pp. 15-18）

量に道路整備が追いつかず、結果的に慢性的な混雑・渋滞が発生している。渋滞による走行速度の低下は、時間損失のみならず、燃料消費、さらには地球温暖化の原因であるCO_2の発生につながっている。また、酸性雨の原因となる窒素酸化物（NO_X）の発生にもつながる。

　道路渋滞の解消をどの程度まで道路整備に求めるのかという議論は、今後必要になるが、少なくとも最低限のネットワーク整備は必要である。

4.4 地下利用の将来プロジェクト

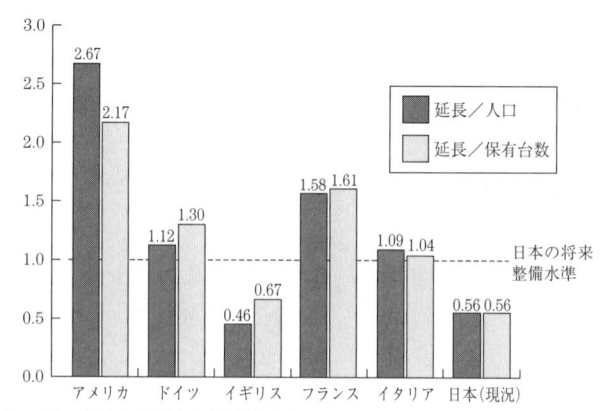

国　名	高速道路延長 (km)	延長/人口 (km/万人)	延長/保有台数 (km/万台)	延長/国土面積 (km/万km²)	延長/√人口×国土面積
アメリカ	88,727	3.27 (2.67)	4.30 (2.17)	95	17.6
ドイツ	11,400	1.39 (1.12)	2.58 (1.30)	319	21.1
イギリス	3,303	0.56 (0.46)	1.32 (0.67)	135	9.7
フランス	10,300	1.75 (1.58)	3.19 (1.61)	187	18.1
イタリア	6,957	1.21 (1.09)	2.05 (1.04)	231	16.7
日本 平成12年度末（現在）	7,843	0.62 (0.56)	1.11 (0.56)	207	11.3
日本 21世紀初頭	14,000	1.11 (1.00)	1.98 (1.00)	370	20.2

注：ドイツ、イギリス、フランス、1998年、アメリカ、イタリアは1997年、日本は、平成12年度末（現在）の高規格幹線道路の供用延長。

※√人口×国土面積＝国土係数と呼ばれるものであり、面積と人口からみた国土の大きさを示す指標の1つ。

※延長/人口、延長/保有台数の表中の（　）は、日本の将来（21世紀初頭）整備水準を1として比較した値

図 4-4-2　高速道路の整備水準の国際比較
（出典：資料「日本の道路　暮らしと産業の道づくり」国土交通省、2002）

第4章 地下利用の将来ビジョン

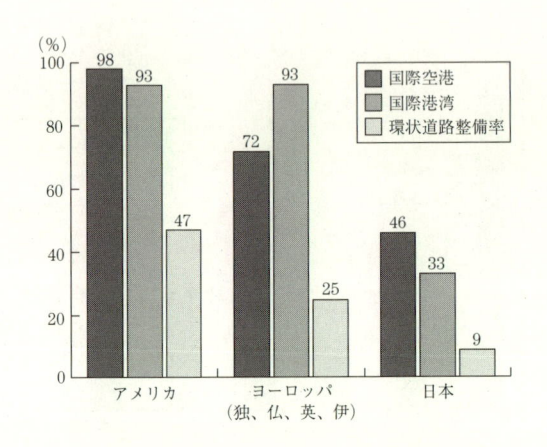

	アメリカ	ヨーロッパ （独、仏、英、伊）	日　本
国際空港	98%	72%	46%
国際港湾	93%	93%	33%
環状道路整備率	47%	25%	9 %

※1：高規格幹線道路等インターチェンジなどから10分以内に到着可能な施設数／対象施設
※2：環状道路を持つ都市の割合
注1：日本／平成8年度末、アメリカ／空港1995年、港湾1993年、ヨーロッパ／空港1995年、港湾1992年
　2：対象空港は、国際定期便が就航している空港
　3：対象港湾は、ヨーロッパについては総貨物取扱量が年間1,000万トン以上の港湾アメリカ、日本については国際貨物取扱量が年間500万トン以上の港湾

図 4-4-3　空港・港湾と高速道路網とのアクセス状況、環状道路整備率
（出典：資料「日本の道路　暮らしと産業の道づくり」国土交通省、2002）

4.4 地下利用の将来プロジェクト

Coffee Break その11

こんなに早いのです！
~中国の高速道路ネットワーク整備~

　中国政府は、21世紀における国家経済発展の礎として、35,000 kmにおよぶ「五縦七横」（五本の南北幹線、七本の東西幹線）の主要自動車専用道路網計画を、第9次5カ年計画（1996年～2000年）において採択した。これにより1990年代初頭には全土でもわずか500 kmほどしかなかった高速道路網は2002年度には約20,000 kmに達し、35,000 kmに及ぶ高速道路網が2007年には開通する予定である（2006年現在）。

　そのような状況の中、新たに「7918」計画が浮上している。これは、人口20万以上の都市を高速道路で網羅しようとする計画で、今後20～30年をかけて整備しようとするもの。具体的には、北京から放射状に伸びる「7」路線、全国を南北に縦断する「9」路線、東西に横断する「18」路線から構成されており、総延長は85,000 kmほどに達するといわれる。それと比べて、わが国では目標が14,000 kmでその進渉率は約60％超というところ。中国国内でも、急速なモータリゼーションの進行が環境に与える負荷を不安視する声や、財政難に苦しむ地方政府の負担増も懸念材料、などの声もあるようだが……なんとも、国の勢いというのはこういうものか、という思いを禁じえない。

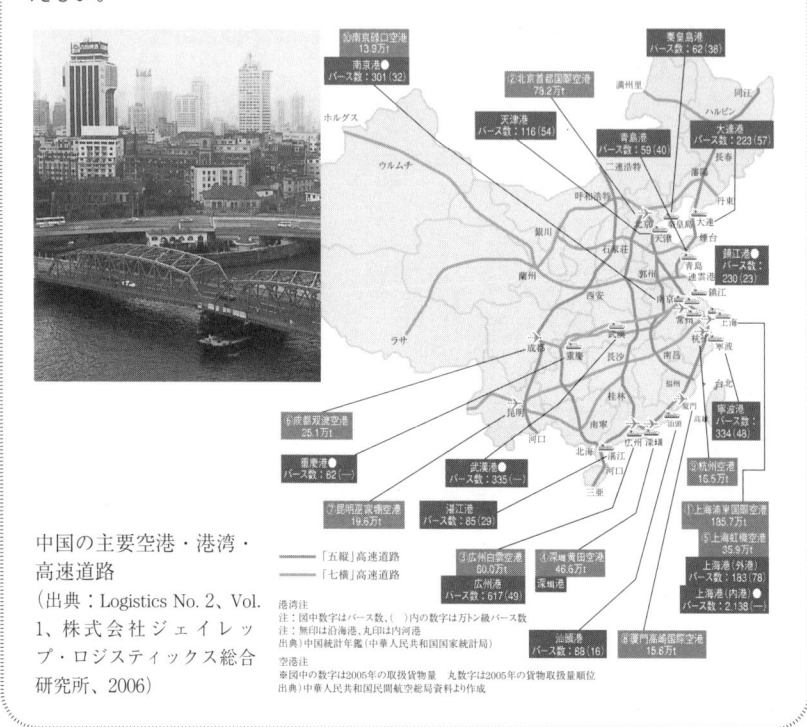

中国の主要空港・港湾・高速道路
（出典：Logistics No. 2, Vol. 1、株式会社ジェイレップ・ロジスティックス総合研究所、2006）

第4章　地下利用の将来ビジョン

具体的に首都圏の高速道路網をみてみよう。一般には、放射状と環状道路の適度なバランスが最適なネットワークとされているが、図 4-4-4 に示すように、欧州の都市が良質な資産として環状道路の高い整備率を誇るのに対して、首都圏の環状道路の整備率はいまだに20％程度であり、都心に用のない通過交通が大量に流入、4車線しかない都心環状線は慢性的な渋滞状況にある。

この状況を改善するためには、首都圏中央連絡自動車道（圏央道）、東京外かく環状道路および首都高速中央環状線というたいわゆる首都圏三環状道路

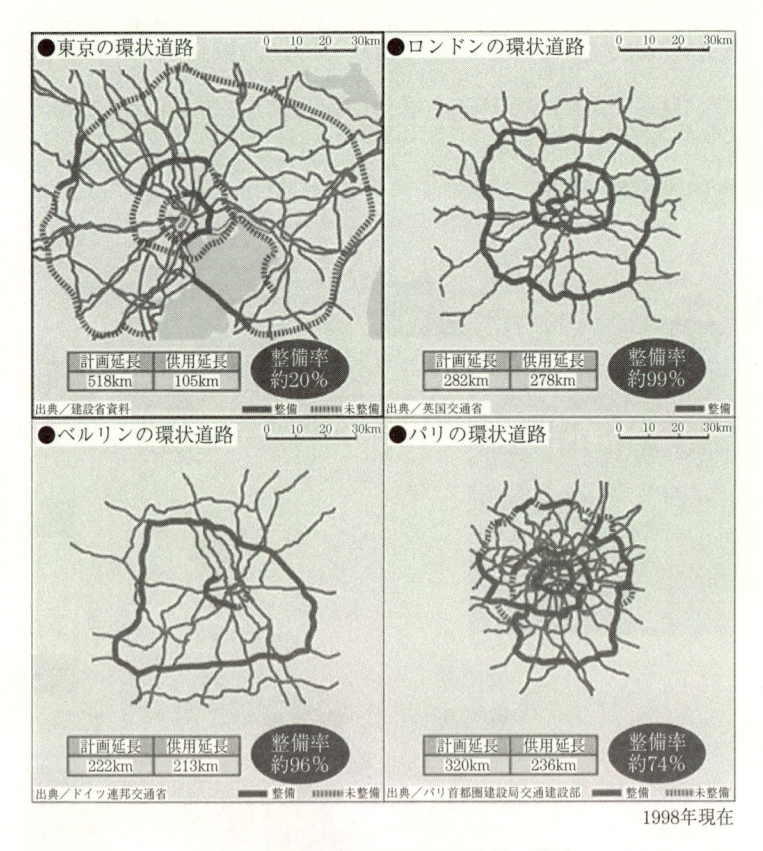

図 4-4-4　世界主要都市の環状道路の比較
（出典：国土交通省資料）

4.4 地下利用の将来プロジェクト

などの整備が喫緊の課題であり、その整備のためには地下空間は非常に有用な空間である。

以下に、東京外かく環状道路と首都高速道路中央環状品川線の概要を紹介する。なお、その他にも横浜環状線などの大部分が地下道路として計画されている。

a) 東京外かく環状道路（大泉～東名間）

首都圏3環状道路の中央リングに位置づけられている東京外かく環状道路の大泉～東名間は、1966年に都市計画決定されたが、その後の諸事情によ

図 4-4-5　東京外かく環状道路の平面図
（出典：東京外かく環状道路（関越道～東名高速）の計画のたたき台、
国土交通省関東地方整備局、東京都都市計画局、2001.4）

り計画が凍結状態となっていた（図4-4-5）。当初の都市計画決定では、高架形式で計画されていたが、沿線環境問題への配慮などから地下形式へと計画変更され、シールド工法あるいは開削ボックス工法により検討が進められており、現在PI（パブリックインボルブメント）手法を用いた計画が進められている（図4-4-6）。

●現計画の自動車専用道路と幹線道路の広域機能を集約して、全線地下構造の自動車専用道路とする。

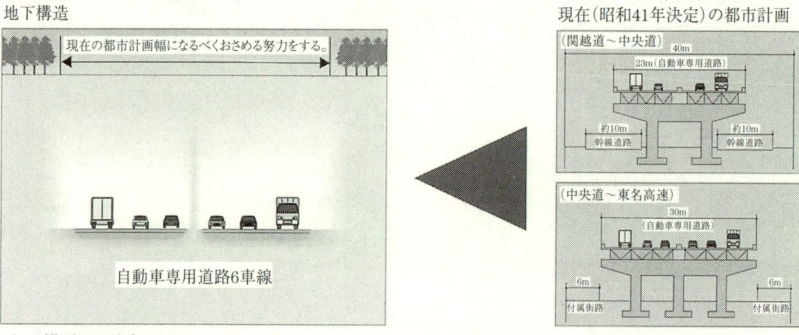

地下構造の形式

項目	シールド構造	開削ボックス構造
	地上から掘削は行わず、地下部でモグラのようなシールドマシンによりトンネルを構築するもの	一旦、地上部から開削して道路構造物を構築し、再び埋め戻すもの
断面	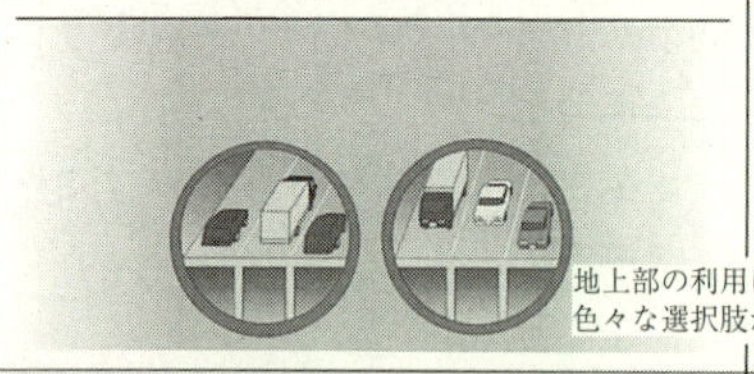	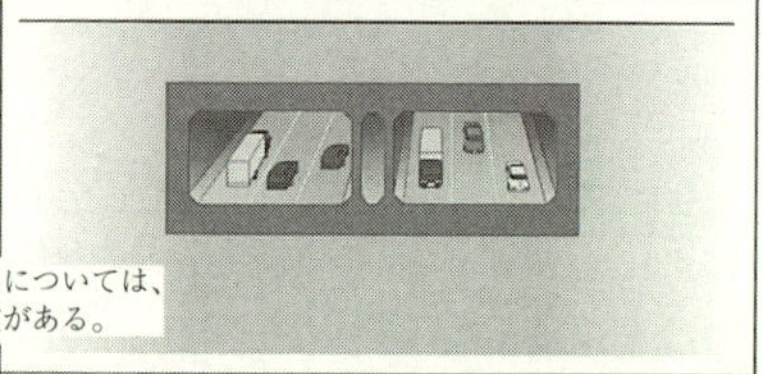
構造等	・地上部からの工事を最小限に抑えることが可能。 ・地上部は、現状の市街地を維持することが可能。 一方、地域のための道路や緑地帯、公園などの整備を含め改めてまちづくりを行うことも可能。 ・トンネル内の排出ガスは換気施設で処理・排出。	・地上部から掘削するため、工事中は、建物等の移転が必要。 ・埋め戻した後の地上部は、地域のための道路や緑地帯、公園などの整備を含め新たにまちづくりを行うことが可能。 ・トンネル内の排気ガスは換気施設で処理・排出。

なお、地下構造としては、この他に掘割構造が考えられる。

図4-4-6　高架形式から地下形式への計画変更
（出典：東京外かく環状道路（関越道～東名高速）の計画のたたき台、国土交通省関東地方整備局、東京都都市計画局、2001.4）

4.4 地下利用の将来プロジェクト

b) 中央環状品川線

　首都圏三環状道路の内側リングとして位置づけられる延長約46kmの中央環状線は、すでに供用されていた東側区間のほか、王子線が2002年、新宿線の池袋〜新宿間が2007年に開通しており、新宿〜渋谷間は2009年度開業予定となっている。

　新宿線につながる品川線は、中央環状線の南側部分を形成し、中央環状新宿線および大橋一丁目の高速3号渋谷線の接続部から、公共空間を極力活用するよう環状6号線（山手通り）および目黒川の地下を通って高速湾岸線に接続する約9.4kmの路線である（**図4-4-7**）。都心部での高速道路となるため、ほぼ全線で地下を通る計画となっており、2004年11月の都市計画決定を受け、2013年度の完成を目指して東京都と首都高速道路（株）が共同で事業を進めている。

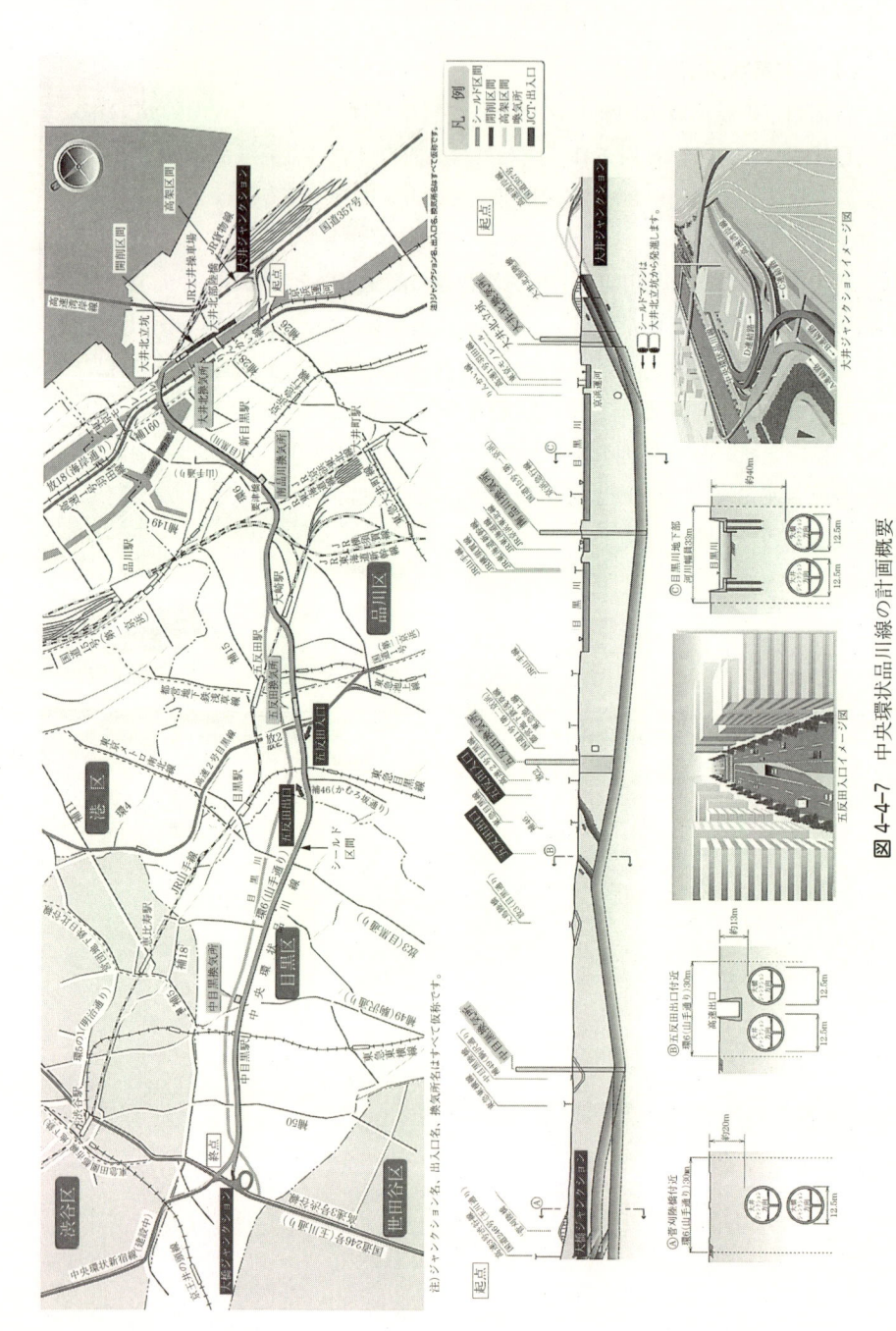

図 4-4-7 首都高速道路(株)パンフレット 中央環状品川線の計画概要
(出典：首都高速道路(株)パンフレット 中央環状品川線)

192

4.4 地下利用の将来プロジェクト

Coffee Break その12

高速道路は現在計画されているもので十分か？
~首都圏高速道路ネットワークの補完ルート~

　本文に紹介したのは計画されている高速道路網であるが、都心の高速道路ネットワークはそれだけで十分なのだろうか？

　46万台／日もの交通量をさばく都心環状線は、中央環状線全線の完成後においてもその機能が必要とされている一方で、最初の開通からほぼ40年が経過しており、加齢と交通負荷による構造物の劣化などにより、いつかは社会的ニーズに対応した構造物へと順次更新していく必要がある。その時には、現在の交通量を他路線でさばくことができるのだろうか？

　現在の東京圏の都市内高速道路網は概成されているとはいえ、いくつかの欠損部（ミッシングリンク）が存在する。よく利用する人は以下のような点を奇異に感じているのではなかろうか。

・首都高1号線が上野を過ぎて入谷で途切れている。
・関越道から都心部に入ろうとすると、高速道路から一度降りる。
・首都高2号線が目黒で途切れている。また、片側3車線の第三京浜を玉川で降りると片側2車線の環八を通るしかない。

　このような状態では、ネットワークとしてのポテンシャルを十分に発揮できているとはいいがたく、このような観点から、（社）日本プロジェクト産業協議会（JAPIC）では、大深度地下を活用したルート整備の提案などを行っている。

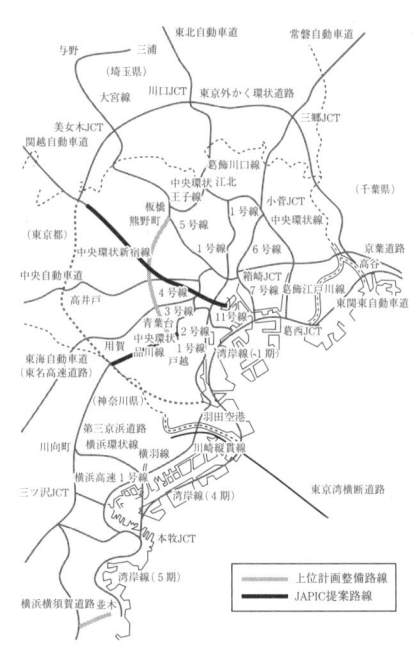

図　首都高速道路ネットワークの補完ルート

（出典：高速道路と都市の機能向上を目指した方策の検討―首都圏高速道路ネットワーク整備試案―、JAPIC 大都市新生プロジェクト研究会、2004.5）

(2) 地下を利用した鉄道ネットワーク

1927年の東京地下鉄（浅草～上野間）の開通以来、地下鉄は大都市に不可欠な都市インフラとして機能している。2001年7月には、全国で38路線665 kmの地下鉄が営業しており、東京では東京メトロが8路線177 km、都営が4路線109 km、大阪では市営が7路線116 km、名古屋では市営で5路線78 kmが営業しており、今後もいくつかの路線が計画されている。

2000年の運輸政策審議会答申第18号「東京圏における高速鉄道を中心とする交通網の整備に関する基本計画」における東京圏鉄道網図を**図 4-4-8** に示す。これらのうち多くは、地下空間を利用することになるだろう。

以下に、小田急線や京王線にみられる「既存都市鉄道の地下連続立体交差」と国際競争力の維持・向上のために必要と考えられる「空港アクセス鉄道」について述べる。

4.4 地下利用の将来プロジェクト

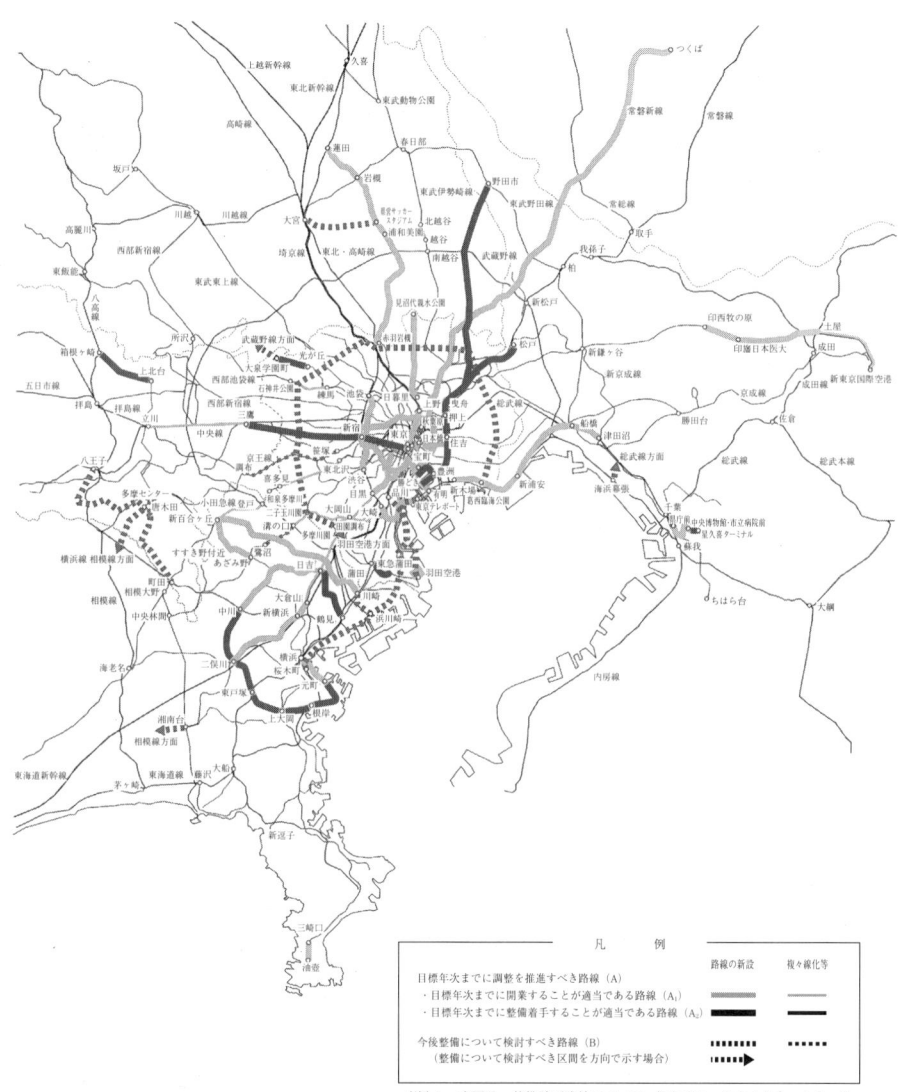

図 4-4-8 東京圏鉄道網図（運政審 18 号答申）
(出典：数字でみる鉄道 2006、(財)運輸政策研究機構)

a) 既存都市鉄道の地下連続立体交差

　大都市郊外部のラッシュはまだ解消されておらず、都市鉄道各社は運行頻度を増加させて需要量に対応しようとしているが、結果的に「開かずの踏切」が増加してしまうこととなる。現在、ボトルネック踏切（踏切交通遮断量5万台時／日以上、またはピーク1時間の踏切遮断時間が40分以上の踏切）が全国に約1,000ヶ所あるといわれており、地域社会や地域交通の大きな障害となっている。

　ボトルネック踏切の抜本的な解消策として、連続立体交差化があげられる。その手法として高架式と地下式があり、従来は高架式を採用することが多かったが、シールド技術の発達などにより以前は掘れなかったところも掘削可能となったことにも起因して、今後は地下連続立体交差も増加するものと考えられる。

　参考例として、京王線と小田急線の地下連続立体交差事業計画の概要図を図4-4-9および図4-4-10に示す。京王線は2012年、小田急線は2013年に完成予定である。

4.4 地下利用の将来プロジェクト

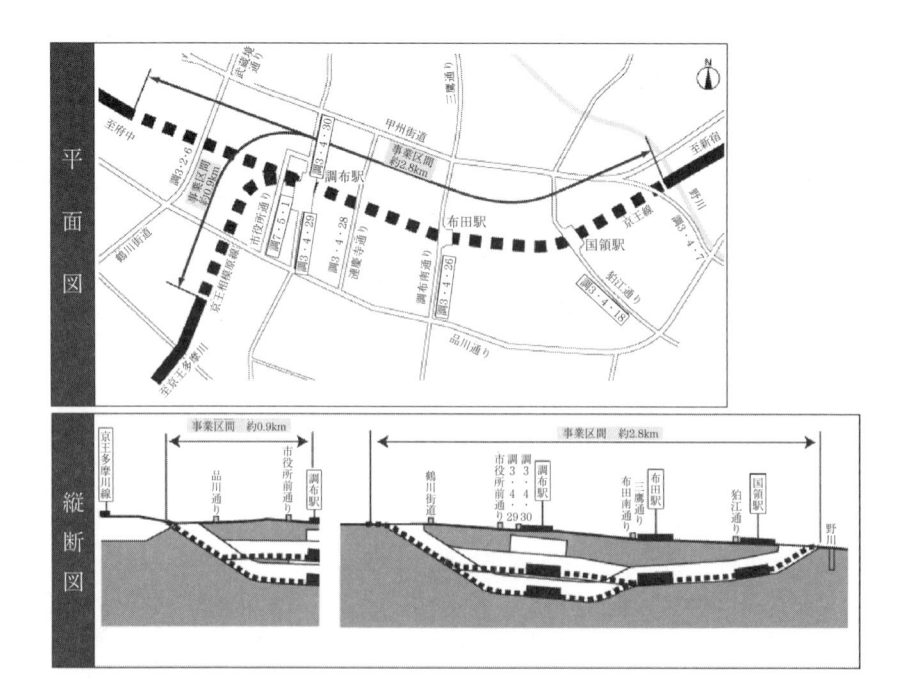

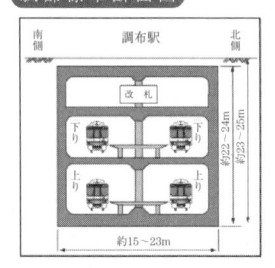

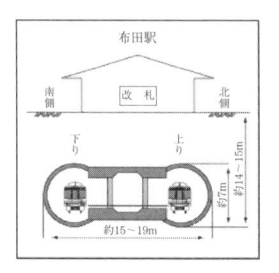

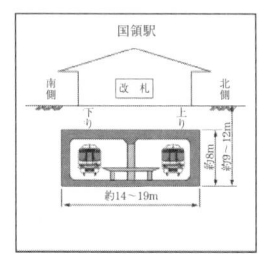

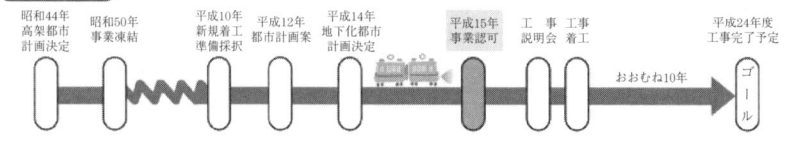

図 4-4-9 京王線の地下化計画の概要
（京王電鉄㈱提供）

第 4 章　地下利用の将来ビジョン

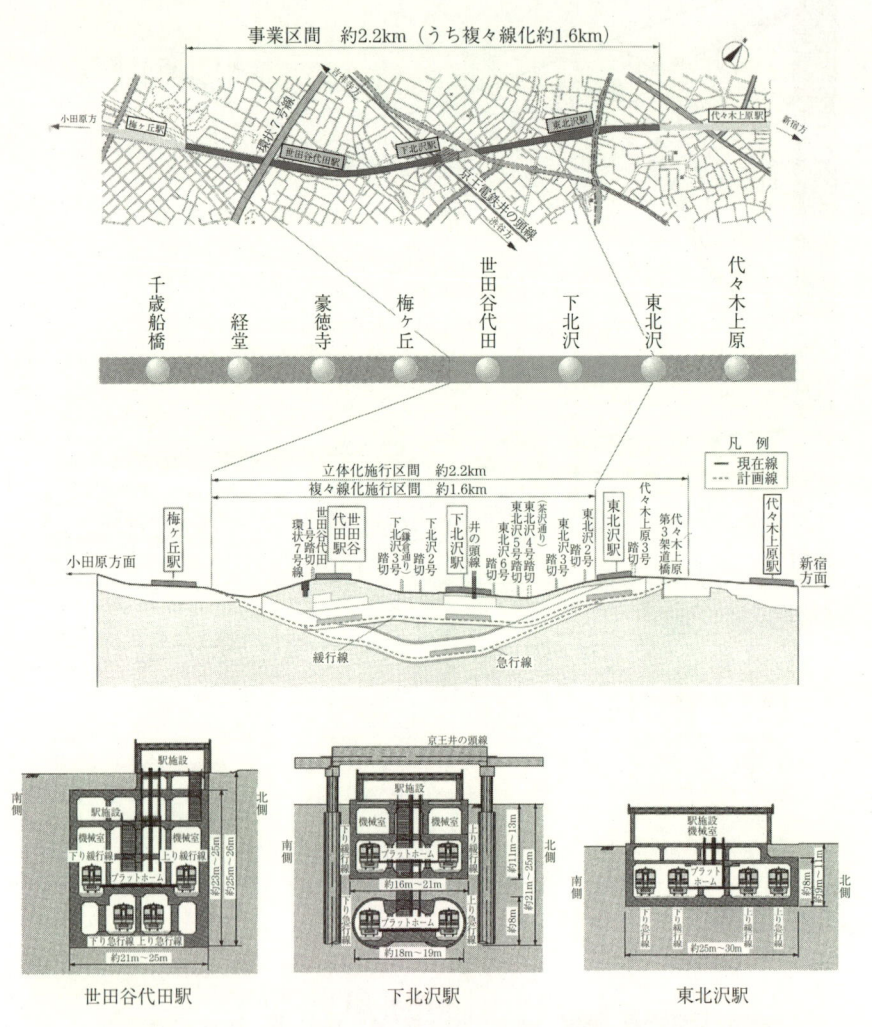

図 4-4-10　小田急線　東北沢〜世田谷代田の地下連続立体交差の概要
（出典：Odakyu Handbook 2006、小田急電鉄㈱）

4.4 地下利用の将来プロジェクト

Coffee Break その13

高架か地下か？
～小田急線連続立体交差（高架化）事業認可取消訴訟～

　2001年10月3日、東京都の小田急線連続立体交差化事業（喜多見駅付近から梅ヶ丘駅付近）をめぐり、東京地方裁判所は、事業を認可した国土交通省関東地方整備局に対して認可を取り消す判決を出した。同判決で東京地裁の裁判長は、「高架式と地下式のどちらが事業費の点で優れるか、十分な検討を経ないまま高架式を採用した判断には、著しい誤りがある」と述べた。本訴訟はその後、2003年12月18日に東京高裁での控訴審において住民側の逆転敗訴となり、住民側は最高裁に上告したが2006年11月に棄却された。最終的には当時の認可の正当性が立証されたわけだが、この裁判は今後のまちづくりや地下利用を考えるうえでの布石の1つと考えることもできる。

　連続立体交差事業としては大きく「高架式」と「地下式」がある。一般に「高架式」は騒音被害や景観上の問題が生じる一方、事業費は比較的安く工期も短いとされ、「地下式」は、事業費が一般には高いとされる一方、騒音被害や景観上の問題が少ない。

　「高架か地下か」の判断にあたっては、単に工期や工費だけでなく、用地費、騒音や景観などの環境価値、長期的な不動産価値などへの影響、さらにはライフサイクルでの環境影響などについて定量的あるいは定性的に計測し評価する必要がある。

小田急線複々線化事業（高架式）の完成写真

199

b) 空港アクセス鉄道構想（大深度地下鉄道）

激化する都市間競争の中で国際競争力を維持・向上するためには、その玄関口となる空港機能の強化が不可欠であり、成田空港では暫定滑走路の供用、羽田空港では再拡張工事が進められている。わが国の航空需要量は将来的にも増大傾向にある一方で、現在の東京都心から成田空港までの所要時間は京成スカイライナーやJR東日本の成田エクスプレスを利用して60分弱かかっており、諸外国の主要空港と比較して長時間となっている。今後、増加する国際航空需要は平成12年度実績で2,700万人／年、第7次空港整備七箇年計画では平成27年には4,260万人／年に達すると予想されており、成田付近は成田新高速鉄道線が2010年の開業を予定しているが、アクセス時間短縮の要望と将来の航空需要に対応するためには、さらなる高速のアクセスルートの整備が不可欠である。

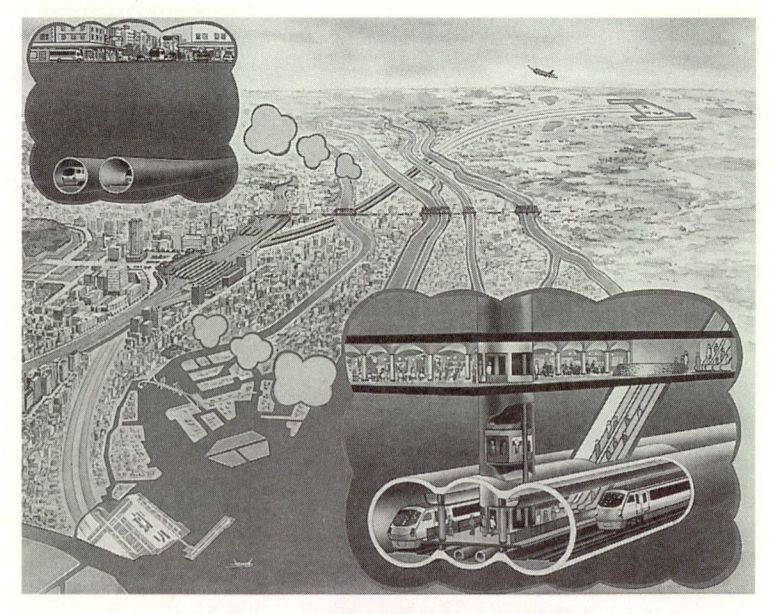

図4-4-11　首都圏空港連携高速鉄道構想
(出典：「国際都市東京」新生に向けた機能強化方策の検討―首都圏空港連携高速鉄道（成田～東京～羽田）の試案―、(社)日本プロジェクト産業協議会(JAPIC)大都市新生プロジェクト研究会、2004.5)

4.4 地下利用の将来プロジェクト

以上の背景から、(社)日本プロジェクト産業協議会(JAPIC)では空港アクセスに関する2つのプロジェクトを提案している。「首都圏空港連携高速鉄道構想」は、大深度地下を活用して成田空港と都心と羽田空港を結ぶ構想で、第1期として北総公団線矢切駅と東京駅をつなぐ大深度地下を活用した新線構想である(図4-4-11)。「ベイエリア縦断ライナー構想」とは、東京駅と東京臨海部、羽田空港を結ぶ新たな地下鉄新線構想である(図4-4-12)。

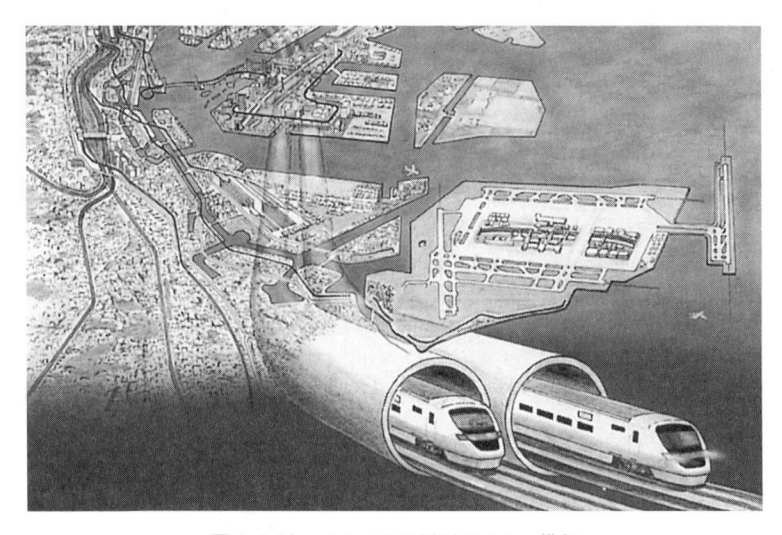

図4-4-12 ベイエリア縦断ライナー構想
(出典:東京駅〜東京臨海部〜羽田空港を結節する新たな交通軸の提案
ベイエリア縦断ライナー、(社)日本プロジェクト産業協議会(JAPIC)
大都市新生プロジェクト研究会、2005.1)

また、神奈川県や千葉県では、成田・羽田両空港をリニアモーターカーで結ぶ構想を打ち出している。拡張に限界がある成田空港と羽田空港の再生・機能向上を図り、アジアにおける国際競争力の保持を狙うプロジェクトであり、路線の速達性が優先されるため、大深度地下空間の使用を想定している。

いずれにしても、空港アクセスの改善は、多くの人々の要望であり、その構想の中では、地下空間は極めて有用な空間として位置づけられる。

第4章 地下利用の将来ビジョン

Coffee Break　その14

鉄道関係者の永年の夢は実現なるか！？
～リニア中央新幹線の推進～

　中央新幹線は1973（昭和48）年に、全国新幹線鉄道整備法に基づく基本計画が決定された。その後、技術的な課題や国鉄改革の影響などにより、その進展は必ずしも早いとはいえなかったが、近年になって新たな展開がみられるようになっている。事業の中心的な役割を担うと想定される東海旅客鉄道株式会社（JR東海）では、第1局面としての首都圏～中京圏間の営業運転開始目標を2025年として、自己負担を前提とした計画推進を表明しており（2007年12月）、現在は地形・地質調査などを積極的に進めている。

　首都圏と近畿圏を約1時間で結ぶリニア中央新幹線の実現には、「超電導磁気浮上式鉄道技術を確立」、「大都市圏での導入空間確保」という大きく2つの課題があった。「超伝導磁気浮上式鉄道技術」については、山梨リニア実験線の走行試験を積み重ね、概ね技術的な目途は立ったものとの評価を受けている。一方、「大都市圏での導入空間確保」については、従来は、権利調整により事業停滞や速達性向上に必要な直線的なルートの確保が困難であったが、「大深度地下の公共的使用に関する特別措置法」により、地上の条件の制約を受けず、リニアの高速性を最大限に活用できるルートの確保も可能となってきた。

　首都圏～中部圏～近畿圏の全延長は約500 kmであり、その半分以上がトンネル区間となると想定されている。実現すれば、我が国の地下空間構築技術の活躍の場、そして発展の場となるのは間違いないだろう。

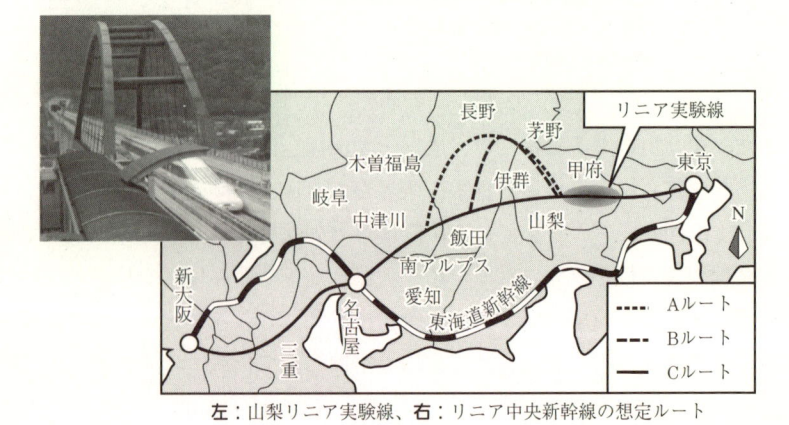

左：山梨リニア実験線、右：リニア中央新幹線の想定ルート

4.4.3 環境関連施設の整備

わが国の経済発展の過程では、環境要素をある程度まで犠牲にしてきたといって過言ではない。そのための弊害が多く発生しているなか、修復のための空間はすでに地上には残されていない。そのため、地下の役割が期待されている。

(1) 廃棄物輸送を含むインフラネットワーク

人類は、「経済の発展」、「資源・エネルギー・食糧の確保」、「地球環境の保全」の3者間のトレードオフ、つまりトリレンマの状況に直面しているといわれている。経済成長にともなってエネルギーをはじめとする資源消費は増大し、早晩には世界規模での資源制約に直面せざるを得ない。経済成長や資源消費の増大は、さまざまな形で環境を劣化させ、地球規模での環境容量の限界に近づいている。一方、東京都心部の地下インフラの現状をみると、中浅深度地下は相当にふくそうしておりほぼ満杯状態にある。今後の都市機能の向上や環境問題の解決および防災機能などを考えると、質・量ともにかなりのインフラが不足している。

このような背景のもと、早稲田大学では東京都心部とその周辺の区部を包括するダイヤモンド型の基本ネットワーク構想をグランドデザインとする「東京大深度地下インフラネットワーク構想」を提唱しており、とくに、大きな意義を持ついくつかのルートを選定して実現化することが1つの有効な手段としている。このダイヤモンド型基本ネットワークの線状部はトンネル、交点部は立坑に相当し、その中に都市部で発生するゴミをはじめとした物流用空間、廃熱利用の熱供給管、上下水道、光ファイバー通信線などを収容する構想となっている（図4-4-13）。

第4章 地下利用の将来ビジョン

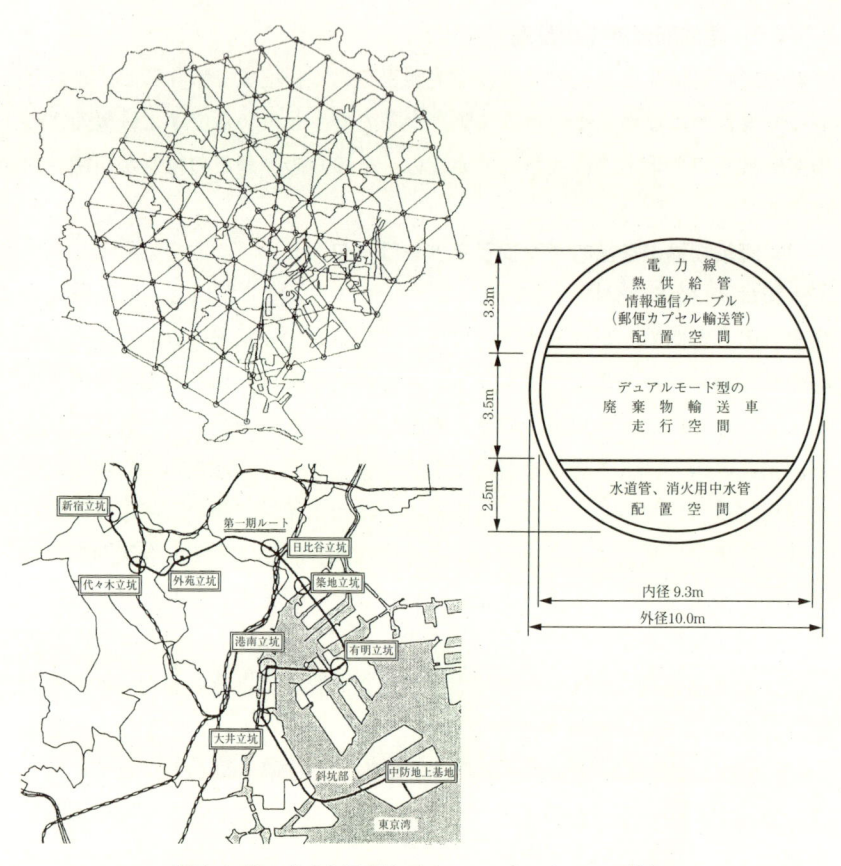

図 4-4-13 東京大深度地下インフラネットワーク構想
(出典：森麟、小泉淳編著「東京の大深度地下〔土木編〕具体的提案と技術的検討」
早稲田大学理工総研シリーズ11、1999.2)

4.4　地下利用の将来プロジェクト

(2) 地下を利用した清掃工場

　企業や家庭から出る一般廃棄物の発生量は、再資源化などの減量化の努力により部分的には減少傾向がみられるものの年間約5,000万トンに達し、産業廃棄物は4億トンに近い。その一方で、環境問題などに対する関心の高まりなどから、迷惑施設として敬遠される清掃工場の立地は困難を極めている。一方で、国民生活の基本であるゴミ処理問題は、その解決が急務とされており、行政的あるいは地球環境的な幅広い観点から清掃工場の円滑かつ適正な整備を図る必要がある。

　このような問題を解消するために、(財) エンジニアリング振興協会では、「山岳地下式清掃工場」を提案している。背後に良質の岩盤を有する地方都市などにおいて、岩の強度を活かして地下式清掃工場を建設しようとするもので、今後の清掃工場の計画においては有効な手段の1つとも考えられる (図 4-4-14)。

図 4-4-14　山岳地下式清掃工場システムの概念図
(出典：「山岳地下式清掃工場システムに関する調査研究報告書」
(財)エンジニアリング振興協会　地下開発利用研究センター、1997.3)

(3) 放射性廃棄物処分における地下利用

わが国の発電電力量の約1/3を占める原子力発電所から排出される放射性廃棄物は、高レベルと低レベルに大別され、使用済み燃料からウラン・プルトニウムを分離・回収した後の放射能レベルの高い液状の廃棄物を高レベル放射性廃棄物と呼ぶ。高レベル放射性廃棄物は、わが国にもすでに発生しており貯蔵・管理されているが、そのままでは永遠に監視し続けていかなければならない。そのため、いつかは人為的な管理を必要としない状態に移行することが必要とされている。

高レベル放射性廃棄物の最終的な処分方法については、国際機関や世界各国でさまざまな検討・研究が進められており、少なくとも現時点では地下を利用した「地層処分」が最も実現可能性が高いとされている（図4-4-15）。

わが国では、高レベル放射性廃棄物を安定な形態にガラス固化して30～50年程度冷却のため貯蔵を行った後、地下300m以深の地層中に処分（地層処分）することを基本方針としており、地層処分を行うにあたっては人工バリアと天然バリアからなる「多重バリアシステム」を構築することを基本としている（図4-4-16）。2000年5月には、処分実施主体の設立、処分費用の確保方法、3段階の処分地選定プロセスなどを内容とする「特定放射性廃棄物の最終処分に関する法律（最終処分法）」が成立しており、平成40年代後半を目途に最終処分を開始するプロセスが進められている。

4.4 地下利用の将来プロジェクト

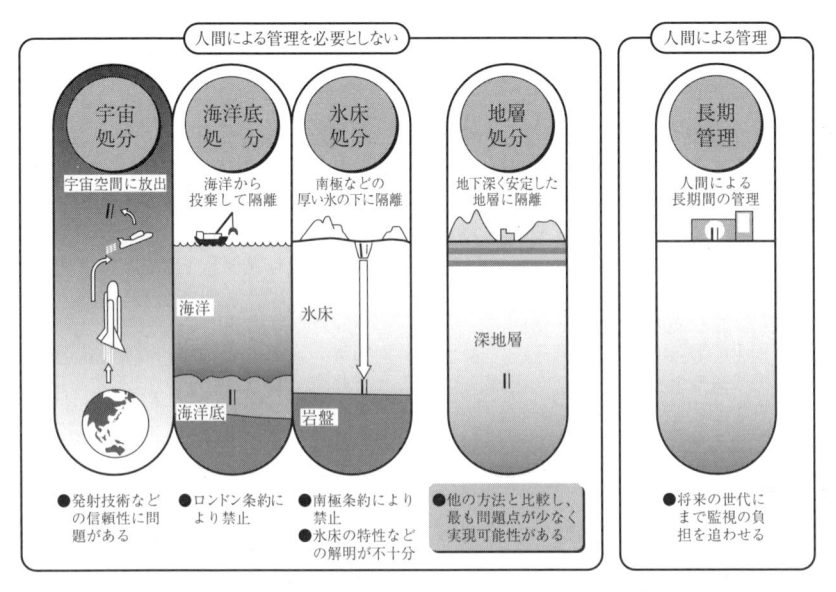

図4-4-15 高レベル放射性廃棄物の処理方法の比較
(出典：資源エネルギー庁資料)

「多重バリアシステム」とは、地下深くの安定した地層（天然バリア）に、複数の人工障壁（人工バリア）を組み合わせることにより、
● 地下水を放射性廃棄物に触れにくくし、
● 触れても溶け出しにくくし、
● 溶けたとしてもその場所から動きにくくし、
● 動いたとしても人間の生活環境に至るまで時間がかかるようにし、
● その間に、放射性物質が希釈・分散され、放射能が減衰することにより、人間の生活環境への影響を十分小さくしようとするシステムのこと。

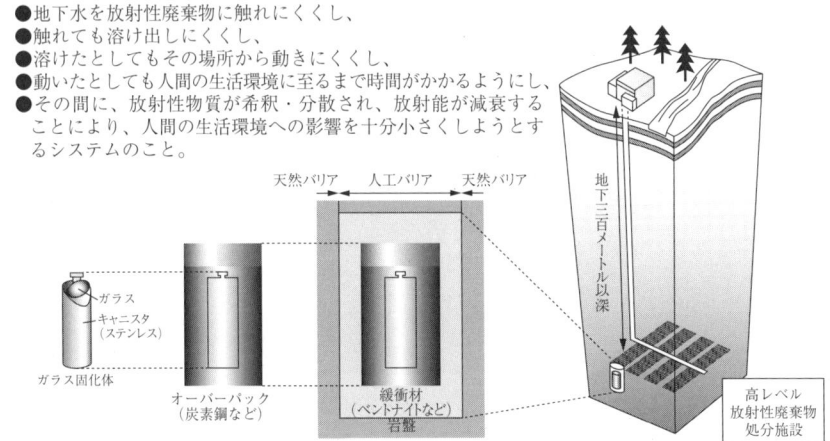

図4-4-16 地層処分（多重バリアシステム）の概念図
(出典：資源エネルギー庁資料)

第4章　地下利用の将来ビジョン

Coffee Break　その15

らせん状のトンネルが空洞を支える！？
~外郭にスパイラルトンネルを有するドーム状空間~

　高レベル放射性廃棄物以外にも、人間生活の営みの中では有害物質が生み出されることが多い。工業製品の生産過程に発生する有害物質、産業活動の終えんに発生する産業廃棄物、生物工学研究に必要な病原菌や微生物、さらには人類の負の遺産たる遺棄科学兵器。これらの中には、処理技術が確立されていないものもあり、長期にわたる管理や保管が必要となる。
　国土の狭いわが国では、このような有害物質を確実に人里から隔離し、長期の管理を担保できる空間を確保することが非常にむずかしい。たとえ人里離れた山中の地上空間に隔離しても、気中や河川などに漏洩して人間環境に影響を与えるおそれは排除できない。
　(財)エンジニアリング振興協会では、このような有害物質の管理施設として「外郭にスパイラルトンネルを有するドーム状空間」の活用を提案している。そもそもスパイラルトンネルは、大規模なドーム状地下空間の天盤部などの地盤を補強するためのもので、本来はコンクリートなどで充填されるものであるが、十分な強度さえ確保できれば、その他の用途を目的とする空間としても利用可能である。すなわち、スパイラルトンネルからモニタリングを行って、地下環境データを取得することが原理的に可能なのである。ただし、トンネルからの地下水モニタリングはこれまでほとんど事例がないことなどから、今後、地下水モニタリング手法を確立することなどが課題となる。

図　外郭にスパイラルトンネルを有するドーム状空間
(出典:「外郭にスパイラルトンネルがあるドーム状空間に関する調査研究報告書」
―高度な管理を要する産業施設などの地下空間への導入に関する検討―
(財)エンジニアリング振興協会　地下開発利用研究センター、2002.3)

(4) 放置自転車問題を解消する機械式地下駐輪場

自転車は、万人にとっての便利な交通手段として親しまれ、都市の通勤・通学者の手軽な乗り物として広く普及している。その一方で、公共などの自転車駐車場の整備も進められているが、駅前での放置自転車が増加して、行政側への苦情が絶えないという実情も散見される。

これまでの駐輪場は、2段式などのラックタイプがほとんどであるが、広大な用地を必要とするため、用地確保の制約から次第に駅から遠く離れた場所に建設されるようになってきた。駐輪場は駅から離れるに従って利用率は低下し、利用者の不満も聞かれるようになる。

機械式地下駐輪場は、500～2,000台の自転車を非常に高い収容効率で地下に収容しようとするものである。広大な用地を必要とせず、駅前広場や公共用地の地下に建設することができるため、たいていの場合は駅に近い位置（例えば200 m以内）に整備することができるようになる（**図4-4-17**）。

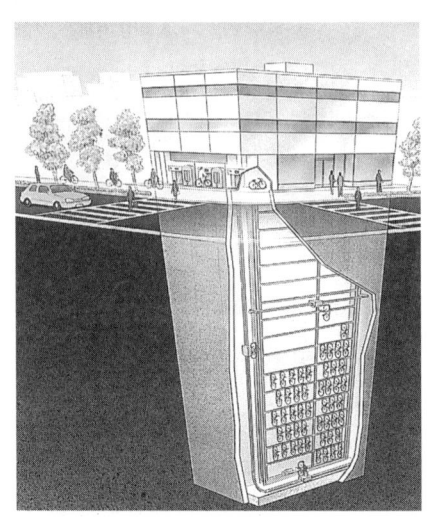

図4-4-17 機械式地下駐輪場の一例
(出典：機械式地下駐輪場研究会パンフレット)

第 4 章　地下利用の将来ビジョン

　このような背景から、東京都江戸川区では地下鉄東西線葛西駅の駅前広場に機械式地下駐輪場を整備する事業が進められている（図 4-4-18）。計画は、葛西駅東・西広場のバスロータリーの地下に全自動で自転車を保管する機械式駐輪場を 2 ヶ所整備し、一部自走式も合わせて約 9,400 台を収容できる駐輪場である。地下空間を利用するため、省スペースが特長であり、地上の一般的な駐輪場を比べると 1/4 程度の必要用地面積となる。今後も、このような駐輪場は増加していくものと考えられる。

図 4-4-18　江戸川区葛西駅東口・西口駐輪場完成予想図
（江戸川区提供）

(5) 親水のための地下河川・地下道路

モータリゼーションの進行は、地上から「川」を奪ってしまった。これまで「川」として親しまれていた都市内空間の多くは暗渠化され、あるいは埋め立てられて道路となったわけだが、現在、親水空間の形成や既存の川を復活しようとする動きが各地でめばえ始めている。

(社) 日本プロジェクト産業協議会 (JAPIC) では、既存の親水性の低い河川を上下二層に改造し、上部を親水空間、下部を治水空間とする構想や、道路を地下化して地上空間に親水空間を整備しようとする「東京アクアコリドール構想」を提案している。

実現のためには多くの課題を有するが、このような場面でも地下空間は有用な空間と位置づけられる (図 4-4-19)。

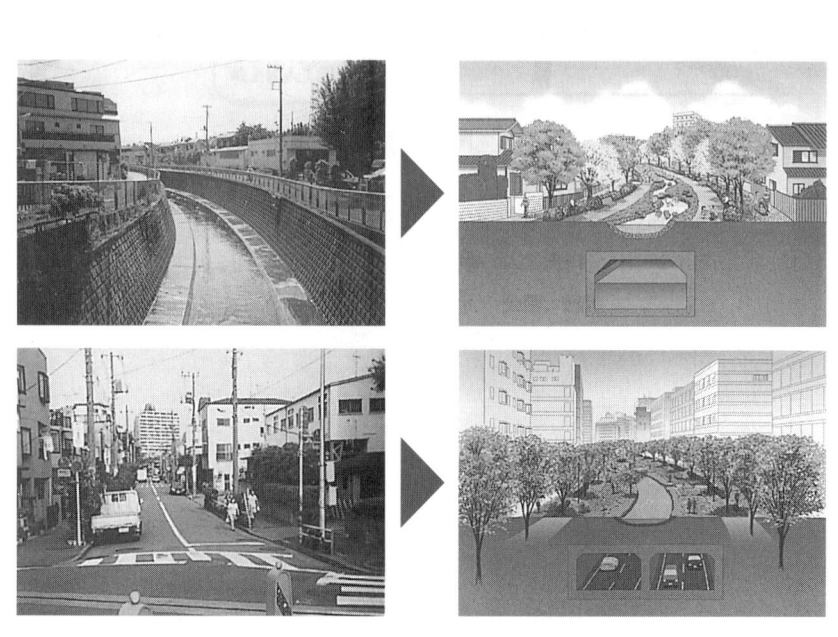

図 4-4-19 河川の地下化や道路の地下化による親水空間の創出
(出典:東京アクアコリドール構想、JAPIC 水資源対策委員会水資源開発研究会、2001.3)

第4章　地下利用の将来ビジョン

Coffee Break　その16

高速道路地下化の実現性はいかに？
～日本橋周辺における首都高速道路のゆくえ～

　日本橋周辺は江戸時代から、経済はもちろん、わが国の政治や文化の中心地としても発展してきた。日本橋に道路元標（道路の起点）があることはご存知の方も多いだろう。今でもこの界隈には日本銀行を中心とした金融機関や三越などの老舗店舗が立ち並ぶ。一方、東京オリンピックを控えた1963年に、この日本橋を覆うように首都高速道路が開通し、この区間は現在も都心環状線の一部として首都東京の交通機能の大きな役割を担っている。

　この日本橋界隈の都市景観を取り戻してにぎわいを再生するために、その象徴である日本橋を覆う高速道路をなんとかできないか、という議論が近年活発化している。具体的な案としては、近隣の開発事業に合わせて高速道路を高架で一体整備する案とともに高速道路地下化案も出されている。他国の例を見れば、ボストンでは高速道路の地下化が今まさに進められており、韓国の清渓川（チョンゲチョン）では、わが国の都心環状線ほどの重要路線ではないにせよ、一度整備した高速道路を撤去して川を復活させた。

　日本橋の場合、高速道路の地下化は技術的には不可能ではないが、間近に大規模なジャンクションである江戸橋JCTがあることなどもあり、技術面、事業面、財政面などでさまざまな課題が残る。

　日本橋の高速道路は地下化すべきなのであろうか？　必ずしもコストだけの問題ではなく、「まちづくりとの連携のなかで高速道路はどうあるべきか」という命題のなかで、引き続き議論されている。

上：首都高速道路が上空を覆う日本橋（現状）
下：高速道路地下化実現時のイメージ図
（出典：日本橋地域から始まる新たな街づくりにむけて（提言）、
　　　　日本橋川に空を取り戻す会、2006.9）

4.5 地下空間デザインと技術ビジョン

　都市空間の複合的、重層的な利用が進むなかで、地上空間の制約、景観、生活環境などの観点から地下利用が有効な選択肢の1つとして認識され、選択されることが多くなっている。また、今後求められる地下空間は、より深く、より長く、より大規模になると考えられる。求められるニーズに対応するためには、より高度化された技術が要求されるとともに、その事業自体のアカウンタビリティを確保するための精度の高い評価技術が必要となってくる。

　ここでは、4.5.1に地下空間デザインの考え方について述べ、4.5.2〜4.5.4に各技術要素の開発の方向性などを紹介する。

4.5.1　地下空間デザインの考え方

　1960年代からの高度成長時代に合わせて、わが国の社会資本整備は急速に進展した。この時代では、まずは短期間で大量の「ものづくり」を優先する必要があり、構造物の設計も単純化、簡便化、さらには規準化されて一般に適用されてきた。その結果、ある程度の品質と性能を持つ構造物を大量に構築することが可能となったが、その一方で構造物の設計法は固定化され、構造物の利用形態や需要の変化または多様化する機能に対応できる設計法の進展を妨げてきた向きがある。

　21世紀を迎えた現在では、このようにしてつくられてきた構造物がほぼ同時期に集中して老朽化していく。一方、わが国の人口は21世紀中に急激に減少することが予測されることから、将来の社会資本整備のあり方や整備に要する財源の課題なども発生している。そのため、今後の社会資本整備では構造物を新設する技術とともに、既設の構造物を維持管理して長く供用する技術の重要性が指摘されている。すなわち、社会資本を構築する行為「ものづくり」から、構造物をその利用形態に応じて上手に使う行為「ものづかい」への転換が求められているのである。

　今後の地下利用を考えるうえで、地下構造物も例外ではなく、設計の考え

第4章　地下利用の将来ビジョン

方を転換する必要がある。すなわち、「ものづくり」を前提とした従来の設計技術から、「ものづかい」の機能を精査し、維持管理段階においても適用可能な設計法を整備する必要がある。

さらにまた、従来のように地下空間の有効利用のみを前提として計画・設計するのではなく、とくに都市部では、地上と地下の両者を総合した地域の「グランドデザイン」を基本として計画・設計がなされることが重要であり、総合的な「ものづかい」を念頭においた設計法を構築することが望まれる。以上を考慮して、ここでは将来の地下利用に関する設計法（地下空間デザイン）の基本について考えてみる。

(1) グランドデザインとアンダーグランドデザイン

地下空間の設計（アンダーグランドデザイン）は、地上環境や施設なども含めた「グランドデザイン」の一環としてなされるべきである。

グランドデザインとは、地上空間と地下空間の相互有効利用を考慮するデザインであり、図4-5-1はその一例を示したものである。地上空間と地下空間の特性を把握し、両者の有効利用を考えることがグランドデザインの基本となる。

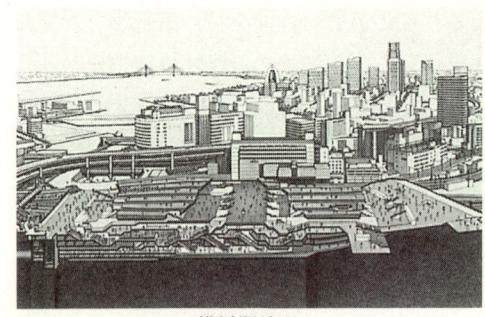

横浜駅地下　　　　　　　　　　飯田橋駅地下

図4-5-1　地上空間と地下空間を考慮したグランドデザインの例
（出典：新たな価値を生む空間　大深度地下〜動き始めた大深度地下利用〜、
　　　　国土交通省都市地域整備局　大都市圏整備課　大深度利用企画室パンフレット）

4.5 地下空間デザインと技術ビジョン

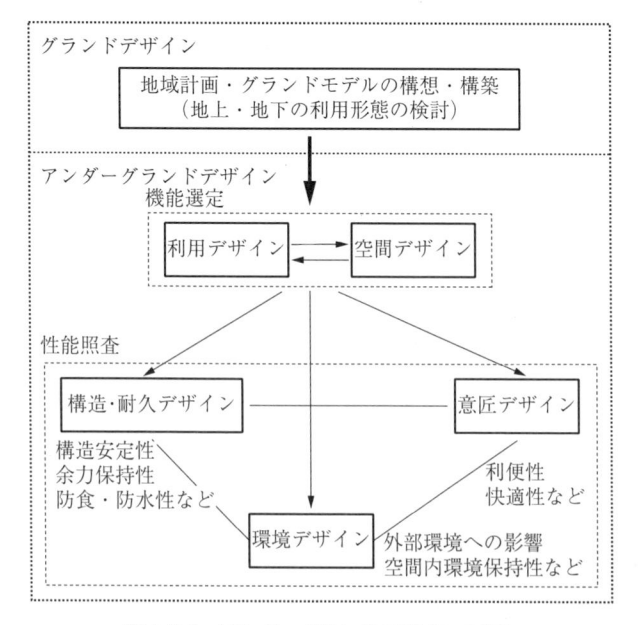

```
グランドデザイン
    ┌─────────────────────────────┐
    │   地域計画・グランドモデルの構想・構築  │
    │   （地上・地下の利用形態の検討）       │
    └─────────────────────────────┘
              ↓
アンダーグランドデザイン
  機能選定
    ┌──────────┐      ┌──────────┐
    │ 利用デザイン │ ←→ │ 空間デザイン │
    └──────────┘      └──────────┘

性能照査
    ┌──────────────┐      ┌──────────┐
    │ 構造・耐久デザイン │ ── │ 意匠デザイン │
    └──────────────┘      └──────────┘
    構造安定性                     利便性
    余力保持性                     快適性など
    防食・防水性など
              ┌──────────┐
              │ 環境デザイン │ 外部環境への影響
              └──────────┘ 空間内環境保持性など
```

図 4-5-2 アンダーグランドデザインの流れ

図 4-5-2 は、アンダーグランドデザインの流れを示したものである。アンダーグランドデザインの基本は、その利用形態や空間環境に応じた機能（役割）を明確にしたうえで、それに応じた性能（能力）を確保することにある。ここでの機能とは、利用デザインと空間デザインによって定められるものと考えられる。

利用デザインとは、地下空間の利用目的の設定とその利用目的に応じた空間の機能を定める行為である。第2章で述べたように、地下空間の利用形態はさまざまであり、たとえば都市部の生活基盤施設をみただけでも、上下水道、電力・ガス・通信供給施設、共同溝および交通・商業関連施設（地下街、地下鉄、歩道、駐車場）などがある。

地下空間を利用するにあたっては、まずその利用目的を明確にするとともに、安全性、利便性、快適性、経済性などの観点から定まる地下空間の機能を明確にする必要がある。

空間デザインとは、地下空間の利用形態とともに、空間の形態要素（空間

の形や大きさ)、環境要素(温度、湿度、採光、色彩、音、振動など)、構成要素(構造物、または空間としての部材要素)などの基本機能を定める行為である。利用デザインと空間デザインは相互に関連し合うことから、両者を総合して地下空間の機能を定めることが重要となる。

　地下空間を利用するうえでの機能が定まれば、構造物としての構造安全性、環境性、意匠の観点から所定の機能を満足するための詳細な性能を定めることにより性能照査が可能となる。

　一方、数十年以上の長期間にわたって地下構造物はその用途に供する。その長期的な供用過程では、外部環境が変化し、構造物にはさまざまな外的要因が作用する。したがって、単に建設当初に設定した機能に対してデザインするのではなく、供用過程の中では、将来の構造安全性能や耐久性能の変化や環境変化とともに経済情勢や需要の変動、技術革新など、利用形態に影響(機能の変化)をもたらす広義の外部環境の変化も考慮する必要がある。さらにまた、構造物を供用する過程で生じる機能の変化に対応して再設計を行い、構造物の有効性や周辺環境を継続的に再評価(再設計)することが必要となる。

　近年、長期にわたる構造物の供用に対し、建設時の条件のみならず、維持管理の段階も考慮して、構造物の有効性や経済性を高める検討がなされている。ライフサイクルコスト(LCC)の分析はその一例である。しかし、現状のLCCの分析では、費用対効果や便益効果を評価する際に根拠となる技術評価基準の設定などがあいまいとなるケースが少なくはなく、その信頼性が問われている。

　本来、LCCは以上に述べた設計法、すなわち構造物のライフサイクルを考慮して、経時的に変化する構造物の必要性や有効性を適宜評価できる設計法が整備されたうえに立脚するものであろう。

(2) ライフサイクルデザイン (Life Cycle Design)

　ライフサイクルデザインとは、建設当初のみならず、構造物の供用過程の中で変化する環境の影響(作用)や利用形態の変化を合理的に取り入れて機能や要求性能を適宜見直し、長期的かつ継続的に構造物の有効性や性能の評価を行おうとする設計法である。したがって、ライフサイクルデザインの具

体的な評価や照査手法が構築できれば、構造物の供用中に社会環境などが変化しても、これに対応して維持管理や再構築の整備計画を合理的に行うことができ、その実行に際しては広くアカウンタビリティが図れる。

しかしながら、ライフサイクルデザインは最近提案された新しい設計概念であり、ISOが目指す国際的な構造物設計の標準化との整合を図りながら、その早期の確立が望まれている。以降では、最新の研究成果によるライフサイクルデザインの基本的な考え方を紹介する。

a) LCDにおける設計の基本的な考え方

ライフサイクルデザインでは、経時的に変動する環境要因と構造物が保持すべき性能との相互関連を明確にする必要がある。そこでまず、外部環境、機能および性能をPhaseとして分け、それらの相互関連を整理している。図4-5-3は、これらのPhaseの相互関係を示したものであり、これをLCDのトリインタラクションと呼ぶ。

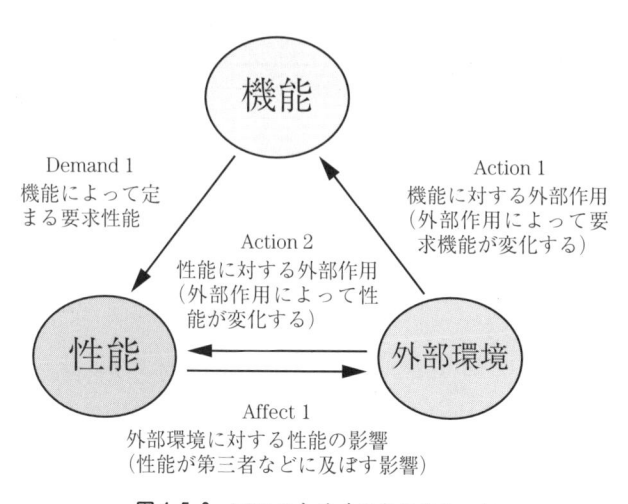

図4-5-3 LCDのトリインタラクション

図4-5-4は、経時的な環境変化に伴う各Phaseの相互関連を示したものである。外部環境、機能および性能の各Phaseの相互作用は、Action 1、Action 2、Demand 1、Affect 1として表している。

Action 1は外部環境の変化によって生じる機能への影響を、Action 2は構

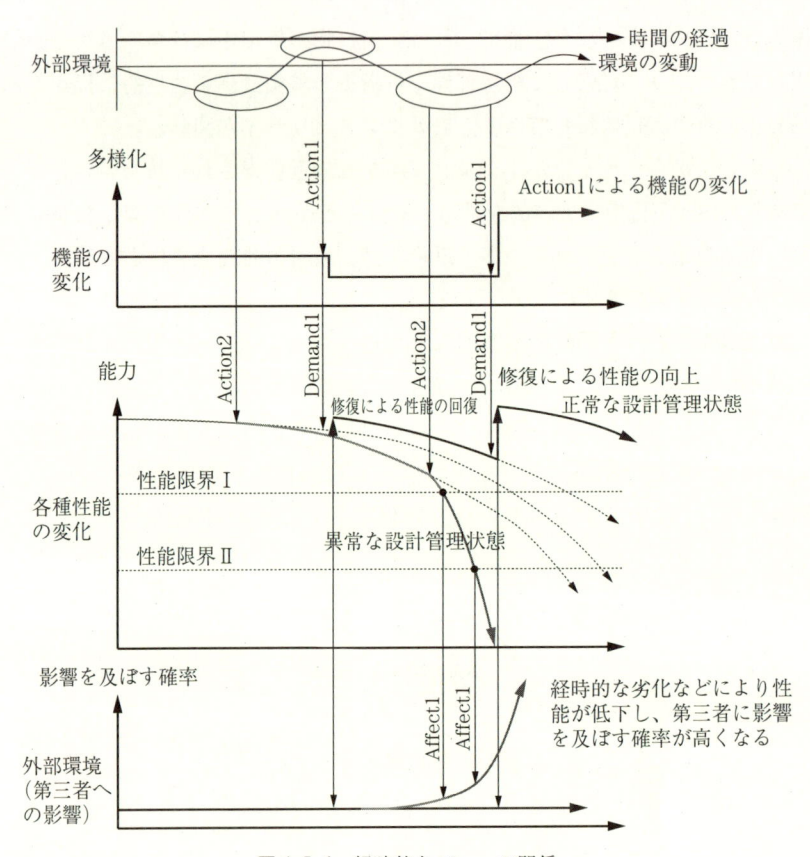

図 4-5-4 経時的な Phase の関係

造物の劣化要因など外部環境から性能への影響を意味する。また、機能によって要求される性能は Demand 1 として表している。Affect 1 は、性能の低下によって生じる外部環境への影響（第三者などへの影響）を意味する。

表 4-5-1 は、Action 1、Action 2、Demand 1、Affect 1 の具体的な評価項目をトンネル構造物を例に示したものである。また、**表 4-5-2** は、表 4-5-1 中の作用を ISO 2349 などの考えをもとに分類したものである。このように、LCD のトリインタラクションを設定することにより、構造物の供用中にさまざまに変化する要因を適宜抽出・選定することで、供用中の再整備計画が合理的に実行できる。

4.5 地下空間デザインと技術ビジョン

表 4-5-1 各 Phase の相互関連

Phase		作　用	具体的な内容
外部環境	Action 1	社会環境の変動による作用	経済情勢の変動による作用
			技術革新による作用
			需要変動による作用
			気象環境の変動による作用
	Action 2	トンネル周辺の地盤環境からの作用	地形的な要因による作用
			地質的な要因による作用
			地下水による作用
		トンネル内環境（使用環境）からの作用	周辺環境の地山への作用
			周辺環境の覆工への作用
		近接施工による作用	近接施工による作用
		地震による作用	地震による作用
		技術革新による作用	設計法の向上
			補強・補修工法の向上
			新材料・工法の開発
機能	Demand 1	建設時に要求される機能によって定まる	建設時に要求される機能によって定まる
		供用に期するための機能によって定まる	供用時に要求される機能によって定まる
		維持管理するうえでの機能によって定まる	点検時に要求される機能によって定まる
			修復時に要求される機能によって定まる
性能	Affect 1	性能が低下したことによる影響	トンネルを供用する人および器物への影響

b) 設計評価・性能照査の考え方

前述した各 Phase の相互関連から定まる性能を満足するように構造物をデザインする。すなわち、要求される具体的な性能項目（詳細性能）とそれに対応した限界状態を設定して構造物を設計する。

表 4-5-2　ISO 基準などにもとづく作用の考え方の例

作用の種類	定　義
荷重作用	構造物に作用している集中あるいは分布した力学的な力の集合（直接作用）をいう。
間接作用	構造物内に生じる変形や強制変形の原因になるものをいう。現行設計法では、影響という用語が用いられている。つまり、クリープの影響、乾燥収縮の影響、地盤変動の影響、支点移動の影響、地震の影響、温度変化の影響、近接施工の影響などにより構造物に力が作用する場合であり、荷重という表記が適切ではないケースに用いる。
環境作用	力学的、化学的あるいは生化学的に構造材料を劣化させたり、安全性や使用性に悪影響を及ぼす要因となるものをいう。例えば、湿度、温度、塩分、酸などがある。

表 4-5-3 は、設計の対象となる性能を具体的に示したものである。性能は、地下構造物としての構造安全性能となる構造性能、耐久性能、耐震性能とその供用性に関わる使用性能に分類される。構造性能は力学的な作用や変形などに対する性能、耐久性能は構造物の劣化に対して抵抗する性能、耐震性能は地下構造物そのものと周辺地盤の耐震性に関わる性能、使用性能は構造物の使用目的に応じて要求される利便性、環境、意匠などの性能と考えている。具体的な性能項目が定まれば、これらの性能照査はそれぞれに限界状態を設定して行うことが可能となる。

表 4-5-4 は、限界状態の種類とその考え方を示したものである。性能限界Ⅰは主に構造物の使用性能に対する限界状態、性能限界Ⅱは構造物の構造安全性能に対する限界状態である。構造物が性能限界Ⅰや性能限界Ⅱを満足できなくなることは、構造物として使用しにくい、または使用できない状態になる、あるいは構造として危険な状態になることを意味する。

したがって、これらの状態になる前に構造物に対して修復を施し、性能を回復もしくは向上させる必要がある。図 4-5-4 に供用中の具体的な修復も含めてそのイメージを示した。

以上にライフサイクルデザインの基本的な考え方を示したが、詳細性能の種類と選定方法、性能限界の設定方法など、その具体的な設計法の整備は研

4.5 地下空間デザインと技術ビジョン

表 4-5-3　各種の性能とその詳細性能の例

性能の分類		基本的な考え方	詳細性能
構造安全性能	構造性能	直接作用、間接作用に対する地盤と構造物の性能	余力保持性能
			付加外力支持性能
			変形特性性能
			構造安定性能
	耐久性能	間接作用、劣化作用に対する地盤と構造物の性能	防水性能
			防食性能
			化学的腐食に対する性能
			物理的劣化に対する性能
	耐震性能	地震などの災害に対する地盤と構造物の性能	地震に対する地盤性能
			地震に対する構造性能
使用性能		供用性に関する性能	用途に対する利便性、付加価値（付加的利用）
			恒常性（恒温性、恒湿性など）
			隔離性（遮断性、神秘性、静寂性など）
			環境保全性（騒音、振動、爆発、放射性など）
			人間の心理と生理に関する快適性など

表 4-5-4　限界状態の種類とその考え方

限界状態の種類	定　　　　　義
性能限界Ⅰ	主に、構造物の使用性能に関する限界状態
性能限界Ⅱ	主に、構造物の構造安全性能に関する限界状態

究段階にある。このため、長期にわたる外部環境の変化や多様化する利用形態の変化をライフサイクルデザインに合理的に取り入れ、具体的に構造物の機能選定と性能照査を行うための手法の確立は、今後の研究成果に期待するところが大きい。

4.5.2 より効率的かつ安全につかうための技術

(1) 内部空間設計技術

地下空間には、圧迫感や忌避感から発生する不快感および迷路性といった課題があり、人が地下を利用する際の心理的抵抗となっている。従来は、機能重視による空間構成あるいは他施設との関係による制約条件や技術的な限界に基づく空間設計が行われてきた。そのため、現状の地下空間は生理的および心理的側面では必ずしも快適な空間といえないものが多い。また、バリアフリーや避難安全面でも、地下の空間特性である閉鎖性や上下移動の必要性が利便性や安全性における負担要因となっている。

写真 4-5-1 は、ストックホルムの地下鉄の駅の写真である。深いフィヨルド地形の多島海につくられたストックホルムの町では、地下鉄も非常に深いところを走らざるを得ず、地上とのアクセスは決してよくはないが、それを逆手にとって独特なアーティステックな駅空間が形成されている。

写真 4-5-1 独特なアーティステックな空間にデザインされた
　　　　　　ストックホルムの地下鉄駅
（出典：家田仁「これからの都市の地下利用」土木学会誌、Vol. 87、2002.8）

快適で安全な地下空間を実現するためには、従来のように機能重視による空間構成のみではなく、「人間行動と利用形態に適合した空間づくり」という観点に立ち、人間の心理環境、行動特性を考慮した空間設計技術の開発が重要となる。今後の地下空間設計において必要と考えられるものをつぎに示す。また、大深度地下利用に関する技術開発の方向性を**表 4-5-5** に示す。

4.5 地下空間デザインと技術ビジョン

表 4-5-5 内部空間設計技術の技術開発の方向性

技術開発の視点	技術開発の方向性	具体的項目（案）
快適性	○生理学的「快」、ニュートラルなリラックスした状態の実現 ○圧迫感、忌避感の克服 ○期待感のある地下空間	・深さを意識させないアクセス（誘導路）の設計技術 ・心理的負荷を低減する空間設計技術の開発 ・空間快適性総合評価技術
迷路性	○行きたいところへ迷わず行く仕組み ○覚えやすい仕組み ○自分の位置が確認できる仕組み	・サイン計画および案内サービスを含めたナビゲーション技術の開発 ・人間行動と利用形態に適した空間の設計手法の開発
バリアフリー	○早く容易でかつ安全に移動できる仕組み（移動困難性の排除） ○健常者と交通弱者（例えば身体障害者、高齢者）が共生できる仕組みの確立 ○自由行動の拡大の実現（心理的ストレスの排除）	・交通弱者がより速く、より安全に、安心して同一平面あるいは上下方向に移動できる手段の開発 ・日常生活の中で、さりげなく交通弱者を支える機構の開発 　平面移動：段差の緩勾配スロープ化等 　上下移動：優先利用できる昇降機の設置 ・災害時に交通弱者を優先避難の施設設置手法の開発 　健常者向けの避難設備のバリアフリー化、増設 ・ステップを拡幅したエスカレータの開発 ・移動時のサポートシステムの開発（ITを利用した位置情報確認システム、身障者移動援助システム）
災害時避難	○災害時の人間の避難行動、誘導システムを考慮した空間設計の検討	・大深度地下空間における避難行動特性の把握 ・災害時の種類に対応した情報提供と誘導技術 ・シェルターやエレベータ避難等（避難施設）の有効性検討

（出典：大深度地下利用に関する技術開発ビジョン、国土交通省 都市・地域整備局 大都市圏整備課 大深度地下利用企画室、2003.1）

第4章　地下利用の将来ビジョン

① 地下空間における忌避感や不快感を回避する技術を確立し、心理的な側面、地上情報の提供などサイン面から魅力ある空間を設計する
② とくに、地下通路や地下街には迷路性があるとされるため、空間的な要素と心理的な要素との関連性の解明が必要である
③ 高齢社会を迎え、健常者のみならず交通弱者に対応したバリアフリーな空間づくりが要求される
④ 安全に避難するための施設設備、災害時の人間行動についての解明が不可欠である

　地下の迷路性を軽減するための技術の一例として**写真 4-5-2** に歩行者 ITS を紹介する。歩行者 ITS（ITS：Intelligent Transport Systems）とは、歩行者の安全・安心・快適な移動を情報通信技術によって支援するシステムである。端末から送られてくる段差や横断歩道の位置といった安全情報や目的地までのルートなどの位置情報を、音声、振動および画像などに変換し、PDA（携帯情報端末）などを利用して歩行者に提供する。このような交通弱者を対象した、IT 技術を活用した移動支援の社会実験が各地で行われている。

写真 4-5-2　歩行者 ITS の社会実験状況
（出典：ITS HANDBOOK JAPAN　2002-2003、
（財）道路新産業開発機構）

4.5 地下空間デザインと技術ビジョン

Coffee Break　その17

どこまで現実に近づけるか？
〜バーチャルリアリティと人間行動シミュレーション〜

　内部空間設計の新たな支援技術としてバーチャルリアリティ（仮想現実空間）と人間行動シミュレーションがあげられる。バーチャルリアリティを活用した空間設計では、利用者の心理的負荷を低減するために、CG（コンピュータグラフィックス）技術を駆使して、仮想現実空間を形成する試みが進められている。バーチャルリアリティを活用することにより、人々が集い、使いやすい空間を形成することが可能となる。

　また、安全な都市空間や構造物をつくるには、強度的な安全性はもちろん通常時も災害時も、その施設を利用する人間の安全性が確保されなくてはならない。人間の安全性を検討するために、個人特性を考慮した人間行動シミュレーション手法の研究が進められている。個人の属性（性別、年齢など）分布をモデルに組み込んで、現実に近い人間行動（状況認識、歩行など）をコンピュータ上で再現することにより、構造物の避難安全性の検討や既存構造物の避難安全性の診断、さらには災害時の避難誘導のあり方などが検討できるようになる。

　当然のことながら実際の世界を完全に再現することは不可能であり、ある程度のモデル化が必要となるが、これらの技術は非常に有用なものである。

　はてさて、どこまで現実に近づけるのであろうか？

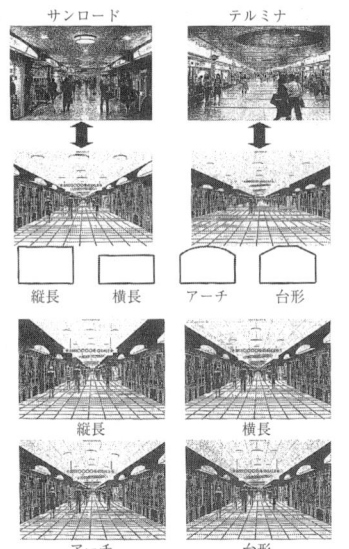

バーチャルリアリティの例
出典：大深度地下利用に関する
　　　技術開発ビジョン

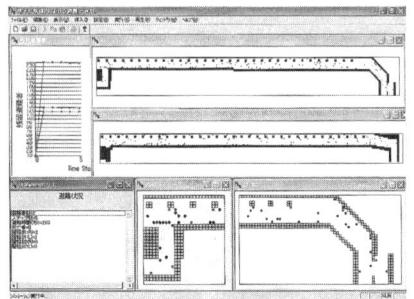

人間行動シミュレーションの例
（KK-MAS*を用いた地下鉄駅構内の避難シミュレーション）

出典：地下鉄駅構内における避難シミュレーションモデルの構築、
　　　宇田川金幸、増田浩通、新井健（資料提供：東京理科大学 経営工学科 新井研究室）
＊KK-MASとは㈱構造計画研究所が開発したマルチエージェントシミュレータ

(2) 内部環境技術

よりよい地下空間環境を実現するためには、地下の特性に配慮した各種の環境施設が必要となる。一般建築物の内部環境技術としては、採光・通風・空調など外部環境を選択的に内部に取り込む技術と、照明設備や給排水設備など人工的に内部環境をつくりだす技術があげられ、地下空間では必然的に人工環境に依存する度合いが圧倒的に高くなる。

地下空間の内部環境技術に関する命題を以下に示す。また、大深度地下利用に関する技術開発の方向性を**表 4-5-6** に示す。

①地上と同様に健康・快適な内部環境を提供すること
②省エネ、省資源、ゼロエミッションなどによるライフサイクル全般にわたる評価を踏まえて、地下空間固有の特性を活かし、健康、快適・低負荷の内部環境を提供すること

(3) 換気技術

不特定多数の人々が滞在する地下空間や地下道路では、換気が大きな制約条件となる。また、構造物の大深度化、長距離化、大規模化に合わせ、換気技術のさらなる開発が必要となる。効率的な換気を行うことができれば、質の高い空気と快適性の高い空間を提供することが可能となるばかりでなく、機械室などのスペース節約も期待できる。

長大道路トンネルの換気については、すでにアクアラインや関越トンネルなどの実績があり、縦流換気方式が主流を占めている。しかし、火災時の避難などを考えると、最近では横流換気方式も有利とされており、中央環状新宿線ではこの方式が採用されている（**図 4-5-5**）。

また、換気塔の立地も今後検討すべき課題の1つである。中央環状新宿線の換気塔位置図を**図 4-5-6** に示す。都市内に高い換気塔が数 km ごとに設置されるため、地域に融和したデザインなどを考えていく必要がある。大深度地下利用に関する技術開発の方向性を**表 4-5-7** に示す。

4.5 地下空間デザインと技術ビジョン

表 4-5-6　内部環境技術の技術開発の方向性

技術開発の視点	技術開発の方向性	具体的項目（案）
内部環境技術全般	「大深度地下でもできる技術」ではなく、「大深度だからこそできる技術」、「大深度だからこそ必要な技術」を検討する	快適で健康な安心感のある内部環境を省エネルギー、省資源などを前提とした地球環境時代に相応しい技術として実現するために、イニシャルコストだけでなく、LCC、$LCCO_2$ などの指標で評価が高い技術
光・視環境	○熱負荷発生量が少ない省エネルギー照明 ○視覚的な暗順応に適切に対応する制御技術 ○光ファイバーによる光導入技術	・LED 面発光照明 ・調光照明 ・自然光採光装置（鏡、光ファイバー利用） ・非常時のための手動発電機によるポータブル照明
温熱環境	○年間を通して恒湿性を有する地中熱の有効活用 ○外気負荷の削減 ○梅雨時、夏季の外気導入による結露の防止 ○蓄熱の活用	・地中熱利用放射暖房 ・地中熱利用ヒートポンプ ・燃料電池などによるコージェネレーション ・全熱交換器
空気質環境	○CO_2 発生量の低減 ○VOC 発生量の削減 ○ダクト騒音の解消 ○湿気による細菌繁殖の防止	・燃焼機器の使用禁止 ・エコマテリアルの利用（内装材） ・消音技術 ・抗菌技術
植物・ビオトープ環境	○低照度で育ち、人に安らぎを与えることができる植物の育成 ○自立的な生物生息空間の提供 ○植物の内部環境への積極的活用方法	・インドアグリーン ・密閉自立型アクアリウム ・壁面緑化、人工土壌、排熱利用による緑化
人工環境の創造	○安心感の提供 ○音、視覚、嗅覚など隔てられた外部環境を補完する感覚要素を人工的に擬似、補足	・擬似窓 ・間仕切材、内装材（液晶ガラスなど） ・音環境制御、環境音楽 ・香りの供給
給排水・水処理	○大深度地下の持つ位置エネルギーの活用	・深層曝気下水処理 ・浄化と中水利用

（出典：大深度地下利用に関する技術開発ビジョン、国土交通省都市・地域整備局大都市圏整備課大深度地下利用企画室、2003.1）

第4章 地下利用の将来ビジョン

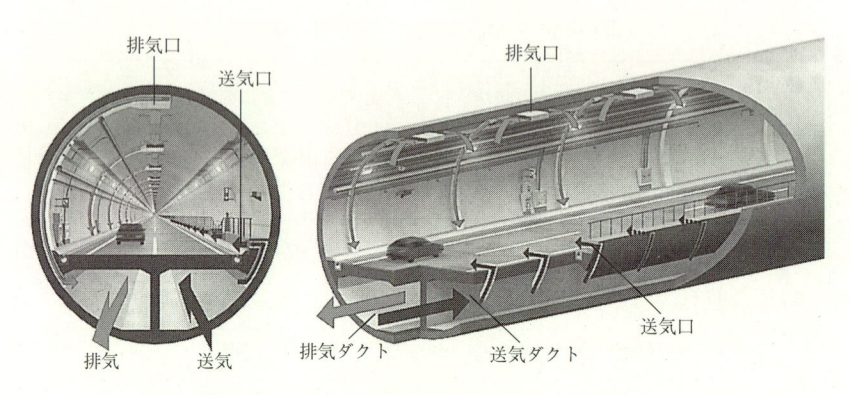

図 4-5-5 中央環状新宿線の換気方式（横流式）
(出典：中央環状新宿線環境保全のために、Vol. 3、首都高速道路(株)パンフレット)

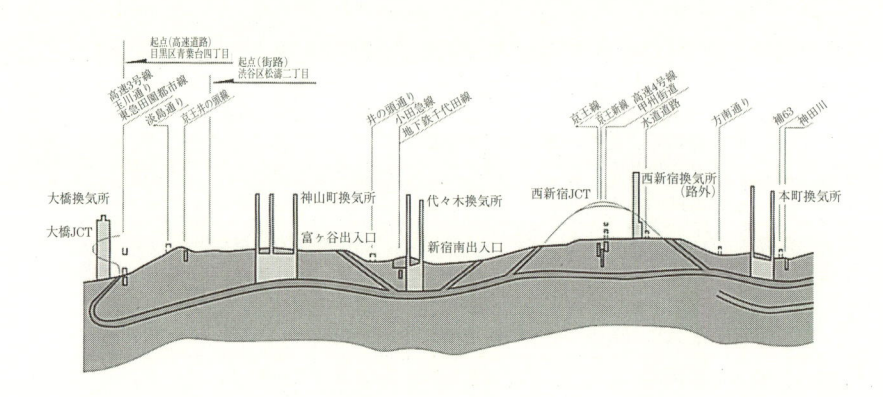

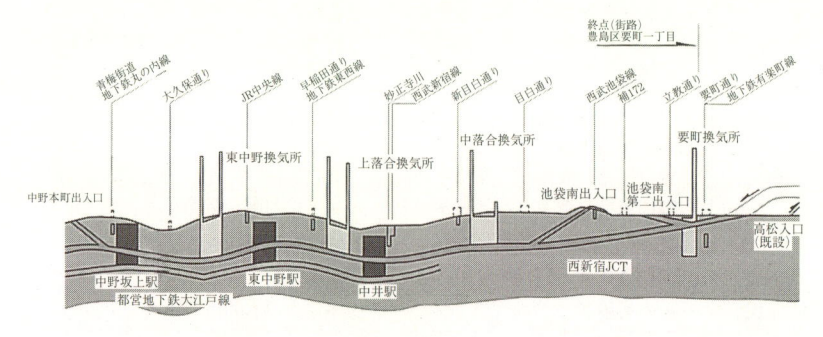

図 4-5-6 中央環状新宿線の換気所位置図
(出典：首都高速中央環状線で東京が生まれ変わります、首都高速道路(株)パンフレット)

4.5 地下空間デザインと技術ビジョン

表 4-5-7　換気技術に関する技術開発の方向性

技術開発の視点	技術開発の方向性	具体的項目（案）
（トンネル）換気技術	○新しい換気方式・換気システムの開発 ・立坑間隔の長距離化 ○換気負荷低減の技術開発 ・コスト低減	○横流換気、縦流換気方式、組み合わせによる効率化・最適化技術 ・換気方式の長所・短所比較検討による最適換気の選択方法 ・縦流換気での立坑間距離の限界検討 ○排ガス規制に伴う汚染物質発生量低減による換気量減少に適応する施設規模
	○換気負荷低減の技術開発 ・コスト低減	
	○空調設備の技術開発 ・駅部などにおける換気	○地下駅部などの空間における換気・空調方式の最適化技術
空気浄化技術	○空気浄化設備の効率化・合理化 ○空気の質改善	○集塵技術の開発 ・電気集塵機と除塵フィルター設備 ・有害物質の吸脱着 ○脱硝（NO_x）技術の開発
	○地上への排気負荷低減	○循環型空気浄化システムの開発 ○空気浄化設備の小型化
周辺環境保全	○周辺環境保全と負荷低減	○排ガス、騒音対策技術 ・排気ガスの影響防止および低減方法 ○景観保全技術 ・地上排気施設（立坑など）の地域融和化
その他	○防災システムとの連携	○防災と一体化する換気設備の開発 ・避難環境を確実に確保する換気方法 ・排煙制御技術

（出典：大深度地下利用に関する技術開発ビジョン、国土交通省都市・地域整備局大都市圏整備課大深度地下利用企画室、2003.1）

第4章 地下利用の将来ビジョン

Coffee Break　その18

ドジョウが大気をジョウカする？？
～大気浄化システム～

　自動車の排気ガスをいかにしてきれいにするかという課題に対して、さまざまな技術が開発されつつある。国内の地下空間において大規模な空気浄化設備が実施されているのは道路トンネル用の除塵設備のみであるが、その他に実用化が進みつつあるものとして脱硝設備があげられる。脱硝設備としては一般にバクテリアを使用した「土壌式」と特殊脱硝剤を使用した「機械式」がある。「土壌式」では比較的広範な空間が必要となるが、地上空間に植栽を施すことなどが可能となり、阪奈トンネル、品川駅東口の地下車路などで実績がある。一方「機械式」は、「土壌式」に比べるとコンパクトに設置することが可能であり、首都高速道路の中央環状新宿線のトンネル換気所にも設置される予定となっている。

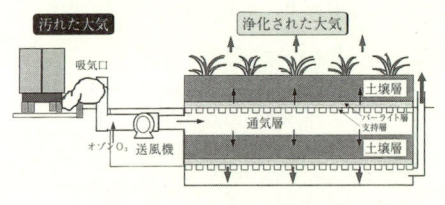

大気浄化システム（土壌式）の概念図
(出典：(株)フジタ資料)

大気浄化システム
（土壌式）の適用例
(出典：(株)フジタ資料)

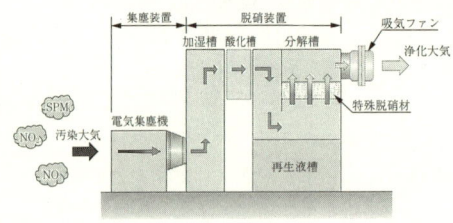

大気浄化システム（機械式）(出典：西松建設(株)資料)

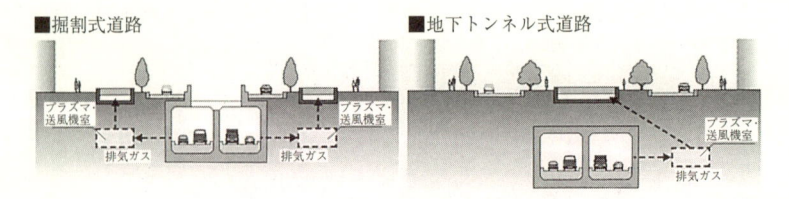

■掘割式道路　　　　　　　　　■地下トンネル式道路

地下道路への適用イメージ　(出典：(株)間組資料)

4.5 地下空間デザインと技術ビジョン

(4) 防災システム

　地下と地上は空間的な隔たりがあるため、消防活動が制約される。そのため、道路トンネルや鉄道トンネル、拠点となる地下駅舎などの有人施設では災害時の人的被害が地上の場合と比較して甚大となる危険性がある。また、構造物の深度が深くなればなるほど避難に要する時間が増加する。そのため、施設の利用形態や施設形状を考慮して、避難方法や避難設備などを含めたソフト・ハード両面からの総合的な防災システムの検討を行う必要が生じる。

　残留者の位置をどのように確認するかに関する防災システムの例として、「RFID タグを使う技術」がある。RFID（Radio Frequency Identification）とは、最近急速に発展してきた非接触型認識技術であり、すでにさまざまな領域でその応用展開が図られている。地下はその特性から、物理的にも情報的にも地上から隔離された空間であり、地下空間で火災が発生した場合には、その状況把握だけではなく、どこにどれだけの人が残されているのかさえも

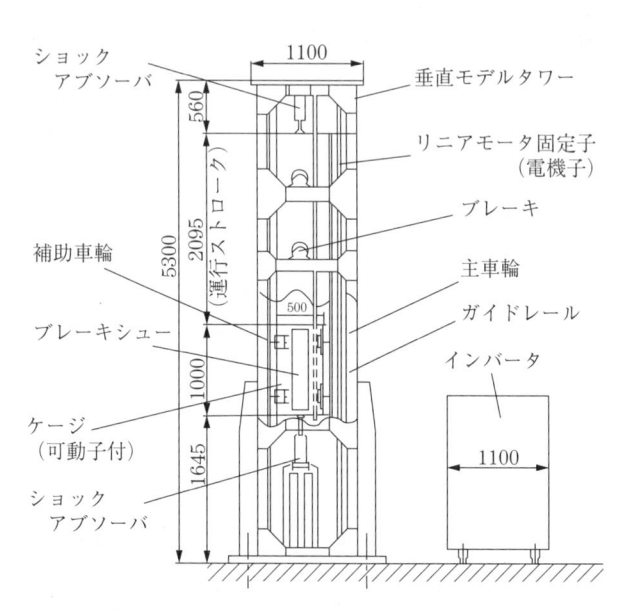

図 4-5-7　リニア垂直輸送システムの構造（例）
（出典：大深度地下利用に関する技術開発ビジョン、国土交通省都市・地域整備局
　　　　大都市圏整備課大深度地下利用企画室、2003.1）

第4章　地下利用の将来ビジョン

把握することがむずかしい。RFIDタグを活用して、適切な情報提供により避難誘導を行うことが可能となれば、その人的被害の低減に貢献できる。

大深度地下利用に関する技術開発の方向性を**表 4-5-8** に示す。

(5) 移動・物資搬送技術

不特定多数の人々が地下空間を快適に利用できるようになるためには、地上へのアクセスの円滑性が重要な条件の1つとなる。とくに、構造物が大深度化すると、高速で大量に輸送できるシステムが必要不可欠となる。これを実現するための技術として、リニア垂直輸送システムや急傾斜エスカレータ、エレベータやクレーン技術を融合させた輸送システムや循環機構による大量化の技術などがある（**図 4-5-7**）。

リニア垂直輸送システムは、リニアモータを活用したエレベータであり、中央に上下するエレベータ台車があり、台車に駆動力を与えるコイルが両側に固定されている。台車には永久磁石が取り付けてある。高速性、大容量性、長距離性が求められ、具体的には従来のエレベータの5～10倍の輸送能力が期待される。そのためには、駆動装置開発や搬送機の軽量化、運行制御装置など技術面で高度な開発が必要となる。また、避難時にも利用できるようにしておく必要がある（**表 4-5-9**）。

4.5.3　環境にやさしく合理的につくるための技術

(1) シールドトンネル設計技術のさらなる発展

より合理的に地下空間を活用するためには、シールドトンネルの設計・施工技術のさらなる開発が不可欠となる。とくに、構造物が深くなれば、その地盤特性は浅深度とは異なってくる。大深度地下はまだ経験の少ない分野であり、実績データが十分に集積できていない状況にあるため、大深度地下の地盤特性を考慮し、より合理的なシールド設計技術を開発する必要がある。大深度地下利用に関する技術開発の方向性を**表 4-5-10** に示す。

(2) 構造物の大深度化への対応

構造物が大深度化すると、その構築技術も高度化が要求される。一般に、大深度地下構造物の構築では浅深度と異なり、①地盤がN値50以上と強固である②高水圧下の構造物となる③変位抑制および水環境への配慮が必要と

4.5 地下空間デザインと技術ビジョン

表 4-5-8 防災システムに関する技術開発の方向性

技術開発の視点	技術開発の方向性	具体的項目（案）
火災時の対応（道路トンネル）	○[覚知、初期消火] 火災の拡大防止、状況把握	・防災システムと交通情報システムとの連絡
	○[避難] 方法および避難場所の確保	・一時待避場所の基本仕様に関する検討 ・情報化とリンクした避難誘導システムの開発 ・安全防火区画の設置技術
	○[排煙]	・換気装置を利用した煙流動制御技術の開発
	○[本格消火]（救助含む）	・消防隊の効率的なアクセス確保手法の検討
火災時の対応（鉄道トンネル）	○[覚知、初期消火] 火災の拡大防止、状況把握	
	○[避難] 方法および避難場所の確保	・一時待避場所の基本仕様に関する検討 ・情報化とリンクした避難誘導システムの開発 ・安全防火区画の設置技術
	○[排煙]	・換気装置を利用した煙流動制御技術の開発
	○[本格消火]（救助含む）	・消防隊の効率的なアクセス確保手法の検討
火災時の対応（駅舎）	○[覚知、初期消火] 火災の拡大防止、状況把握	・極早期火点検知システムの開発 ・極早期消火システムの開発
	○[避難] 方法および避難場所の確保	・一時待避場所の基本仕様の検討 ・エレベータ、エスカレータなどによる避難施設の開発 ・情報化とリンクした避難誘導システムの開発 ・安全防火区画の設置
	○[本格消火]（救助含む）	・消防隊の効率的なアクセス確保手法
洪水対応	○広域気象データを考慮した洪水予防措置	・IT手法により広域気象情報、微気象を利用した洪水予防対策運用マニュアルの検討
残留者検知	○残留者の位置把握	・RFIDを活用した避難残留者の位置確認システムの技術

（出典：大深度地下利用に関する技術開発ビジョン、国土交通省都市・地域整備局大都市圏整備課大深度地下利用企画室、2003.1)

第4章 地下利用の将来ビジョン

表 4-5-9 移動・物流システムに関する技術開発の方向性

技術開発の視点	技術開発の方向性	具体的項目（案）
垂直輸送システム	○現状のエレベータ、クレーン技術を融合進化させた移動・物流システムの開発 ○用途に応じて提供できる基盤技術としての開発	○試作段階にある既存技術の適用可能性検討 ・可変速による高速化 ・循環機構による大量化 ○急傾斜、高速化に伴う安全性確保のための技術確立
ハンドリングシステム	○垂直輸送から水平輸送への積み替えの効率化	○効率的積み替え方式の評価 ・車両積み込み方式 ・コンテナ積み替え方式
輸送システム	○リニア垂直輸送システム、複合型次世代型輸送システムの開発の効率化	○リニア垂直輸送システム ・リニア同期モータードライブの開発 ・搬送台車の軽量化 ・分岐、合流切替機構の高速化対応 ・主電源喪失時の機械化安全装置 ・垂直～水平移行時の動揺低減化 ・電気誘導、マイクロ波などを利用した給電システム ○チューブ型物流システム ・垂直走行時の高精度位置センシング技術 ・垂直停止保持機構の開発 ○無動力搬送システム
輸送貨物	○貨物物流の効率化	○貨物分散型物流システム ・輸送物品の情報化 ・パケット物流による効率化

（出典：大深度地下利用に関する技術開発ビジョン、国土交通省都市・地域整備局大都市圏整備課大深度地下利用企画室、2003.1）

なるなどの特徴がある。一方では、強固な地盤特性を考慮することで構造物の構造が軽微にできる可能性もある。ここでは、①立坑掘削技術、②大規模空間構築技術、③トンネルの分岐・拡幅技術について紹介する。

a）立坑掘削技術

大規模な大深度地下構造物を構築するためには、シールドマシンの発進や

4.5 地下空間デザインと技術ビジョン

表 4-5-10 大深度地下におけるシールドトンネルの設計技術の方向性

技術開発の視点	技術開発の方向性	具体的項目（案）
断面力の算定方法	○大深度地下の特性を考慮した断面力の算定法の確立 （連続体支持モデル、主働的地盤ばねモデル、多ヒンジモデルのような大深度の良好な地盤特性を考慮した（期待した）設計手法の確立）	・連続体支持モデルのような良好地盤の特性を考慮した（期待した）設計手法の確立 ・多ヒンジモデルのような良好地盤の特性を考慮した構造モデルの適用 ・「主働的地盤ばね」のような地盤の支保機能を考慮した設計手法の確立
側方土圧係数の設定	○大深度地下の特性を考慮した側方土圧係数の設定法の確立 （実測例を踏まえた良好地盤における側方土圧係数の設定）	・実測例を踏まえた側方土圧係数の設定 ・「水圧が支配的という実測例」の取り込み ・地盤の変位量を考慮した土圧の算出方法の確立
地盤反力係数の設定	○大深度地下の特性を考慮した地盤反力の設定法の確立 （弾性係数より算出した良好地盤の特性の取り込み）	・地盤反力係数を弾性係数より評価する方法適用 ・「慣用計算での地盤反力分布の見直し」の必要性 ・「下方鉛直土圧係数」や「底部の地盤反力係数」など新しい概念の導入
施工時荷重の設定	○大深度地下の特性を考慮した施工時荷重、その他荷重の留意点の整理 （大深度では注意を要するものもあり、計測管理データの集積）	・大深度地下において支配的となる可能性があるもの、注意を要するものもあり、計測データの蓄積が必要
その他	○その他	・大深度シールドについて計測データの蓄積と計測データによる設計モデルの検証 ・良好地盤の特性を考慮した設計を行うなかで、大深度地下施設の最低限耐力を確保するための規定（最低覆工厚等）

（出典：大深度地下利用に関する技術開発ビジョン、国土交通省都市・地域整備局大都市圏整備課大深度地下利用企画室、2003.1）

地上とのアクセス部となる立坑も大深度化に対応しなければならない。具体的には、自動化技術や材料開発などがあげられる。深い立坑を構築しようとする場合には、以下に示すような課題がある。

　①立坑構造と周辺地盤の3次元的効果をどのように設計に取り入れるか
　②大深度の自立性の高い地山について、土圧深度分布を一定とする考え方をどうするか
　③偏圧をどう考慮するか
　④耐震設計をどのようにするか
　⑤水圧（施工時、完成時）をどう考慮するか
　⑥連続壁の品質評価とそれをどのように設計で考慮するか

　大深度立坑では、立坑構造と周辺地盤の3次元効果を有効に利用した設計法を確立することで従来の設計法を合理化することができると考えられる。また、偏圧や耐震性についても検討する必要がある。連続壁については、大深度化に伴う品質管理法の改善を行い、それを設計に反映する必要がある。具体的な技術開発の方向性を**表 4-5-11** に示す。

b) 大規模空間構築技術

　近未来の都市部において、その必要性が高まると考えられる大規模空間としては、エネルギーネットワーク、データベースセンター、地下廃棄物処理施設、防災センター、交通結節点などがある。これまで以上に大規模な地下空間を構築するためには、施工技術のみならず設計および周辺環境などへの影響を含めた技術開発が必要となる。

　具体的には、地山の補強技術や周辺への影響解析手法の開発などが考えられる。技術開発の方向性を**表 4-5-12** に示す。

c) トンネルの分岐・拡幅技術

　高速交通体系や物流網整備などのネットワーク系の線状構造部（トンネル）には分岐・合流の必要が生じる。また、これらの結節点は地下深くなればなるほど、非開削で行うことが求められることになる。

　このような背景から、任意の地中の高水圧下において、安全かつ確実にトンネルの拡幅・分岐を可能とする非開削施工技術が求められることとなる。

4.5 地下空間デザインと技術ビジョン

表 4-5-11 立坑掘削技術の技術開発の方向性

技術開発の視点	技術開発の方向性	具体的項目（案）
地下連続壁	○材料開発	・高性能安定液の開発 ・高品質コンクリートの開発 ・新素材応用材の開発 ・プレハブ化技術の開発
	○自動化技術	・溝坑掘削の同時継続技術の確立 ・安定液管理の自動化 ・高速揚土・処理設備の開発 ・応用材建て込みの自動化
	○その他	・変断面連続壁の向上技術 ・本体利用技術の開発
自動化オープンケーソン	○沈設対策技術	・大耐力グランドアンカーで永久アンカー機能を有する技術の開発 ・高性能油圧ジャッキの開発 ・安価で比重の大きなコンクリートの開発 ・高性能周面摩擦低減材の開発
	○自動化技術	・自走式水中掘削ロボットの開発 ・岩盤、玉石層対応型掘削機の開発 ・高速掘削揚土技術の開発 ・施工管理システムの確立
自動化ニューマチックケーソン	○沈設対策技術	・大耐力グランドアンカーで永久アンカー機能を有する技術の開発 ・高性能油圧ジャッキの開発 ・安価で比重の大きなコンクリートの開発 ・高性能周面摩擦低減材の開発
	○自動化技術	・連続型排土方法の開発 ・函内マルチロボットの実用化 ・函内機械設備の完全メンテナンスフリー化
縦型シールド	○浮き上がり防止対策技術	・高水圧下において高付着力を即時発現する裏込め材の開発 ・摩擦力向上技術の開発 ・大耐力グランドアンカーで永久アンカー機能を有する技術の開発
	○自動化技術	・セグメント高速自動組立技術の開発 ・高速運搬システムの開発 ・シールド構造単純化技術の開発 ・掘進機構の高速化技術の開発
立坑掘削技術全般に対して	○設計技術	・大深度での作用土圧の研究 ・耐震設計の研究
	○環境	・作業環境の改善 ・残土処理技術 ・安定液の再生利用・処理
	○補助工	・周辺環境を考慮した地下水位低下工法の開発 ・薄膜構造遮水壁の開発
	○その他の掘削技術	・NATM 立坑

（出典：大深度地下利用に関する技術開発ビジョン、国土交通省都市・地域整備局大都市圏整備課大深度地下利用企画室、2003.1）

第4章　地下利用の将来ビジョン

表 4-5-12　大規模空間構築技術の技術開発の方向性

技術開発の視点	技術開発の方向性	具体的項目（案）
拠点的基幹空間の掘削構築技術	○未固結地山から軟岩層までの高水圧下における合理的かつ高耐久性を有する覆工構造と安全で効率的・合理的な施工技術の開発 ○周辺環境への影響を低減する施工技術の開発 ○構造物の安定性診断技術の開発 ○構造物近接時の安定化技術の開発	○機械化掘削工法のIT化 ・無人掘削機械 ・発生土自動運搬機械 ・水中掘削機械 ○大規模空間地山補強工法の開発 ・高性能地山補強材 ・高強度、自由方向地盤改良 ○高性能構築工法の開発 ・新素材覆工材 ・高剛性構造 ・高耐久性構造 ・掘削内空追従型覆工工法 ○大断面同時覆工掘削工法の合理化 ・複円形シールド ・外殻先進シールド ○周辺への影響検討手法の確立 ・既存施設への影響 ・大深度施設相互の影響 ・地上、地下環境、地下水等への影響
地上との連絡空間の掘削構築技術	○未固結土、高水圧下における合理的かつ高耐久性を有する覆工構造と安全で効率的・合理的な施工法の開発 ○接続部の耐震構造判定技術の開発	○機械化掘削工法のIT化 ・自由方向、自在分岐シールド（上下左右斜め） ○高性能構築工法の開発 ・新素材覆工材 ・高耐久性構造 ・高耐水性構造 ○接続部高性能止水工法の開発 ・高耐水圧継手、エントランス ・高性能地盤改良工法 ○耐震設計手法の確立 ・地層変化点 ・接合点

（出典：大深度地下利用に関する技術開発ビジョン、国土交通省都市・地域整備局大都市圏整備課大深度地下利用企画室、2003.1）

　具体的な技術開発の方向性を**表 4-5-13**に、具体例を**図 4-5-8**に示す。

4.5 地下空間デザインと技術ビジョン

表 4-5-13 トンネル拡幅・分岐技術に関する技術開発の方向性

技術開発の視点	技術開発の方向性	具体的項目（案）
シールド工法	○支線シールド機	・高水圧下での発進坑口止水 ・本坑内発進シールド機 ・2方向掘削機構の開発 ・本線覆工の切削機構
	○本線・支線覆工	・断面形状、組立て方法 ・地山強度の評価、モデル計算 ・切削可能な本線覆工材料 ・高水圧下での本線、支線覆工の連絡方法と構造
都市NATM	○従来NATMの適用拡大 ○工期短縮、コストダウンを目指した掘削システムの開発	・確実な止水注入技術 ・確実な排水処理技術（地下水のリチャージや処理方法） ・未固結地盤での確実な地盤補強 　（くじら骨（WBR）、いわし骨（SBR）工法など） ・高速削孔機械（補助工法の工期短縮）
補助工法併用工法	○坑内からのシールド発進 ○工期短縮、コストダウン	・曲線ボーリング（連結部） ・開口部の高水圧対策 ・大口径曲線ボーリング ・障害物処理（全地盤対応掘削機） ・坑内シールド発進 ・トンネル内バルクヘッド ・部分掘削可能なセグメント材質　など

（出典：大深度地下利用に関する技術開発ビジョン、国土交通省都市・地域整備局大都市圏整備課大深度地下利用企画室、2003.1）

(3) 構造物の調査・計測技術

　地上の橋梁であれば、荷重と構造系が明確であり、構造物の応答（変位、特性変化など）は明確に示される。これに対してトンネルでは、荷重が地山と構造物の相互作用によって生じるものであり、その評価がむずかしい。また、構造系も地山と支保や覆工によって構成され、その特性は施工時の影響を大きく受けやすい。このような状況を補完するものが調査・計測技術である。

　長期的な計測を可能とする技術の1つとして、光ファイバセンサーを用い

第4章　地下利用の将来ビジョン

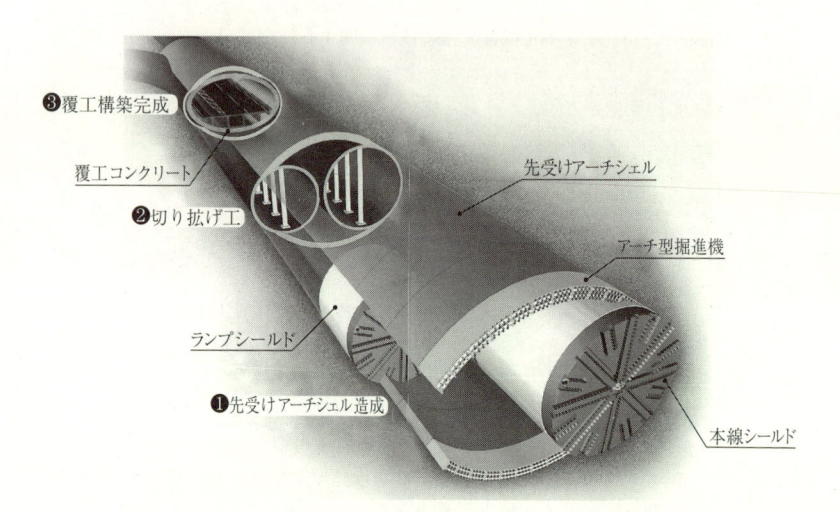

図 4-5-8　分岐・拡幅工法の例
（出典：ウィングプラス工法、(株)間組パンフレット）

たモニタリング技術がある。これは、光ファイバーに曲がりがあるとその場所で光が漏れて光の強度が減少する原理（マイクロベンディング）を用いて、構造物のひずみや変形を測定するもので、トンネル内の計測の信頼性向上や低コスト化には有効といわれている（**図 4-5-9**）。調査・計測技術に関する技術開発の方向性を**表 4-5-14**に示す。

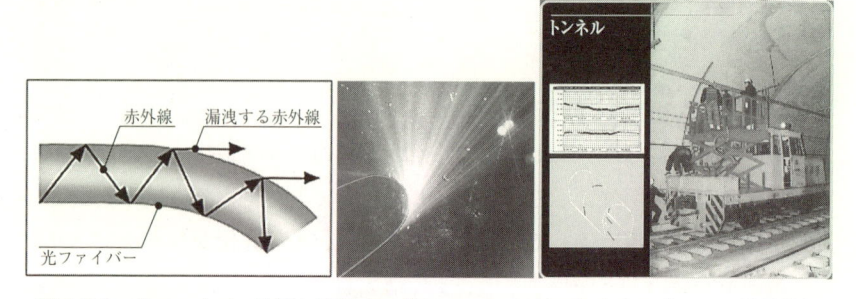

図 4-5-9　光ファイバー計測の原理（マイクロベンディング）とトンネルへの設置状況
（出典：光ファイバーによる構造物モニタリングシステム、(株)間組パンフレット）

4.5 地下空間デザインと技術ビジョン

表 4-5-14 調査・計測技術に関する技術開発の方向性

技術開発の視点	技術開発の方向性	具体的項目（案）
地盤調査技術	○切羽等からの調査 ○地盤の可視化 ○地盤データ蓄積・利用システムの開発	・地中物理探査、施工機械および掘削土砂からの地盤情報 ・コントロールボーリング ・地山観察、地盤のモンタージュ化 ・データ蓄積の自動化と活用できる情報化
計測技術	○大深度対応計測方法 ○施工機械制御計測データの有効利用 ○計測データの蓄積と設計・施工へのフィードバック ○計測システムの構築	・計測データの蓄積と設計・施工へのフィードバック（作用土圧、切羽の安定、地盤変形、構造物の応力・変形、近接構造物への影響） ・フィードバック技術の評価・開発 ・光ファイバーや無線、IT技術を駆使したシステム開発
環境計測技術	○大深度対応環境計測技術 ○地下水・地盤環境計測 ○環境監視システムの開発	・地下水位計測 ・周辺地盤変形計測 ・既設構造物影響計測 ・環境計測（土中ガス、騒音、振動） ・広域計測システム
長期計測技術	○長期対応計測技術 ○施工中および工事完成後の継続モニタリング ○長期計測システムの開発	・高耐久性・高精度センサー ・大深度対応計測システム ・設置、保守方法（リプレース技術） ・分析・評価技術（フィードバック方法） ・データ蓄積と情報化技術 ・設計との比較、構造物の長期安定性および機能維持へのフィードバック ・光ファイバーや無線、IT技術を駆使したシステム開発

（出典：大深度地下利用に関する技術開発ビジョン、国土交通省都市・地域整備局大都市圏整備課大深度地下利用企画室、2003.1）

（4）地下環境アセスメント

　一般に、地下施設の環境へのインパクトは地上施設よりも少ないといわれているが、地下空間をさまざまな目的で活用する場合には、周辺にどのような影響が生じるかをあらかじめ予測しておく必要がある。

　地下空間利用における環境に対する課題としては、①工事中の騒音・振動、②建設発生土の処理、③工事に際して揚水した水処理、④地表および地中の変形、⑤地下水への影響、⑥生態系への影響などがあげられる。以下にその

表 4-5-15 地下環境アセスメントに関する技術開発の方向性

技術開発の視点	技術開発の方向性	具体的項目（案）
地下水の量的変化に関する事項〈水位低下・上昇など〉	○高精度・効率的な水理地質構造調査法の確立 ○広域地下水流動予測評価解析手法の確立 ○地下水流動に与える影響の少ない地下水制御技術の開発・改良	・音響透水トモグラフィー、比抵抗高密度探査法の高度化 ・広域水理地質構造把握のためのデータベース構築と広域3次元・高速・浸透流解析手法の開発 ・地下水迂回通水技術 ・目詰まり防止技術
地下水の質的変化に関する事項〈水質変化、塩水化、温度変化など〉	○水質変化に関する調査・モニタリング・予測評価解析手法の確立 ○塩水化に関する調査・モニタリング・予測評価解析手法の確立 ○地下水質への影響の少ない躯体構築時補助工法（連壁安定液、裏込め注入材、固化材など）の確立	・自動計測可能な水質センサーの開発 ・水質変化予測評価解析手法の開発 ・試験サイトにおける手法の試行と改良 ・広域3次元・高速・移流分散解析手法の開発 ・実施事例のデータベース化と標準手法の提案
地盤・構造物の変状に関する事項〈地盤沈下、不同沈下など〉	○大深度地下水の揚排水による広域地盤沈下挙動の把握と予測評価解析手法の確立 ○土留め、掘削、躯体構築に伴う地盤変状の検討方法と対策法の開発・改良 ○地盤改良工法による地盤変状の検討方法と対策法の確立	・試験サイトにおける評価実験と検証解析の実施 ・実施事例のデータベース化と標準手法の提案
その他〈酸欠空気・溶存ガスの地表流出、生態系（動植物）・微生物への影響、景観・大気・振動騒音など〉	○各種評価項目からサイトおよびプロジェクト特性をもとに重要な項目を抽出する手法確立 ○抽出された手法評価項目を評価する上で、低開発または未開発分野技術の高度化と開発	・類似プロジェクトにおける環境アセスメント事例の収集とデータベース構築 ・気液2相解析手法の改良・開発と実証 ・水質等の環境変化による微生物の挙動把握法（地下生態系変化評価技術）の確立
共通事項	○効率的な調査・モニタリング技術の開発	・コントロールボーリング孔を利用した調査・モニタリングシステムの開発 ・大都市広域におけるモニタリングデータ伝送システムの開発 ・長期耐久性センサーの開発

（出典：大深度地下利用に関する技術開発ビジョン、国土交通省都市・地域整備局大都市圏整備課大深度地下利用企画室、2003.1）

4.5 地下空間デザインと技術ビジョン

なかでとくに重要と考えられるものについていくつか記述する。また、地下環境アセスメント全般に関する技術開発の方向性を**表4-5-15**に示す。

a）建設発生土の処理

地下利用では、大量に発生する土砂を周辺環境に配慮しながら効率的に処分することが重要な課題となる。

具体的には、掘削工事の進捗に支障しない効率で発生土を処分（坑内運搬、現場サイトでの処理、場外搬出、発生土の受入れ）する新しい処理・輸送技術が必要となる。技術開発の方向性を**表4-5-16**に示す。

b）地下水への影響評価技術

地下に構造物を構築すると、そこを流動していた地下水に流動阻害が生じる。流動阻害を生じた地下水は下流で地盤沈下を起こすこともあり、その影響を十分に検討する必要がある（**図4-5-10**）。

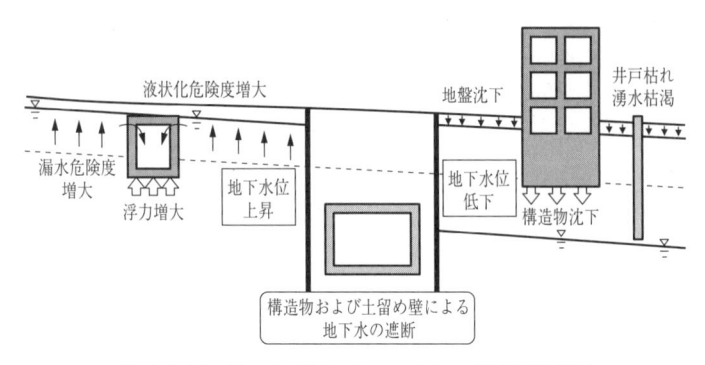

図4-5-10　地下水遮断によって生じる環境影響事例

土留め壁のような連続した構造物を地下に施工すると、地下水遮断の上流側では、地下水位（水圧）の上昇によって既存の地下構造物への揚圧力や漏水量が増加する。また、砂質地盤では地下水位が上昇して地震時に液状化の危険度が増す。地下水遮断の下流側では地下水位が低下するため、軟弱な粘土地盤では圧密沈下が生じたり、井戸水や湧水が枯渇したりという問題を生じることになる。

大深度地下法により民地の下に公的な目的で構造物を構築することが可能

243

第4章 地下利用の将来ビジョン

表4-5-16 建設発生土に関する技術開発の方向性

技術開発の視点	技術開発の方向性	具体的項目（案）
立坑の掘削土の搬送技術	○安全性・信頼性、経済性に優れた発生土大量搬送技術の確立	・安全性を強化した低騒音型大容量クレーンバケット ・土砂搬送効率を高めた全地盤対応型垂直コンベヤー ・全地盤対応型の合理的流体輸送システム
シールド掘削土の搬送技術	○大断面・長距離シールドトンネルにおける信頼性、経済性に優れた発生土大量搬送技術の確立	・安定した発生土輸送を確保できる全地盤対応型の流体輸送システム（泥水シールド） ・安定した発生土輸送を確保できる全地盤対応型のポンプ圧送システム、連続ベルコンシステム（泥土圧シールド）
現場での発生土処理技術	○大断面・長距離・高速施工シールドにおける信頼性、経済性に優れた発生土大量処理技術の検討 ○周辺環境負荷が小さく、発生土の減量化、リサイクルを目指した発生土大量処理技術の検討	・設備占有面積が小さく処理能力が大きい高性能処理技術・設備 ・環境負荷を抑え、発生土の減量化、リサイクルを可能とする合理的な発生土現場処理システム
発生土の場外搬送技術	○大断面・長距離・高速施工シールドにおける周辺環境負荷の小さな経済性に優れた発生土大量搬送技術 ○周辺環境負荷の小さな発生土大量輸送のための構想提案	・一般道路走行を規制した発生土搬送方法（構想） ・ダンプ以外の発生土搬出方法の構想および法整備、規制緩和
発生土の受入れ・処分技術	○大深度立坑および大断面・長距離シールドトンネル発生土の受入れ、処分のための規制緩和（案）、法整備（案）の検討	・発生土の適切な評価と取り扱い基準の統一、徹底のための法整備 ・大量の発生土・汚泥の新たな活用のための規制緩和、法整備 ・情報の開示と共有に基づく発生土リサイクルの促進

（出典：大深度地下利用に関する技術開発ビジョン、国土交通省都市・地域整備局大都市圏整備課大深度地下利用企画室、2003.1）

となったが、そのような場合にどのような地下水への影響が生じるかについて本格的に検討された例は少ない。仮に帯水層の全層をシールドトンネルで遮断した場合を考えてみると、地下水遮断の上流では水圧が高くなり、下流では水圧が減少する現象が生じ、トンネルに大きな水圧の偏荷重が生じることとなる。上流側の粘土層には揚圧力が作用し、下流側の粘土層には圧密圧力が作用、構造物に作用する荷重としてはあまり好ましくない現象となる。

このような場合の対策として、トンネル内部から集水用と復水用の水平ドレーンを打設してトンネル内で連結させる方法などがある。また、シールドのセグメントの外部を透水性の構造にして帯水層の地下水の流動阻害を防止する工法も考えられる。

c) 生態系への影響

地下の線上構造物の施工後、地下水位が低下して、推定樹齢1,200年というイチョウの木が衰弱したというようなニュースもある。植生と地下水位の関係はまだあまり明確ではないが、地下水位が低下すると地表が乾燥し、蒸発する水分が少なくなるために、地温が高くなる現象が生じる。とくに、公園の周辺の地下においては、現状の地下水位をいかに維持して地下空間を構築するかが大きな課題となる。現状の地下水位を維持するために、地下構造物による地下水の流動阻害を防止する工法として流動保全工法が提案され、研究が進められている。

(5) 共同化による合理的な施設計画

効率的な都市機能の再構築のためには地下利用が有用となるが、地下といえども一般に利用可能な範囲はせいぜい深度100m程度までの狭い空間であり、数本のトンネルが交差するのが精一杯である。そのため、異種の事業が空間を共有する「共同化」は、道路の掘り返しを伴わずに維持管理や更新を行うことができ、単に掘り返しの費用の節約だけでなく多くのメリットを有している（図4-5-11）。

従来型の共同化では、施設ごとに隔壁を設けることもあるが、このような形態をとると維持管理のための通路を複数確保する必要が生じ、必ずしも効率的とはいえない面もある。アクセス空間や縦坑、斜坑についても同様であり、コストや空間の利用面から昇降施設など共有できる施設は極力共有化す

第4章　地下利用の将来ビジョン

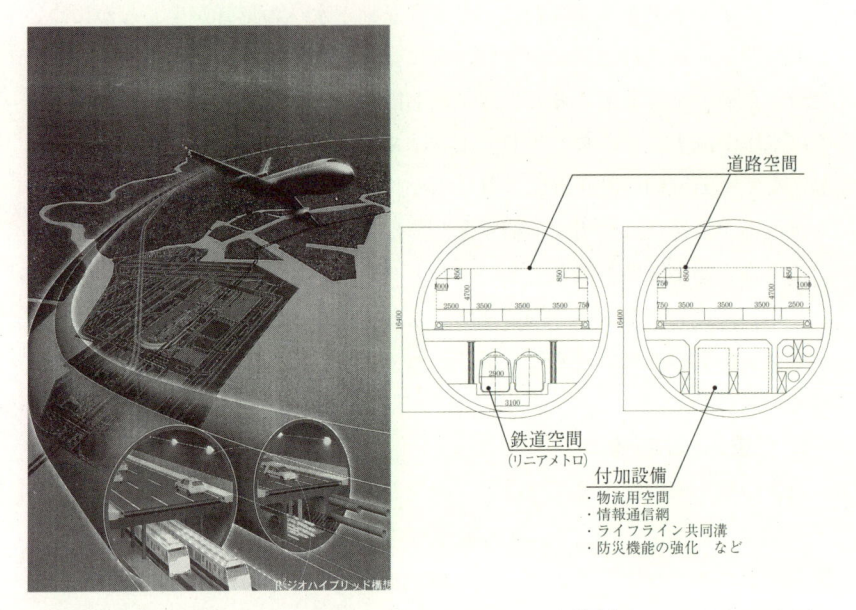

図4-5-11　道路と鉄道の共同化構想（ジオ・ハイブリッド構想）（出典：(株)間組資料）

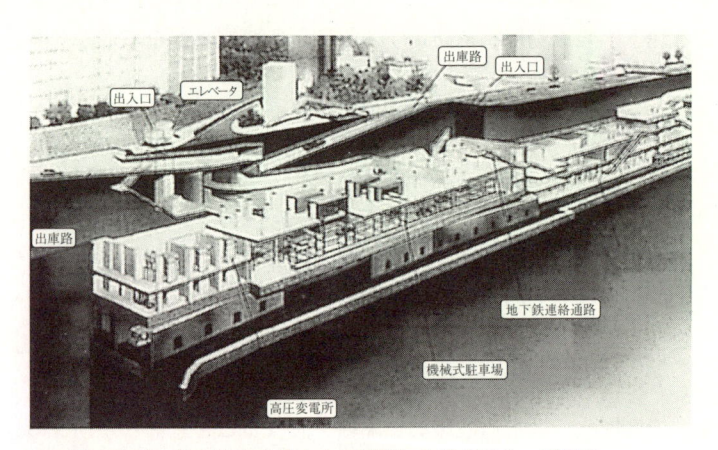

図4-5-12　地下鉄南北線白金高輪駅における駅舎、変電所、機械式地下駐車場の立体的活用（出典：(株)間組資料）

4.5 地下空間デザインと技術ビジョン

ることが望ましい。

共同化は、線状構造物に限ったものではなく、地下道路や地下鉄などの線状構造物とそれに接続した駐車場や駅舎といった施設との共同化も十分考慮するべきである。とくに、立坑などをアクセス空間のみの単機能施設として使うのではなく、防災拠点、備蓄倉庫、駐車場、駐輪場などと組合わせて構築すると、将来の機能更新などで新たな空間が必要になった場合の転用なども可能となる。

従来、コスト面ばかりが強調されて、少しでも断面径の小さいもので済まそうとする傾向がみられたが、これからの地下利用、とくに、大深度地下については将来の機能更新を見越した共同化を推進する意義は大きい（図4-5-12）。

(6) ITS の地下道路への活用

インターネットに代表されるIT技術の発達・普及により、従来型とは異なる新しい社会インフラの実現が可能となってきた。高度な情報通信技術を活用したITS（Intelligent Transport Systems：高度道路交通システム）は、交通渋滞の改善や料金徴収の高度化を実現するだけでなく、新たな社会資本を創造する有効な手段として期待されている。

ITSには、具体的には図4-5-13に示す9つの開発分野がある。

```
ITSの開発分野
1．ナビゲーションシステムの高度化
2．自動料金収受システム
3．安全運転の支援
4．交通管理の最適化
5．道路管理の効率化
6．公共交通の支援
7．商用車の効率化
8．歩行者等の支援
9．緊急車両の運行支援
```

図4-5-13　ITS の開発分野
（出典：高度道路交通システム（ITS）に係るシステムアーキテクチャ、
　　　　警察庁、通産省、運輸省、郵政省、建設省）

第4章　地下利用の将来ビジョン

では、ITSの活用により地下道路はどのように変わるのか？　スマートウェイパートナー会議次世代インフラ検討部会では、以下のような可能性を示唆している（図4-5-14）。

①効率的な車線運用によるトンネル断面の縮小化

　　緊急時には、レーンライティングにより車線幅員を3.0mに縮小してどこでも臨時の非常駐車帯スペースを確保することにより、路肩を最小化し常時の監査通路をなくすことができる。これにより、トンネル断面の大幅な縮小化を図ることが可能となる。

②災害時、緊急時の円滑かつ安全な避難システム

　　上下車線の平面配置を反対にすることで、非常駐車帯同士を連結し避難用連絡通路を設置する。事象検知からドライバーへの情報提供までを自動化することにより、事象発生時の迅速な対応が可能となる。これにより、災害の影響を最小限にするとともに二次災害を防ぐ。

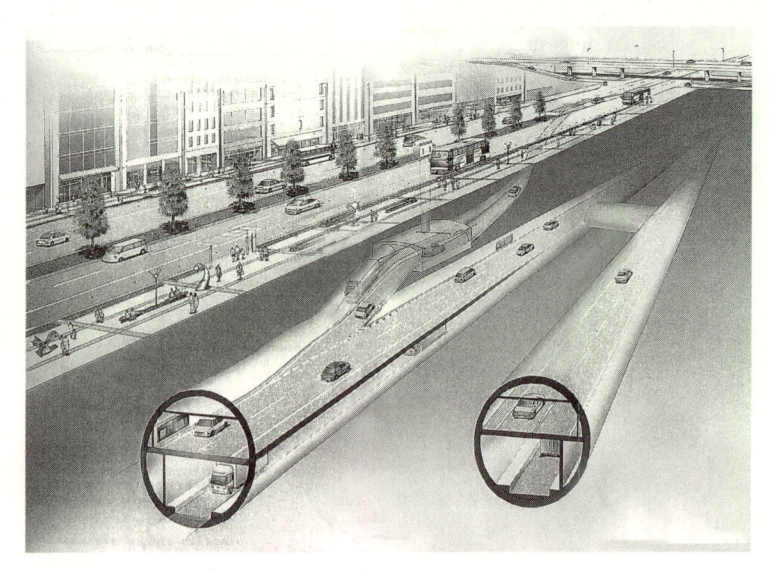

図4-5-14　ITSを活用した地下道路のイメージ
（出典：地下道路へのITSの導入方策　スマートウェイパートナー会議次世代インフラ検討部会H14報告書、(財)道路新産業開発機構）

③道路区分の新概念導入による地下ランプのコンパクト化

　地下ランプ途中にETC（Electronic Toll Collection：自動料金収受システム）を導入したバッファーゾーンを設け、それ以浅のランプ構造を一般道路区間にすることでコンパクトなランプ構造が可能となる。これによりランプ長を大幅に低減することが可能となり、コストダウンにつながる。

④一般道路を活用したジャンクション部のコンパクト化

　地下高速道路と高架高速道路を結ぶランプを、一般道路を介して接続することでジャンクションのコンパクトな構造が可能となる。一般道路においてPTPS（優先信号制御）を導入して交通制御を行い、ランプ部の渋滞による本線への影響を最小限にする。

⑤ランプメタリングによる合流部の安全性の向上

　地下道路の合流部において、本線と合流部の交通流をITVカメラでキャッチし、ランプメタリングにより相対する車両を表示することで、互いに注意を促し安全に合流できる。

4.5.4　プロジェクトを適切に評価し推進するための技術

　一般には、地下構造物の事業費は高い。高いからというわけではないが、これからの社会においては、事業を実施するための必要性、効果について十分に分析・評価し、その結果を国民に公表・説明して合意を得ることが必要不可欠である。

　実際にその事業が国民経済的に有意義な事業であるかどうかという評価は、「経済性評価」として行われる。また、事業コストに関してライフサイクルコスト（LCC）という考え方がある。また、現実論として、国や地方自治体が自ら地下利用事業を行うことは少なくなりつつあり、第三セクターやPFI事業主体などが事業を実施することが多くなってきており、事業として成功するものでなければ実現は困難である。そのため、「事業性評価」も重要な要素となっている。

　ここでは、プロジェクトの経済性評価、ライフサイクルコストの評価、事業性評価について概説する。

(1) プロジェクトの経済性評価

わが国には従来、公共事業を実施するための必要性や効果について十分に分析・評価し、その結果を国民に説明して合意形成を行う総合的な評価システムは存在していなかった。その反省から、各省庁では政策評価・事業評価に関する指針・マニュアルなどの整備を進めてきており、公共事業に関する評価は最近数年間で格段の速度で実務化、一般化の方向に進んでいる。現時点ではまだ、道路事業、河川事業、運輸事業など個々の事業内で実施されているものが多いが、今後はこれまで異種異業とされてきたものを全体で取り扱う総合評価システムに発展するものと予想される。

2000年7月の「国土交通省の政策評価のあり方（案）」では、政策のマネジメントサイクル（企画立案→実施→評価→改善→企画立案）の確立による効率的な政策実施が可能になるとしている。今後の評価システムはこの方向に進むと考えられ、地下空間施設整備でも同様の考え方が求められる。

a) 費用便益分析と費用対効果分析

費用便益分析とは、事業実施に伴い発生する社会的費用や社会的便益（効果）を計測し、これを貨幣価値に換算することにより、社会経済上の効率性、妥当性を分析する手法である（表4-5-17）。結果の判定が明確であり、複数の事業についても同様の手法を用いれば相互比較が可能である。しかし、実際には貨幣価値換算が困難な項目については分析から除外せざるを得ないなどの課題が残されている。

費用対効果分析とは、費用便益分析に加えて定性的効果や貨幣価値に換算できない効果も考慮したうえで、事業の効果と費用を比較分析する手法である。費用便益分析よりも適用範囲が広くなるが、項目ごとに異なる単位によって算出されることから指標の絶対値を相互に比較することにはあまり意味がなくなる。また、各事業効果に対してこれらの指標の重要性の程度は異なるために重みづけが必要となるが、その合意は容易ではなく一義的に決まらないという課題がある。

4.5 地下空間デザインと技術ビジョン

表 4-5-17　費用便益分析で対象とする効果（鉄道事業の場合）

■ステップ1：計測すべき効果	
利用者便益	・総所要時間の変化
	・総費用の変化
	・旅客快適性の変化（乗換利便性・車両内混雑）
供給者便益	・当該事業者収益の変化
■ステップ2：計測することが望ましい効果	
利用者便益	・駅アクセス・イグレス時間の変化
	・道路交通混雑の変化
供給者便益	・補完・競合鉄道路線収益の変化
環境等改善便益	・局所的環境変化（NO_x排出量、道路・鉄道騒音の変化）
	・地球的環境の変化（CO_2排出量の変化）
	・道路交通事故の変化

国土交通省鉄道局監修「鉄道プロジェクトの評価手法マニュアル2005」（財）運輸政策研究機構より作成

b) その他の効果計測法

　道路や鉄道などの整備効果のうち、交通量に直接依存する利用者便益は消費者余剰法などにより貨幣換算が可能で評価方法としてほぼ確立されている。一方、精度が高くない評価項目や定量化が困難で定性的記述によらざるを得ない評価項目も多い。具体的には、「環境保全」、「アメニティ向上」、「安全性向上効果」、「都市機能の維持・向上」などがそれに該当し、ヘドニック法やCVM、代替法、貨幣評価原単位法などが用いられている。以下にヘドニック法とCVMの概要を示す。

　ⅰ）ヘドニック法

　施設整備によるすべての便益は、長期の間に地価に帰着するというキャピタリゼーション仮説に基づく手法である。地下空間の利用効果を地価の差をもってマクロ的に算出する方法であるため、計測される便益には地下化による景観保全、騒音・振動の防止、日照確保、地域分断解消、局所的大気汚染防止、複合空間の構築などの効果が網羅的に含まれる。道路および鉄道の地

下化に関する計測事例としての研究がある。

ⅱ）CVM（Contingent Voluation Method：仮想評価法）

ある環境質の改善に対して、いくらまでなら支払ってよいか（支払意志額）を受益者に対してアンケートすることにより効果計測を行うものである。実在する環境質のみならず、仮想的な環境質の改善も評価できる一方で、質問の設定方法に起因するバイアスが発生するという欠点がある。

(2) ライフサイクルコストの評価

地下空間にさまざまな施設や構造物を構築する場合、供用期間中にまったく維持補修を必要としないメンテナンスフリー構造物、すなわち永久構造物とすることが理想である。実際、これまでに構築されてきた構造物については、漠然と安全性や機能性が不変であるかのように思い続けられてきた。しかし、1995年の阪神・淡路大震災によって、構造物の安全性や機能性に対する考え方は大きく変化した。構造物の性能は時間とともに低下するものであり、一方で構造物の設計に用いた荷重にも不確実性があり、長い供用期間中には予測を超える荷重が作用することもあり得るということを再認識させられたのである。キーワードは時間であり、今後の地下構造物の長期にわたる安全性あるいは機能に関する検討を行う場合には時間の要素をきちんと評価する必要がある。

バブル期においては、「よいものは高くてもつくる」、「欲しいものは借金してでも買う」的な考え方がまかりとおっていたが今はその考えは通用しない。「今購入しようとしているものが本当に必要なのか？」、「その価格は購入後の使い方を考えて妥当なのか？」、「リサイクルはできるのか？」など「ものづくりの技術」よりも「ものづかいの技術」が求められているのである。この「ものづかいの技術」は維持技術にほかならない。

LCC（ライフサイクルコスト）は、一般には「構造物の企画、設計、建設、運営、維持管理、解体撤去、廃棄に至る費用の総額」と定義される。1990年頃から米国の舗装分野で活発に議論され、連邦道路局が積極的に採用した背景がある。わが国でも舗装分野における適用が多く、最近では橋梁における適用事例が増加している。LCC手法は主に代替案の比較評価を目的とし、純（総）現在価値で評価する。一般には「現在価値＝総便益－総コスト」で

4.5 地下空間デザインと技術ビジョン

あるが、LCC では各代替案で便益の差は発生しないと仮定して、評価指標として、「LCC＝初期コスト＋維持管理費＋更新費」を用いている。

一般に、構造物の維持管理にお金をかければかけるほど、損害が生じる可能性は小さくなる。したがって、供用期間中のトータルコストを維持管理費と予期しないリスクの和として定義すると、図 4-5-15 のような関係が得られる。ここで、1 案は最小限の維持管理しか行わず、その代わりに大きなリスクを覚悟しようとするものである。逆に、5 案は莫大な維持管理費を投入してコストをできる限り排除しようとするものであり、コスト最小化の意味では、このどちらの案も好ましいものではなく、3 案が最も合理的な維持管理計画として選定されることになる。

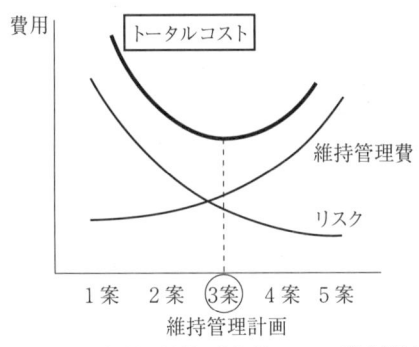

トータルコスト＝直接費（点検・補修費）＋リスク（期待損失）
いくつかの維持管理計画案の中からトータルコストが最小となるものを選ぶ
→コスト最小化規範

図 4-5-15　最適維持管理の概念
（出典：亀村勝美「地下構造物の維持管理」土木学会誌、Vol. 87、2002.8）

現在の社会経済情勢から、社会資本ストックの合理的な維持は重要な課題である。そのため、現状把握とその分析から将来を予測し、構造物の維持管理手法や実施時期を、費用対効果の観点から合理的なライフサイクルコスト評価への期待は大きい。また、単に事業の合理性を追求する立場だけではなく、社会的コンセンサスを得るための説明責任の観点からもその役割を期待されている。

その一方で、地下構造物にライフサイクルコストを適用するには、まだ解

決すべき問題点は多い。以下のような基本事項に関わる問題が、とくに地下構造物についてはあまり深く議論されてこなかったためである。

①目的に応じた性能を特定、定量化できるか？
②それらを評価する情報がどの程度蓄積されているか？
③明確な判断基準を定められるか？
④ライフサイクルコストを用いた長期にわたる維持管理を考えるうえでの先行投資に対するメリットが現時点での不特定の利用者に受け入れられるか？

地下利用を考えるにあたっては、「その施設に求められる性能とは何か？」を現状の建設技術や維持補修技術の問題点を踏まえたうえで明確にする必要がある。また、施設の建設やその使用において存在するさまざまなリスクの評価も重要である。そのなかで求められるものは、広義の合理性と経済性（コスト）である。よりよい性能や機能を求めればコストは高くなり、コストに制限をかければ性能の一部はあきらめざるを得なくなる。万が一の事故や将来にわたる不確実性をなくそうとすれば、より多くのコストが必要となる。

性能とコストという相反するもののバランスを、社会的容認（パブリックアクセプタンス）のもとにいかに取るかが問題となる。この意味において、性能とコストを追及するハード技術とともに、説明責任を果たすためのライフサイクルコストやリスクの評価技術と情報の公開と認知に関わるソフト技術が重要となる。

(3) プロジェクトの事業性評価

前述した費用便益分析などが国民経済的な観点からのプロジェクト評価を目的とするのに対し、事業性評価は当該プロジェクトの事業主体にとっての収入、支出を見積もり、事業として成立するかどうかの評価を行うことをいう。近年は「民間にできることは民間に委ねる」という考え方が定着しつつあり、PFI法（民間資金等の活用による公共施設等の整備等の促進に関する法律）が2001年に施行されている。事業性評価の手法は、必ずしも確立されたものがあるわけではないが、ここではPFIの概要とその事業性評価の一部を紹介する。

4.5 地下空間デザインと技術ビジョン

表 4-5-18　PFI 事業のメリット・デメリット

視　点	メリット	デメリット
公　共	1）競争原理の導入により、民間の創意工夫と事業コスト縮減が期待され、最終的ユーザーである国民に、より良いサービスが安く提供できる。 2）計画から管理運営まで行政が関与しながら政府のリスクと財政負担を民間に委託できる。 3）予算上の制約から工事遅延、事業費超過などのリスクを民間に分担させることにより、これらの事由による事業の変更が少なくなる。 4）建設から管理運営までのトータルコストの把握が可能となる。 5）費用対効果がより具体的に明らかになり、事業に対する国民の合意が得やすい。	1）事業コントロールがむずかしくなる。 2）募集から契約までの手続きが複雑で、時間と多額な費用を要する。 3）サービスの購入という考え方が適切に運用されない場合、いわゆる「起債逃れ」の事態に陥るおそれがある。 4）財政単年度主義と調和しにくくなる。 5）後年度債務負担を考慮した事業遂行でないと、財政の硬直化につながる可能性がある。
民　間	1）公共の事業領域の分業により新たなビジネス領域が広がる。 2）競争原理の導入により技術革新が進む。 3）民間の自己裁量範囲が広がり、マネジメント技術力と組織力が高まる。 4）取得したマネジメント技術により、新たなビジネス・収益獲得のチャンスが高まる。 5）日本のプロジェクトファイナンス産業が育成され、国際化に対する競争力が高まる。 6）民間の投資機会や受注機会が創出される。	1）応募から契約までの手続きが複雑で、時間と多額の費用を要する。 2）公共からのリスク分担の要請が高まる。 3）契約の複雑さ、リスクの高さから応募者が限定される。

日本版 PFI 研究会編著「『日本版 PFI のガイドライン』解説」などを参考に作成

a) PFIとは

PFIは、「Private Finance Initiative」の略であり、「従来公共セクターによって整備されてきた社会資本分野において、民間事業者が資金を調達し、経営ノウハウ、創意工夫などを導入し、民間主導により低コストで高いレベルのサービスを提供しようとする手法」と定義される。PFIのメリット・デメリットを**表4-5-18**に示す。

b) PFIの事業スキーム

PFI事業では、民間企業は一般にSPC（Special Purpose Company：特別目的会社）と呼ばれるプロジェクトの推進のみを目的とする会社を設立する。

SPCは、出資者から出資を受けるとともに、金融機関から融資（プロジェクトファイナンス）を受けて事業を行い、市民にサービスを提供するとともに必要により初期投資額を回収する（**図4-5-16、表4-5-19**）。

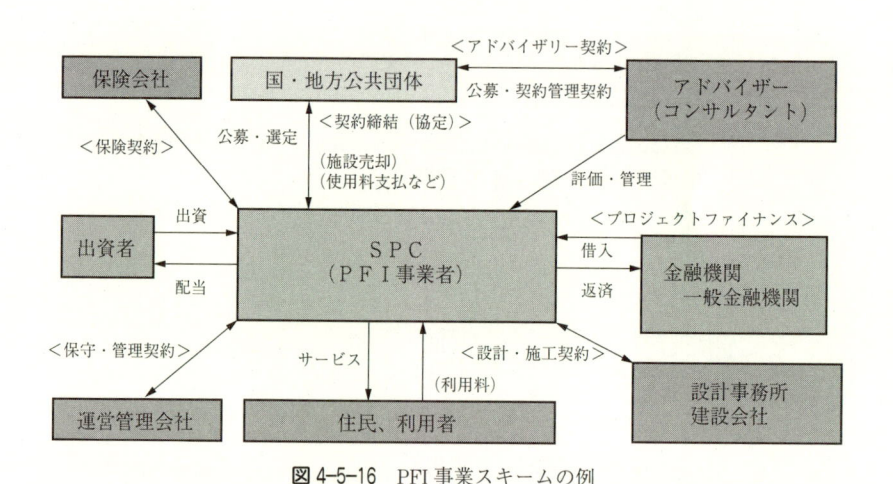

図4-5-16　PFI事業スキームの例

4.5 地下空間デザインと技術ビジョン

表 4-5-19　PFI 事業方式の例

名　称	具体的内容
①BOT	Build Operate Transfer：建設-運営-譲渡 　民間事業者が自ら資金調達を行い、施設を建設し、一定期間管理・運営を行って資金を回収した後、公共にその施設の所有権を移転する方式。
②BTO	Build Transfer Operate：建設-譲渡-運営 　民間事業者が自ら資金調達を行い、施設を建設した後、その施設の所有権を公共に移転するが、引き続き施設を運営する方式。
③BLT	Build Lease Transfer：建設-リース-譲渡 　事業主体が自ら資金調達を行い、施設を建設後、公共にその施設をリースし、リース代を得て資金を回収するとともに、施設の使用権を得る方式。契約終了後に所有権を公共に引き渡す。
④BOO	Build Own Operate：建設-所有-運営 　BOT 方式の変形で、民間が自ら資金調達を行い、施設を建設し、所有権を保有したまま事業を運営する方式。BOT と違い施設を公共に移転しない。

西野文雄監修「日本版 PFI」山海堂、2001.3 などを参考に作成

c) PFI 事業の評価

　PFI 事業を評価する視点としては、民間事業者側の視点と公共側の視点がある。

　民間事業者側の視点には、プロジェクトがどの程度の投資利回りを生むかという指標（PIRR や EIRR）や収益が融資機関への返済金額に対して収益がどの程度の余裕を持っているかという指標（DSCR）などがある（**表 4-5-20**）。

　公共側の視点としては、PFI にした場合に公共側としてどの程度のコスト低減あるいは機能向上できるかという指標（VFM：Value for Money）がある。VFM が出ない場合は、公共としてはその事業を PFI 事業にする価値がないということになる。その事業のリスクを考慮したうえで、双方の指標が一定の条件を満たしてはじめて事業が PFI 事業として成立する可能性がある。

表 4-5-20　PFI 事業でよく用いられる指標（民間側の視点）

指　標	内　容
①PIRR	（Project Internal Rate of Return：プロジェクト IRR） 投資額として資本金＋借入金（全投資額）、キャッシュフローとして融資に関する返済額を含まないフリーキャッシュフローを用いて算出される IRR。 　　投資額＝$\sum$（n 年後のキャッシュフロー／$(1+R)^n$）　R：PIRR
②EIRR	（Equity Internal Rate of Return：配当 IRR） 投資事業を純粋な株式投資と見立てた場合の指標。 投資額として資本金、キャッシュフローとして配当などとする。 　　資本金＝$\sum$（n 年後の配当／$(1+R)^n$）　R：EIRR
③最大短期 借入金額	資金ショートを起こすかどうか（当期発生資金すなわち「税引後利益＋減価償却費」により、長期借入金などの返済ができなくなるかどうか）、また資金ショートを起こした場合に、必要となる短期借入金の最大金額。
④DSCR	Debt Service Coverage Ratio：元利金返済カバー率 融資機関からみた、返済される金額に対してどれくらいの余裕があるかをチェックする指標。 　　DSCR＝（返済前のキャッシュフロー）／返済額

4.6 魅力ある地下利用の実現のために

　第4章では、これからの社会資本整備を考えるにあたっての環境変化を4.1で示したうえで、地下利用の基本コンセプトと克服すべき課題を4.2に、政府の動向を4.3に示した。また、将来プロジェクトを4.4に紹介した。
　これらのプロジェクトは、バブル期に次々と発表された大規模プロジェクト構想と比較すると「こじんまりしていて面白みがない」といわれているかも知れない。バブル崩壊後、土木工学分野でも他分野と同様、さまざまな反省がなされ、多くの知見や新たな考え方が積み重ねられてきた。そのような中で、今後の厳しい社会情勢を考慮したうえで優先度が高いと考えられるものに絞って紹介したためである。
　4.5では、プロジェクト実現のために必要な技術的側面を、単につくるための技術だけでなく、計画・設計・評価的な観点を含めて示した。しかしながら、こうした技術的側面の議論だけでは、それがたとえ土木工学だけでなく人間工学や社会工学など関連する広範な工学技術を含んでいたとしても、実現までにはまだ長い道のりがある。
　これからの地下利用にあたっては、利用する地域住民の利害（単に経済的なものだけでなく、健康や生きがいなどの心理的側面も含む）はもちろん、国単位あるいはもっとグローバルな視点での経済性、環境、資源問題などを考慮したうえで構想を立案し、社会的コンセンサスを得ることが何よりも大切となる。また、社会的コンセンサスが得られたとしても、事業者に十分な動機づけがなければ事業としては成立しない。時には法制度の整備が必要になるが、もちろん法制度整備だけでプロジェクトが進むというわけでもない。
　何がどれだけそろっていれば魅力ある地下利用が実現できるのか？　という問いに対して、必要かつ十分な解答を提示することはできないが、魅力ある地下利用を実現するためには何が必要なのかについて技術的側面を超えた見地からいくつかのヒントを紹介したい。

4.6.1 事業の公平かつ適正な評価

　限りある財源や資源の中では「選択と集中」により、より価値の高い事業に投資することが重要であることは4.2.1に示したとおりである。そのための評価手法として、費用便益分析やライフサイクルコストの評価などについて4.5.4に紹介したが、そもそも「完璧な評価」などは存在しないということを認識しておく必要がある。

　その理由の1つとして、価値観の問題がある。価値観は、人によっても、時代によっても、地域によっても異なる。わが国の経済発展に極めて大きく貢献し、世界に高速鉄道の可能性を拓いた東海道新幹線の意義を疑う人は現在では少ないと思われるが、当時は圧倒的な反対の声があったらしい。

　2つ目の理由として、時間スケールの問題がある。50年あるいはそれ以上の長い時間スケールのものをせいぜい30～50年程度に収めこんで、さらに時間的短縮などによってそれを単純化して評価するというのが現状の一般的な評価方法であるが、現実には何百年も前に行われた河川改修によって今なお都市が水害から守られているなどの事例は多い。

　とはいえ、評価自体が有意義であることは明らかである。どう考えてもおかしなプロジェクトを進めたり、はるか昔に決められた計画に硬直的に執着することなどはあってはならず、このような事態を可能な限り防止するとともに必要と思われるプロジェクトを拾い上げ、同時にプロジェクトを少しでもよいものにするように計画面・設計面などで努力するためには、共通の単純明解なルールに従って評価作業を行うことが不可欠である。

　地下というと、真っ先に「建設費が高い」という認識が先行して、はじめから選択肢としてすら取り上げられないケースも多々見受けられる。資本主義社会の中では、コストは非常に重要な評価要素には違いないが、4.4.2で紹介した「小田急線連続立体交差事業認可取消訴訟」の例をみるまでもなく、あくまでも1つの要素にすぎない。変わりゆく価値観のなかで、「今、何が求められているのか」、「地下利用の場合は何が優れ、何が劣っているのか」、「劣っているものをカバーする技術はどの程度まで確立されているのか」などをつねに意識し、また評価というものの本質的な課題と限界を十分にわきまえたうえで、より積極的、前向きに評価していく姿勢が不可欠である。

4.6.2 関係者間の協働体制の構築・強化

　これまでの道づくりや街づくりは、行政が住民や企業から税金を集めて公共事業として整備し、住民や企業がその恩恵にあずかるという構図で進められてきた。

　基本となる考え方は国によって決められており、整備水準も国によって定められている。特殊な仕様にすることは認められにくく、その結果を極論すれば、どこの道も似たような道、どこの街も似たような街になった。

　この構図自体は必ずしも間違ったものではないが、少子高齢化の進展や産業構造の変化など社会情勢の変化の中では成立しにくくなっている。そのような状況のなかで、「国から地方へ」をキーワードとして、さまざまな権限を地方に移そうとする動きが出ている。地方分権化の流れのなかでは、地域が主体となって意思決定や財源調達を行う必要が生じてくる。

　地方分権化で中心となるのは地域住民や地元企業であり、それをサポートする立場として自治体、道路管理者や交通管理者などの各管理者がいる。これらの利害関係者（ステークホルダー）が明確化された目標を共有し、その目標に向かって協働していくことが、よりよい道づくりや街づくりのためには必要不可欠となる。

　一般に、プロジェクトには費用と便益が発生するが、適正な費用を払わずに便益を受けるフリーライダーがいると、それだけ事業効率が下がって成功しにくくなる。そのため、地域住民、企業、各管理者、その他の利害関係者が一体となった協議会などの推進母体を構築し、「その道や街はどうあるべきか、そのために何をすべきか」について十分な議論を重ねることが必要不可欠である。企業には株主への責任に基づく企業の論理、個人には個人の利得に根ざした個人の論理、自治体には自治体の、各管理者には各管理者の論理があり求めているものは異なる。

　これらの"垣根"をすべて取り払うことは事実上不可能であろうが、「少しでも垣根を下げる努力」をすることが、今後のプロジェクトの成否、ひいては地域の価値を分ける大きな要因になることは間違いないだろう。

第4章　地下利用の将来ビジョン

Coffee Break　その19

官民協働型のまちづくりの推進
～汐留地区再開発プロジェクト（シオサイト）～

　新たな都市拠点として人気の高い「シオサイト」は、旧汐留貨物駅跡地から浜松町駅に至る31 haにおよぶ広大な敷地を11の街区の集合体として開発するプロジェクトである。土地区画整理事業として都市基盤を整備し、業務、商業、文化、居住など複合都市の創出を目指すもので、東京都と民間が一体となって開発に取り組んでおり、完成時の就業人口61,000人、居住人口6,000人を数える国内最大級の再開発プロジェクトである。

　再開発の特徴は「官民協働型の街づくり」にある。中心となるのが各街区の地権者、借地権者が主体となって1995年に設立された「汐留地区街づくり協議会」であり、東京都と港区も特別会員になっている。協議会は、この地区全体を"安心で安全で潤いのある街"とすることを目的に、各地区が提携してスタートした。

　この協議会を仲介として、各街区の開発を推進する事業者とそれらを結びつける街路や地下道、ペデストリアンデッキをはじめとする環境インフラを整える行政側が協働しながら街づくりを推進している。さらに、竣工後の維持管理は事業主たちが主体となり行うことで、統一感のある豊かな環境を持った"発展していく街"の創出が試みられている。このようなソフト、ハード両面にわたる新しい都市再開発手法の採用を通して「汐留シオサイト」は、以下のような都市開発の新しいモデルを目指している。

・都市開発のよきパートナーとして官民が一体となって総合的な都市環境を創造する
・ここで生み出された豊かな街並みが将来に向かって発展しつづけるために、地元が中心となって維持管理を推進する

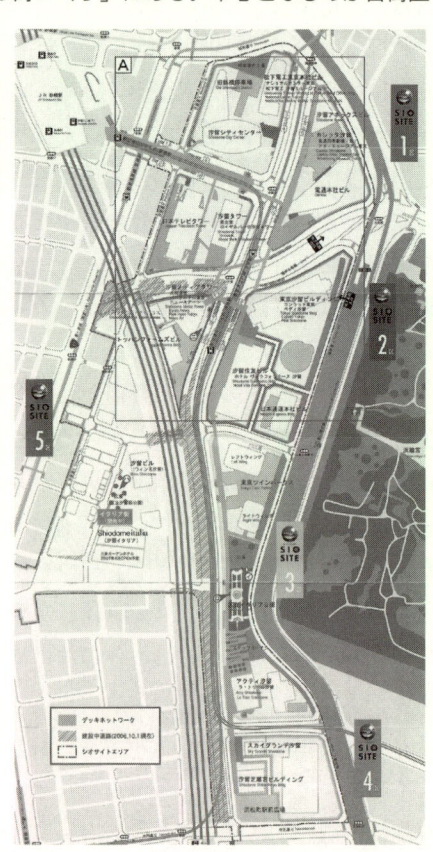

図　汐留地区のまちづくりの概要
（汐留地区街づくり協議会提供）

4.6.3　資金調達・運用の新たなスキーム

　これまでの地下空間利用の中心となってきた地下鉄や高速道路事業は、事業収入の伸び悩みと膨大な資産の維持管理の問題を抱え、新規の事業展開を躊躇せざるを得ない状況になってきている。とはいえ、都市部はもちろん、地方においても少子高齢化に対応した交通網の整備のニーズは大きい。そもそも交通施設は公共財であり、公共が整備して無料に近い料金で提供するのが当然という考え方もあるが、わが国では、完全ではないにせよ受益者負担を原則とした独立採算を重視してきた歴史がある。人口増加や経済成長の時代にはこのスキームは十分に機能していた。

　しかしながら、人口増加も大幅な経済成長も期待できない将来には、初期投資が莫大となる地下利用プロジェクトを単一の事業主体が担うことには限度がある。また、仮に公共事業として整備しようとしても財源がなければどうしようもない。そのため、官のニーズとシーズ、地域のニーズとシーズ、さらには関連する多分野の民間のニーズとシーズを背景とした事業の推進が不可欠となる。

　かつて欧米もわが国と同様の財政危機が生じたが、それを無事に乗り切って、成長力を取り戻してきた。その際に、新しい資金調達や運用のためのスキームを多く取り入れている。英国におけるPFIの活用は有名だが、それ以外のいくつかを**表4-6-1**に紹介する。

　厳しい財政状況といえども、将来のための必要な投資を行わなければ、明るい将来は決して訪れない。そのためには、新たな資金調達や運用スキームも積極的に検討する必要がある。

第4章 地下利用の将来ビジョン

表 4-6-1 資金調達・運用に関する新たなスキーム例

名称（通称）	概　要
PPP： Public Private Partnership	PFI を発展させた概念であり、PFI、民間委託、民営化などを含む。 「公共が公共サービスを直接提供する」という従来型の仕組みに対して、「民間でできることは民間に委ねる」という大原則のもとに、「公共サービスも市場競争にさらさせる」仕組みへと移行しつつある。公共サービスの民間への開放にはまだまだ解決すべき課題は多いが、財政負担の圧縮を図りながら民間事業者の資金力、活力を活用し、社会資本整備や公共サービスの提供を行うものとして期待されている。
TIF： Tax Increment Financing	米国で 70 年代から急速に進められている開発事業などにおける財源確保方式の1つであり、当時の米国とわが国の現状の財政状況が酷似していることからも注目されている。 具体的には、税の増収分を公共事業の原資にする制度である。一般的な市街地再開発事業などでは、自治体が事業後に市街地から受け取る固定資産税は、今までは一般財源に参入されているが、TIF 事業では大きく上昇する固定資産税の増収分を事業の原資にすることができる。つまり、増収見込み分を前倒しで公債を発行して、それを事業資金に回している。起債者は自治体となることで事業者は事業リスクを軽減でき、自治体側としては補助金導入を少なくて済む、というメリットがある。
BID： Business Improvement District	ビジネス環境と公共性にとってプラスとなるプロジェクトに対して、地方公共団体と地元企業によるパートナーシップによる新たな事業スキームである。 事業者が積極的に環境計画をはじめとする街づくり計画に参画し、初期投資の増加分や維持管理費の増加分など必要な費用の負担を事業者側も行う。事業計画が可決されたならば、地方公共団体は特別税などの形で負担金を徴収して BID に提供する。

Coffee Break その20

民間NPOをコアとした事業費負担の形態
～BID（ビジネス・インプルーブメント・ディストリクト）～

にぎわいがあり、安全・安心で、緑あふれる快適な街づくりを実現するためには、街区の間をつなぐ共有空間、すなわち公共施設整備のグレードアップを図り、竣工後もそれらを地区全体として継続的に管理運営していく必要がある。

前述した「汐留地区街づくり協議会」では、よりよい街づくりの研究を重ねるなかで、まず「タイダルパーク」という街のコンセプトを作成し、それをベースに"安心で安全で潤いのある街"という街づくりの方針を定めた。

協議会が中心となって積極的な提案を行った結果、「汐留シオサイト」では、自然石を使用した歩道や装飾性の高いデザインを採用した街路灯、各種イベント開催が可能な幅40mの地下歩道、数十種類におよぶ高低木の植栽など通常の行政主導の整備よりさらにグレードアップした環境デザインを実現させている。

しかし、グレードアップ分の維持費を税金で負担してもらうわけにはいかないため、その資金を確保する方法も併せて検討している。その仕組みづくりにあたって参考としたのは、北米で実施され、現在世界中から注目を集めている"BID（ビジネス・インプルーブメント・ディストリクト）"である。

これはその地区をよりよい街としていくために、事業者（住民）が積極的に環境計画をはじめとする街づくりに参画し、イニシャルコストの増加分、維持費の増加分など必要な費用の負担を事業者側も行い、事業者が主体となって設立された非営利活動法人を窓口に行政側と協働した街づくりを進めていこうというものである。

"危険な街"から"安全な街"へと変貌を遂げた新生ニューヨークの立役者となったのがこのBIDであった。民間（住民）主導により、住民の声に耳を傾けた街づくりを行ったことがニューヨークの再生へとつながったといわれており、ニューヨークではタイムズスクエアBID、グランドセントラルBIDなど、40以上のBIDが存在し、互いに競い合うことによって変革のパワーを生み出した。

州によってはDID（ダウンタウン・インプルーブメント・ディストリクト）とも呼ばれているが、どちらも形態としては民間NPO（非営利組織）で、地区計画にもとづいて定められた特別税を運用する権限があり、連邦政府の補助金の受け皿となるなど準行政機関的な性格を持っている。2003年当時には、カナダも含めた北米で1,000以上ものBIDが活動中であった。

「汐留地区街づくり協議会」では、このシステムを参考にして、事業者が地区内の環境計画へ参画するとともに従来まで行政側に委ねられてきた公共施設の維持費を地区内の事業者が負担することとしている。

4.6.4 社会的コンセンサスの形成

これまで公共事業の推進は、行政主導で行われてきた。行政が計画を策定した後で、「この計画でいいですね」と住民に問う「協議型」が主流であった。その結果、行政と住民、地域と地域との間での利害対立や不信感が生じ、交通基盤が必要な場所でも局地的な反対運動によって整備が進展しないケースなどが多く発生してきた。

このような状況のなかで注目され始めたのがPI（パブリック・インボルブメント）手法である。PIは、計画策定に市民の意見やニーズを反映させることによって、官と民の双方が納得できるよりよい方向を見いだそうという住民参加型の計画手法である。地域住民が求めている情報提供のあり方、「サイレント・マジョリティ」の意見をどうすれば引き出せるか、対話により得られた成果をどのように事業に反映するか、合意形成に要する資源はどうすべきかなど、PIを構成するさまざまな段階において解決すべき問題点が残されているものの、対話を中心としたPI手法が事業計画へ与える影響は大きく、これからの大規模公共事業の推進にあっては重要な役割を果たすものと考えられる。

PI手法は、最近導入された新しい計画手法のように思われているが、実際は国内でも40年位前から「住民主体の街づくり」という形で実施されており、その概念や手法のすべてが新しいものではない。ただ、「PI」という言葉が登場したことで、これまでとは違う地域づくりや公共事業の進め方であることが明確になった。PIの目的は、行政が住民に意見聴取したうえで方針を決めるのではなく、多くの意見をお互いに出し合ってすべての関係者が一番納得できる答えを見いだすことにある。そのためには、行政側の情報公開が不可欠であり、初期段階から理解しやすい資料とごまかしのない説明で、すべての情報を提供することが前提となる。この意味で行政側の説明責任は大きい。

現在のわが国のPIは、計画を地域住民の理解を得ていかに実現させるかに重点が置かれているようにも感じられるが、必要な事業をいかに効率的に計画するかを、行政と住民が知恵を出し合って考えるのがPIの本質であり、場合によっては「つくらない」、「やらない」といった選択肢も残されるべき

であろう。また、PIで議論される事業評価のなかに遅延費用が組み込まれることで、住民反対による着工の遅れや供用開始の遅れから生じる経済的損失を、行政および住民がともに認識できるようになる。このように、公共事業に関わる住民一人ひとりが責任とリスクを意識したうえで事業評価を行うことによって、はじめて本来の公共事業が成り立つのである。

どんなに素晴らしい事業であっても、それが地域住民にとって受け入れられないものであれば決して成立しないのである。技術者は自らの専門技術に固執しすぎることなく、アカウンタビリティを確保しつつ、どうすれば多くの人々の共感を得ることができるかなどを意識しておく必要がある。

4.6.5 おわりに ─ 魅力ある地下利用の実現のために

プロジェクトを具体的に実現していくことをプロジェクトマネジメント（PM）という。プロジェクトマネジメントは、計画（plan）し、実行（do）し、管理（check）し、そして目標を達成（action）する一連のプロセスである。国土交通省では2004年度から公共事業にプロジェクトマネジメントを本格的に導入しているが、その本質がどれだけの人に理解されているかは疑問である。

これまでも確かに発注者、施工者などは、おのおのの立場でプロジェクトをマネジメントしてきた。しかし、地下利用においては事業が大規模になるケースが多く、地下の特性に応じた課題もあり、事業に関係する利害関係者が多くなる。また、施工条件に不確実な要素を多く含む地下を対象とするため、コストの変動、事故の発生などのリスクもある。さらには今後のプロジェクトでは、既往の事柄に加えて、事業スキーム、事業評価、合意形成、リスクマネジメントなどといった新たな事項が必要不可欠となっている。

地下利用に関わる事業の推進には、まだ多くの困難な課題が残されている。魅力ある地下利用を実現するためには、それに携わる技術者が自らの専門分野にとどまらず、より広い視野と知識を追い求め、新たな発想の中から新たな価値を生み出すことが求められている。地下はまだまだ"使える"空間であり、魅力ある地下利用を実現することは技術者に課せられた使命である。

第4章 地下利用の将来ビジョン

参考文献

- 丹保憲仁（著者代表）：人口減少化の社会資本整備　拡大から縮小への処方箋、土木学会、2002.11
- 平成 15 年版国土交通白書
- 平成 17 年版国土交通白書
- 平成 18 年版高齢社会白書
- 平成 17 年版環境白書
- 平成 18 年版環境白書
- 財務省：日本の財政を考える、2006.9
- 国土の未来研究会・森地茂（編著）：国土の未来　アジアの時代における国土整備プラン、日本経済新聞社、2005.3
- 東京外かく環状道路（世田谷区宇奈根～練馬区大泉町間）に関する環境影響評価方法書について
- 西垣誠：環境計画、これからの都市の地下利用、土木学会誌、Vol. 87、2002.8、pp. 29-31
- 社会資本整備重点計画法、法
- 社会資本整備重点計画、平成 15 年 10 月 10 日閣議決定
- 国土交通省国土計画局：「国土の総合的点検」（概要）（案）、国土審議会調査改革部会報告
- 都市再生特別措置法、法
- 地域再生法、法
- 地域再生のために―地域が主役―、内閣府パンフレット
- 大深度地下の公共的使用に関する特別措置法、法
- 国土庁：大深度地下使用技術指針（案）・同解説
- 国土交通省：大深度地下利用に関する技術開発ビジョン、2003.1
- 国土庁：大深度地下マップ・同解説、2000.11
- 国土交通省：大深度地下の公共的使用における安全の確保に係わる指針、2004.2
- 国土交通省：大深度地下の公共的使用における環境の保全に係わる指針、2004.2
- 国土交通省：大深度地下地盤調査マニュアル、2004.2
- 国土交通省：大深度地下の公共的使用におけるバリアフリー化の推進・アメニティーの向上に関する指針、2005.7
- (社)日本プロジェクト産業協議会：大都市新生プロジェクトの実現に向けて　―地下を利用した大都市新生プロジェクト提案集、2000.12
- 家田仁：大深度地下　使える空間なのか？そしてその利用調整は？、これからの都市の地下利用、土木学会誌、Vol. 87、2002.8、pp. 26-29
- 浅田光行：道路計画、これからの都市の地下利用、土木学会誌、Vol. 87、2002.8、pp. 15-18
- (社)日本プロジェクト産業協議会(JAPIC)大都市新生プロジェクト研究会：高速道路と都市の機能向上を目指した方策の検討―首都圏高速道路ネットワーク整備試案―、2004.5

- (社)日本プロジェクト産業協議会（JAPIC）大都市新生プロジェクト研究会：「国際都市東京」新生に向けた機能強化方策の検討—首都圏空港連携高速鉄道（成田～東京～羽田）の試案—、2004.5
- 森麟、小泉淳（編著）：東京の大深度地下〔土木編〕具体的提案と技術的検討、早稲田大学理工総研シリーズ11、1999.2
- (財)エンジニアリング振興協会：山岳地下式清掃工場システムに関する調査研究報告書、1997.3
- (財)エンジニアリング振興協会　地下開発利用研究センター：「外郭にスパイラルトンネルがあるドーム状空間に関する調査研究報告書」—高度な管理を要する産業施設等の地下空間への導入に関する検討—、2002.3
- 日本橋川に空を取り戻す会：日本橋地域から始まる新たな街づくりにむけて（提言）、2006.9
- 例えば、水谷、清水、木村：トンネル構造物のライフ・サイクル・デザイン手法の構築(1)、土木学会第58回年次学術講演会、VI部門、2003.9
- 土木学会：トンネルの限界状態設計法の適用、トンネルライブラリー11、2001
- 土木学会：山岳トンネル覆工の現状と対策、トンネルライブラリー12、2002
- 国土交通省：土木・建築にかかる設計の基本、2002.10
- Ton Siemes, Ton Vrouwenvelder : Durability and survice life design of concrete structures, Pre-proceedings of the Workshop Measuring and Predicting the Behaviour of Tunnels, TU Delft, 2002.10
- INTERNATIONAL STANDARD ISO 2394 : General principles on reliability for structures, 1998.6
   土木学会構造工学委員会　構造設計国際標準研究小委員会・荷重WG：土木構造物荷重指針作成に向けて—枠組みとガイドライン—、2000.6
- (財)道路新産業開発機構：ITS HANDBOOK JAPAN　2002-2003
- 西垣誠：環境計画これからの都市の地下利用、土木学会誌、Vol. 87、2002.8、pp. 29-31
- 地下空間研究委員会計画小委員会報告書、土木学会地下空間研究委員会計画小委員会、2002.3
- 警察庁、通産省、運輸省、郵政省、建設省：高度道路交通システム（ITS）に係るシステムアーキテクチャ
- スマートウェイパートナー会議次世代インフラ検討部会：地下道路へのITS導入方策、2002
- 国土交通省鉄道局（監修）：鉄道プロジェクトの評価手法マニュアル2005、(財)運輸政策研究機構
- 亀村勝美：地下構造物の維持管理これからの都市の地下利用、土木学会誌、Vol. 87、2002.8、pp. 32-35
- 日本版PFI研究会（編著）：日本版PFIのガイドライン
- 西野文雄監修：日本版PFI、山海堂、2001.3
- 国土交通省鉄道局（監修）：鉄道プロジェクトの評価手法マニュアル2005、(財)運輸政策研究機構

編集委員長略歴

小泉　淳（こいずみ　あつし）

1979年　早稲田大学大学院理工学研究科博士課程修了
1980年　東洋大学工学部専任講師
1985年　同　助教授
1992年　早稲田大学理工学部教授
現在、早稲田大学理工学術院　創造理工学部教授、工学博士（早大）

幹事略歴

木村　定雄（きむら　さだお）

1984年　東洋大学工学研究科博士前期課程修了
同　年　佐藤工業(株)入社
1999年　東洋大学工学部非常勤講師兼任
2001年　金沢工業大学工学部土木工学科助教授
2007年　同　環境・建築学部環境土木工学科教授
現在、金沢工業大学　環境・建築学部教授、地域防災環境科学研究所、博士（工学）、技術士（建設部門）

委員略歴（五十音順）

岩波　基（いわなみ　もとい）

1987年　早稲田大学大学院理工学研究科博士前期課程修了
同　年　(株)熊谷組入社
2006年　長岡工業高等専門学校助教授
現在、長岡工業高等専門学校　環境都市工学科教授、博士（工学）

亀村　勝美（かめむら　かつみ）

1974年　早稲田大学大学院理工学研究科修士課程修了
同　年　大成建設(株)入社
2009年　財団法人　深田地質研究所入団
現在、財団法人　深田地質研究所　理事、工学博士（早大）

清水　幸範（しみず　ゆきのり）

1998年　早稲田大学大学院理工学研究科修士課程修了
同　年　佐藤工業(株)入社
2002年　パシフィックコンサルタンツ(株)入社
現在、パシフィックコンサルタンツ(株)　交通技術本部　鉄道部
地下構造グループ　課長補佐、技術士（建設部門）

高森　貞彦（たかもり　さだひこ）

1969年　東京都立大学工学部土木工学科卒業
同　年　前田建設工業(株)入社
2005年　フジミコンサルタント(株)入社
現在、フジミコンサルタント(株)顧問、技術士（建設部門）

田中　正（たなか　ただし）
1988 年　東京大学大学院理工学系研究科修士課程修了
同　年　（株）間組入社
1999 年　名古屋大学大学院助手
現在、フリー、博士（工学）

田村　仁（たむら　ひとし）
1984 年　中央大学大学院理工学研究科修士課程修了
同　年　（株）ユニック入社
1987 年　パシフィックコンサルタンツ（株）入社
現在、パシフィックコンサルタンツ（株）交通技術本部 鉄道部 技術次長、
技術士（建設部門）

野田　賢治（のだ　けんじ）
1982 年　東京工業大学工学部土木工学科卒業
同　年　前田建設工業（株）入社
元　前田建設工業（株）土木本部 土木技術部 シールドグループ 副部長、
技術士（建設部門）

村山　秀幸（むらやま　ひでゆき）
1987 年　早稲田大学大学院理工学研究科資源工学専攻修了
同　年　フジタ工業（株）（現　（株）フジタ）入社
現在、（株）フジタ技術センター 基盤技術研究部 主席研究員、
博士（工学）、技術士（総合技術監理部門、応用理学部門）

山崎　智雄（やまさき　ともお）
1989 年　東京大学工学部土木工学科卒業
同　年　（株）間組入社
2007 年　（株）エックス都市研究所入社
現在、（株）エックス都市研究所 環境コンサルティング部 新事業創出チームマネージャー 兼 経営企画室 経営企画担当、
技術士（総合技術監理部門、建設部門）

世一　英俊（よいち　ひでとし）
1975 年　京都大学工学研究科修士課程修了
同　年　（株）間組入社
現在、（株）間組 取締役執行役員技術環境本部長 兼 技術研究所長、
技術士（建設部門）

渡邊　徹（わたなべ　とおる）
1971 年　法政大学工学部土木工学科卒業
同　年　西松建設（株）入社
2007 年　財団法人 国土技術研究センター入団
現在、財団法人 国土技術研究センター 技術・調達政策グループ 技術参事役、技術士（総合技術監理部門、建設部門）

地下利用学
豊かな生活環境を実現する地下ルネッサンス　　定価はカバーに表示してあります。

2009年10月25日　1版1刷発行　　ISBN 978-4-7655-1754-6　C3051

編　者　　小　泉　　　淳

発行者　　長　　　滋　彦

発行所　　技報堂出版株式会社

〒101-0051　東京都千代田区神田神保町1-2-5
　　　　　　　　　　　　（和栗ハトヤビル）

日本書籍出版協会会員
自然科学書協会会員　　　電　話　営　業（03）(5217)0885
工　学　書　協　会　会　員　　　　　　　　編　集（03）(5217)0881
土木・建築書協会会員　　　　　　　F A X（03）(5217)0886
　　　　　　　　　　　　振替口座　00140-4-10
Printed in Japan　　　　　http://gihodobooks.jp/

ⒸAtsushi Koizumi, 2009　　　　装幀　パーレン　印刷・製本　美研プリンティング

落丁・乱丁はお取り替えいたします。
本書の無断複写は，著作権法上での例外を除き，禁じられています。

◆ 小社刊行図書のご案内 ◆

定価につきましては小社ホームページ（http://gihodobooks.jp/）をご確認ください。

アンダーピニング工法設計・施工マニュアル
新アンダーピニング工法等研究会 編
B5・210頁

【内容紹介】近年のアンダーピニングは、狭隘な空間での施工を余儀なくされるとともに、既設構造物の老朽化なども進んできており一層厳しい条件下での施工とならざるを得ない。わが国のアンダーピニングの歴史は古く、施工実績も相当に多いものの、アンダーピニングの設計や施工に関する規準類、また、最新の知見を体系的にとりまとめた技術図書類もあまり多くない。本マニュアルは従来からの実績ある技術に加えて、最新の研究成果や計測事例を詳細に検討し、アンダーピニングの調査、計画、設計、施工についての標準をとりまとめたものである。

まちづくりのインフラの事例と基礎知識
―サステナブル社会のインフラストラクチャーのあり方―
日本建築学会 編
B5・184頁

【内容紹介】インフラストラクチャーも、地球環境へのより一層の配慮、縮退する都市への対応、後世への良質な社会資本の継承を、都市経営との整合を図りながら継続的に整備、維持される必要がある。まちづくりの実務者達が、インフラ整備の好事例を紹介しつつ、その背後にある大きな社会動向を解説し、社会資産として持続可能な建物を創出するための基盤整備の考え方や基本的知識を述べたもの。大規模開発等の実務において、インフラストラクチャーへの理解や明確なビジョンをもったうえで、維持管理の体系化、手法整備、実践が進められることを目的としている。行政担当者、プランナー、公益事業担当者、建設技術者・研究者などを対象とした建築分野では初めての総合的解説書。

アーバンストックの持続再生
―東京大学講義ノート―
藤野陽三・野口貴文 編著
A5・346頁

【内容紹介】20世紀に拡大した都市は、成長を続ける部分と疲労している部分とが併存し、どこも大きな課題を抱えている。本書は、都市計画、歴史的建造物や街並みの保存、そして住宅・ビル・公共建造物・道路・鉄道等の耐震性・耐久性の向上、資源の循環など社会基盤そのものについて、問題の所在とそれを解決する糸口と方向性を学んでもらおうとするもので、最先端の学術研究の内容が述べられる。都市の持続再生への関心を高め、より安全で安心できる魅力的な都市空間の構築に資する書である。学生、一般向け。

東京のインフラストラクチャー 第2版
―巨大都市を支える―
中村英夫・家田仁 編著
A5・506頁

【内容紹介】東京圏のインフラとそれを支える土木工学を多方面からわかりやすく解説する定評ある教科書の改訂版。①東京はどのようにつくられているか、②どのような技術に支えられているか、③どのような問題に直面しているか、という観点から、地形、交通、景観、河川、地下利用、地盤、橋梁、防災、都市計画、下水道・廃棄物、情報通信、港湾等を解説する。

技報堂出版
TEL 営業 03(5217)0885　編集 03(5217)0881
FAX 03(5217)0886